공간 인간

공간 인간

발행일
2025년 3월 20일 초판 1쇄
2025년 3월 25일 초판 2쇄

지은이 　유현준
펴낸이 　정무영, 정상준
펴낸곳 　(주)을유문화사
창립일 　1945년 12월 1일
주소 　서울특별시 마포구 서교동 469-48
전화 　02-733-8153
팩스 　02-732-9154
홈페이지 　www.eulyoo.co.kr

ISBN 978-89-324-7540-0 (03540)

- 본 서적은 홍익대학교 연구비 지원으로 출판되었습니다.
- 이 책의 본문은 '을유1945' 서체를 사용했습니다.

간 공
간 간 유현준 지음
간 인
空 間
人 間

일러두기

1. 인명이나 지명은 국립국어원의 외래어 표기법을 따랐고, 일부 굳어진 명칭은
    일반적으로 쓰고 있는 명칭을 사용했습니다. 단, 일반적으로 '그리스 원형 극장'이라고 칭하는
    고대 그리스 야외 극장은 실제로는 평면상 반원형이고, 로마의 '원형 경기장'과 혼동되지 않도록
    이 책에서는 '그리스 반원형 극장'이라는 명칭을 사용했습니다.
2. 건축물명은 ' '로, 도서나 잡지명은 『 』로, 미술과 음악 작품명은 「 」로, 영화나 TV 프로그램명은
    〈 〉로 표기하였습니다.
3. 도판 선택 및 설명 글 작성은 편집자가 하였고, 저자가 도판 선정 및 설명 글 감수를 하였습니다.

여는 글:
공간을 통해 진화한 인류

호모 스파티움

건축의 진정한 힘은 무엇일까? 음악이나 미술 같은 예술은 사람의 감정을 움직이고, 더 나아가 생각을 바꾸기도 한다. 건축도 그런 면이 있다. 피라미드의 웅장함이나 가우디 건축의 아름다운 장식을 보면 우리는 감동한다. 그래서 건축을 예술이라고 하는 사람들도 있다. 하지만 동시에 건축은 많은 돈이 들어가는 일이어서 부동산 자산으로 보는 사람도 있다. 어떤 사람에게 건축은 기술이다. 그러나 건축에는 예술, 부동산, 기술을 넘어서는 더 중요한 것이 있다. 바로 건축은 관계를 디자인한다는 점이다.

지구상의 무수히 많은 다양한 생명체들은 DNA라는 설계도로 만들어진다. 그 다양한 DNA는 모두 아데닌(A), 티민(T), 구아닌(G), 시토신(C) 이라는 네 가지 종류의 염기로만 구성되어 있다. A, T, G, C 네 가지 염기의 조합 순서와 패턴이 바뀌면서 다양한 생명체가 만들어지는 것이다. 건축도 마찬가지다. 수천 년 동안 엄청나게 다양한 건축물이 있어 왔지만, 이들은 모두 벽, 창, 문, 바닥, 지붕, 계단 같은 몇 개 안 되는 요소로 구성되어 있다. 이 요소들의 크기와 재료와 조합의 패턴이 다를 뿐 기본 구성 요소는 동일하다. 그리고 그렇게 요소들이 조합되어 만들어진 공간은 그 공간 안에 있는 사람들의 관계를 규정한다. 벽은 사람 사이를 단절시키고, 창문은 사람 사이를 시각적으로 연결하며, 문이나 계단은 둘 사이를 오갈 수 있는 관계로 만든다. 또한 기울어진 바닥은 사람의 행동을 한 방향으로 쏠리게 하고, 평평한 바닥은 사람의 행동을 자유롭게 하고, 지붕은 지붕 아래에 있는 사람을 하나의 공동체로 묶는다. 건축은 이렇게 '관계의 망'을 구성한다. 그리고 그 관계성은 더 확장되어 건물 내부 사람과 건물 외부 사람들의 관계도 포함하고, 사람과 자연의 관계도 규정한다. 스케일이 더 커지면 도시 속 사람들의 관계, 더 나아가 우리 사회 구성원들의 관계를 결정한다. 건축은 그렇게 사회를 구성해 왔다. 이 책은 건축 공간이 만드는 관계가 어떻게 사회를 진화시켜 왔는지 보여 줄 것이다.

인간은 공간을 이용하면서 진화해 왔다. 한자로 인간은 '人(사람 인)'에 '間(사이 간)'을 사용한다. 공간은 '空(빌 공)'에 '間(사이 간)'을 사용한다. 두 단어 모두 '間'을 가지고 있다. 두 개의 다른 단어가 절반이나 같은 글자를 가지고 있다는 점은 흥미롭다. 한자의 구성을 통해서 우리는 사람의 의미는 사람과 사람 사이의 관계에서 찾고, 공간의 의미는 비어 있는 것과 비어 있는 것 사이의 관계에서 찾는다는 것을 엿볼 수 있다. '인간'과 '공간' 두 단어의 구성이 비슷하듯 '인간'과 '공간'은 서로 협력하면서 진화해 왔다. 인간은 공간을 만들고 그 공간은 다시 인간을 만든다. 그렇게 인류는 공간과 함께 '공진화共進化'해 왔다. 이 책은 수십만 년 넘게 인간과 공간이 공진화해 온 긴 역사를 담은 책이다.

인류 역사는 전쟁의 역사가 아니다. 나는 학창 시절 역사 과목을 싫어했다. 외워야 하는 연도 숫자와 이름이 많아서다. 하지만 그보다 더 큰 이유는 인간의 역사를 온통 전쟁과 갈등으로만 설명했기 때문이었다. 대다수 역사책은 인류의 이야기를 왕, 정치가, 전쟁의 이야기로 만들어 버린다. 세계사를 전쟁 중심으로 보기 싫은 이유는, 인간은 미움과 다툼이 전부라고 믿고 싶지 않기 때문이다. '망치를 든 사람에게는 모든 게 못으로 보인다'라는 말이 있다. 갈등 중심으로 보면 세계사는 온통 전쟁사다. 나는 공간이라는 프리즘으로 세상을 읽는다. 건축을 공부하고 실무를 하면서 건축이라는 것이 얼마나 멋지고 매력적인지 빠져들게 되었다. 이후 건축과 공간으로 세상과 역사를 보니 내가 배웠던 역사와는 다르게 보였다. 세계사를 공간의 눈으로 보면 성취와 진화의 과정으로 읽힌다. 인류는 건축 공간을 이용하면서 진화의 속도를 가속해 왔다. 역사는 계단처럼 진화한다. 그 계단 턱을 올라가는 데 도움을 준 것이 '새로운 공간'이다. 주로 건축 공간이지만, 현대에 와서는 가상공간도 있다. 이 공간을 통한 진화의 역사를 살펴봄으로써 우리가 다음 단계로 가기 위해 지금 어떠한 공간을 만들어야 할지 생각해 보는 시간을 갖고자 한다. 영화는 첫 장면부터 순서대로 보아야 마지막 결론을 제대로 이해할 수 있다. 현대 사회는 다양한 기술로 만들어진 복잡한 유기체 같은 도시 위에 IT 기술로 만들어진 가상공간이 공존하는 시대다. 이 복잡성을 이해하려면 초기의 공간부터 순차적으로 이해할 필요가 있다. 그래서 이 책은 모닥불로부터 시작한다.

사피엔스는 지구상의 여타 종들과는 다르게 빠른 속도로 진화했다. 빠른 진화의 배경에는 여러 가지 이유가 있는데, 언어도 그 이유 중 하나다. 언어를 사용하는 인간을 '호모 로퀜스'라고 부른다. 어떤 학자는 인간은 두 발로 걸을 수 있어서 특별하다고 한다. 그렇게 직립 보행하는 인류를 '호모 에렉투스'라고 부른다. 혹자는 인간은 엄지손가락이 다른 네 손가락과 다른 각도로 돌아가 있어서 손을 조작하기 쉬워서라고 한다. 손으로 도구를 만들어 사용하는 인간을 '호모 파베르'라고 부른다. 누구는 잘 놀 줄 알아서라고 한다. 놀이와 유희를 즐기는 인간을 '호모 루덴스'라고 부른다. 이렇게 '호모'가 들어가는 인간의 별칭만 90개 정도 된다. 나는 여기에 하나 더 추가하고 싶다. 바로 '공간'을 잘 이용해서 발전하고 진

화한 인간이라는 뜻의 '호모 스파티움Homo spátǐum'이다. '스파티움'
은 공간을 뜻하는 라틴어다. '호모 스파티움'을 번역한 '공간 인간'
이 이 책의 제목이다.

이야기, 음악, 그림, 스포츠, 공간

유발 하라리 교수는 그의 저서 『사피엔스』(조현욱 옮김, 김영사)에
서 호모 사피엔스가 경쟁 종을 물리치고 지구에서 가장 영향력 있
는 종이 된 이유는 사피엔스가 집단의 규모를 키웠기 때문이라고
말한다. 집단의 규모가 컸기 때문에 경쟁 종인 네안데르탈인 등과
패싸움했을 때 압도할 수 있었다는 이론이다. 하라리 교수는 사피
엔스가 다른 종보다 집단의 규모를 키울 수 있었던 이유는 인간이
가상의 이야기를 만들고, 그것을 공통으로 믿었기 때문이라고 설
명한다. 예를 들어 원숭이는 사자를 보면 무서워서 소리 질러 도
망치라는 신호를 보내지만, 인간은 '사자가 우리 조상이야'라는
거짓말을 지어낸다는 것이다. 우리나라도 곰이 인간이 되어 우리
선조가 됐다고 이야기하는 단군 신화가 있다. 유발 하라리 교수에
따르면 인간은 다른 동물과는 다르게 이야기를 상상하고 지어내
믿는 능력이 뛰어나며, 그 능력이 인간 사회를 커다란 규모로 키
울 수 있게 했고, 큰 집단의 규모가 인간의 경쟁력이 되었다는 것
이다. 하지만 인간이 큰 집단을 만들 수 있었던 이유가 공통의 이
야기뿐일까?

옥스퍼드대학교 생물인류학자 로빈 던바는 뇌에서 신피질의 부피가 클수록 사회를 구성하는 친구를 많이 만든다고 말한다. 침팬지는 집단의 규모가 50마리 정도다. 인간 뇌의 신피질 부피 비율은 침팬지보다 크다. 비율상 계산해 보면 인간 한 명이 만들 수 있는 친구의 숫자는 150명 정도라고 한다. 생물학적으로 우리가 아무리 열심히 살아도 가까운 인간관계를 유지하는 규모는 150명이다. 그런데 사회는 그보다 훨씬 크다. 대한민국 사회 규모는 대략 5000만이다. 한 인간이 만들 수 있는 사회 집단의 규모인 150명보다 훨씬 큰 5000만 명 인데도 우리는 사회적 동질성을 느낀다. 이를 위해서 우리는 여러 가지 방법을 사용한다. 우선 인간은 '역사 이야기'를 이용한다. 외부와의 전쟁사를 교육함으로써 우리의 동질성을 일깨운다. 대한민국이 흔히 사용하는 것은 임진왜란, 일제 강점기, 한국 전쟁 등의 전쟁사나 수난사다. 때로는 애국가나 아리랑 같은 음악도 사용된다. 마치 고래가 물속에서 노래를 통해 큰 무리를 유지하는 것과 마찬가지로, 인간은 노래를 통해서 하나의 공동체 의식을 만든다. 노래 외에도 태극기 같은 상징적 이미지가 사용되기도 한다. 5000만 명을 하나로 규합시키기 전에 좀 더 작은 단위의 블록도 있다. 같은 교가를 부르는 학교는 천 명 정도의 블록을 형성한다. 같은 사투리를 사용함으로써 지역성이 강화되고 공동체가 묶이기도 하고, 같은 프로 야구팀을 응원하는 도시 단위의 블록도 존재한다. 부산 사람들은 광주의 기아 타이거즈와 야구라는 스포츠 대리 전쟁을 할 때 롯데 자이언츠를 응원하면서 340만 명이 한마음이 된다. 과거에는 전쟁으로 사회 내부를 규합했다면 현대 사회는 각종 프로 스포츠를 통해서 외부에 적을 만듦으로써 내부 사회를 규합한다. 국가 의식을 고양하는 가장 효과적인 스포츠 이벤트로는 월드컵과 올림픽이 있다.

서로 협업하는 사회를 구성하기 위해서 역사 이야기, 음악, 그림, 스포츠 등이 사용되었다. 하지만 이때 빠뜨려서는 안 되는 또 하나의 요소가 있다. 바로 공간이다. 그중에서도 인간이 인위적으로 만든 건축 공간은 사회를 이루는 데 중요한 요소다. 가족이 하나 되는 데는 집이 필요하다. 한자로 집은 '家(가)'자를 사용하는데, 글자의 구성을 분해해 보면 지붕 아래에 돼지가 있는 모습이다. 비가 많이 오는 극동아시아에서 가장 중요한 건축 요소는 비를 피하게 해 주는 지붕이다. 그리고 과거에는 인간과 가축이 집 안에서 함께 사는 경우가 많아서 지붕 아래에 돼지가 있는 그림이 '집'을 뜻하는 글자가 되었다. 지붕은 가족을 하나로 완성하는 장치다. 야구 경기를 하면서 집단이 하나의 공동체가 되려면 야구를 하는 필드와 관객이 앉는 좌석이 합쳐진 '야구장'이라는 건축물이 있어야 한다. 야구장에 가면 1루와 3루에 각기 홈 팀과 원정 팀이 앉아 있다. 덕분에 사람들이 모여 있되 거리를 둔 채 싸우지 않고 응원하는 팀을 성원하면서 경기를 관람할 수 있게 만들어 준다.

학교에는 '운동장'이 있기에 한 번에 함께 모여서 교가를 부를 수 있고, 교장 선생님의 훈화도 들을 수 있다. '공항'이라는 건축물이 있기에 우리는 다른 나라로 빨리 여행 가서 교류할 수 있고, 지구촌이라는 사회를 만들 수 있다. 이렇듯 우리 사회의 크고 작은 집단의 블록들은 건축물이 만드는 공간에 의해서 만들어진다. 그리고 그러한 공간들은 시대에 따라서 발전하고 진화해 왔다.

나는 20대 초반에 운전면허증을 따고 자동차 운전을 할 수 있게 되면서 어디든 가기가 쉬워졌다. 20대 중반에는 여권을 발급받고 비행기를 타고 다른 대륙에 갈 수 있게 되었다. 30대에 들어 컴퓨터의 한글 자판을 외워서 빠르게 타이핑할 수 있게 되었다. 덕분에 손으로 글씨를 쓰는 것보다 훨씬 빠르게 나의 머릿속에 떠오르는 생각을 글로 표현할 수 있게 되었다. 40대에 들어 스마트폰을 가지게 되자 언제 어디서든 인터넷 공간 속으로 들어갈 수 있게 되었다. 자동차, 비행기, 스마트폰은 인간이 공간을 축소 확대 및 변형해서 이용할 수 있게 해 주는 도구다. 이렇듯 우리는 사물과 동맹을 맺으면서 자신의 시공간을 확장한다. 건축도 마찬가지다. 건축은 공간을 조정해서 사람 간의 관계를 만들어 내는 도구이자 장치다. 그렇게 만들어진 관계가 모이면 사회가 된다. 인간은 그렇게 건축을 이용해서 사람 간의 관계를 조정하고 사회관계를 구성한다.

기술이 만드는 공간

인간과 건축 공진화의 수레바퀴를 움직인 첫 번째 방아쇠는 기후적 제약이다. 인간은 기후가 주는 환경적 어려움을 극복하기 위해 여러 사람이 힘을 합쳐서 건축물을 만들었다. 그 건축은 다시 인간 사회를 새롭게 구성했다. 그 사회 속에서 변화된 인간들은 새로운 사회 시스템을 통해서 전에는 얻을 수 없었던 새로운 기술과 재료를 갖게 되었다. 그들은 이를 이용해서 새로운 건축을 만들었다. 그리고 그 건축은 또다시 진일보한 인간 사회를 만들었다. 이 과정은 마치 바퀴가 돌고 도는 것같이 반복된다. 하지만 이 회전 운동은 물레방아처럼 제자리를 도는 회전이 아니라 수레바퀴처럼 앞으로 나아가는 회전이다. 인류의 역사는 이 과정을 통해서 어딘가로 가고 있다. 과거 인간은 돌을 다루는 기술로 피라미드를 만들었고, 철을 다루는 기술로 철근콘크리트 빌딩 숲의 도시를 만들었고, 전자電子를 다루는 기술로 인터넷 가상공간을 만들었다. 인간은 새로운 기술 혁명을 통해서 새로운 공간을 만들었고, 그 공간을 통해서 진화해 왔다.

나는 건축을 통해서 인간을 좀 더 이해하고 싶다. 우리가 왜 이런 건축을 만들었는지 살펴보면 인간이 가지고 있는 한계도 보이고, 그것을 만든 사람을 이해할 수 있게 된다. 우리 자신을 더 이해하게 되면 우리가 함께 화목하게 살 수 있는 방법을 더 잘 알 수 있을 것이다. 이 책은 21세기에 우리를 둘러싸고 있는 공간이 어떻게 만들어졌는지 이해하기 위해 건축과 인간이 공진화한 유전적 계보를 살펴보는 책이다. 어떤 과정으로 이 자리까지 오게 되었는지, 그리고 그 공진화의 수레바퀴는 어느 방향으로 우리를 이끌고 있는지 살펴볼 것이다. 역사가이자 문명 비평가인 아널드 조지프 토인비 같은 부류의 역사학자들은 인류의 역사를 '충돌'의 관점에서 읽어 낸다. 도전과 응전이라는 키워드로 읽는 토인비의 관점은 제약이 나타나면 갈등이 생겨나고, 그 갈등을 창조적으로 이겨 낸 소수의 창조자가 그 위기를 극복한다고 말한다. 이 책에서 이야기하는 건축적 발명들은 그 소수의 창조자가 만들어 낸 건축적 해결책이다.

도시 공간과의 동맹

문명 초기에 스페인 같은 반도나 영국 같은 섬은 최초의 문명 발상지 중 하나인 메소포타미아나 이집트로부터 먼 곳에 있었고, 바다에 막혀서 외부의 문명을 받아들이기에 지리적 조건이 불리했다. 하지만 삼각돛을 가진 범선의 발달로 바다가 문명의 중심 무대가 되면서 바다와 많이 접한 반도와 섬은 오히려 유리해졌다. 덕분에 스페인과 영국은 17세기 이후 서구 문명을 이끌어 가는 주인공이 되었다. 아시아에서는 섬나라인 일본이 비슷한 지리적 혜택을 얻고 다른 아시아 국가보다 먼저 일본 자본주의 형성의 기점이 된 메이지 유신을 했다. 이처럼 새로운 발명은 지리적 의미를 바꾸고 역사의 흐름을 바꾼다. 새로운 양식의 건축도 발명이다. 이전에는 없던 건축 디자인 발명은 사회를 바꾼다. 이 책에서는 피라미드, 수도교, 하수도, 엘리베이터와 고층 건물, 자동차와 고속도로, 스마트폰 같은 발명품들이 사람들의 생각과 사회를 어떻게 바꾸었는지, 그에 따라 인류는 어떻게 진화했는지 살펴보려 한다.

건축물이 사회를 진화시켰다는 생각은 인문학의 ANT(Actor-network Theory, 행위자 연결망 이론) 사조와 결을 같이하는 생각이다. ANT 사조는 인간을 사물과 동맹을 맺은 상태에서 이해해야 한다고 이야기한다. 예를 들어서 우리나라 국민 중 많은 사람이 컴퓨터로 일하거나 이메일을 보내고, 스마트폰을 통해 SNS Social Network Service로 전 세계 사람들과 소통하며, 인터넷을 통해서 필요한 정보를 습득하고, 자동차를 타고 시속 100킬로미터로 달릴 수 있으며, 시속 900킬로미터의 비행기를 타고 다른 나라에 갈 수도 있다. 이러한 것을 '사물과 동맹'을 맺었다고 말한다. 대한민국 국민에게 컴퓨터, 스마트폰, 자동차, 비행기를 빼고 그 사람의 능력을 제대로 설명하기는 힘들다. 사회도 마찬가지다. 대한민국은 2만 개의 부품을 만들고 조립해서 자동차를 만들 수 있는 사회다. 대한민국은 반도체와 스마트폰도 만든다. 우리 사회는 반도체 제작의 정밀하고 복잡한 공정을 수행할 수 있고, 유리에 금속 박막을 뿌려서 정착시킬 수 있는 기계를 만드는 사회다. 그런 대한민국과

첨단 기술의 대형 공장 하나 없는 소말리아는 같은 사회라고 할 수 없다. 복잡한 물건을 만들 수 있는 사회는 그 물건을 만드는 협업 과정을 통해서 새로운 사회로 변화하게 된다. 이는 건축물에도 적용된다. 피라미드를 만들 수 있는 사회는 엄청나게 고도화된 조직 사회다. 그렇게 업그레이드된 사회가 제국을 만들고, 강력해진 제국은 주변을 정복하면서 새로운 사회를 만들게 된다. 소프트웨어인 종교, 민족, 국가 같은 이야기는 더 큰 사회를 조직한다. 동시에 하드웨어인 복잡한 물건, 건축, 도시도 사회를 정교하게 조직화한다. 아프리카의 시골 마을과 선진국의 대도시는 완전히 다른 하드웨어 시스템이다. 현대의 많은 도시는 로마를 흉내 내어 상수도를 만들었고, 런던을 흉내 내어 도심 속 공원을 만들었고, 파리를 흉내 내어 직선의 도로, 가로수, 지하 하수도를 만들었다. 그렇게 해서 만들어진 도시 공간 구조는 사회를 새롭게 조직한다. 현대인은 그런 도시 공간 시스템과 동맹을 맺으면서 진화한 인류다.

진화의 방향

리처드 도킨스의 저서 『이기적 유전자』(홍영남·이상임 옮김, 을유문화사)에 따르면 인간의 실질적인 조정자는 유전 정보를 담고 있는 DNA고, 인간은 DNA가 기생하는 숙주일 뿐이라고 한다. 우리가 후손을 만드는 것은 DNA 자신이 살아남기 위해서 자신을 담아서 보호하고 있는 숙주의 복제인 후손을 계속 만들게 한다는 이야기다. 더 많은 숙주 개체를 재생산할수록 DNA 유전자는 다음 세대에도 존속될 가능성이 커진다. 이 과정에서 숙주 생명체는 환경에 최대한 적응하기 위해서 다양한 형태로 진화한다. 인간은 자신의 부족한 유전자를 보완할 수 있는 이성을 만나서 업그레이드된 유전자를 가진 후손을 만들려 한다. 자연은 이들의 유전자 조합을 더욱 활성화하기 위해서 암수 두 종류의 성을 만들었다. DNA는 이종교배를 통해서 숙주를 계속 진화시켜 왔다. 인간과 건축의 관계도 마찬가지다. 인간이 DNA고 건축이 숙주다. 인간은 살아남기 위해서 자신이 몸담고 있는 숙주인 건축을 진화시키고 재생산한다. 생명체는 진화 초기에 꽃병 같은 모양의 세포 덩어리인 해면동물에서 시작해 수억 년을 거치면서 자포동물, 연체동물, 척추동물로 진화하였다. 마찬가지로 건축도 주어진 환경에 맞추면서 진화해 왔다. 해면동물이 동굴이라면, 척추동물은 엘리베이터 코어가 있는 마천루 건물이다. 각 시대에 맞추어서 진화해 온 건축물들의 목적은 하나다. '이기적인 인간'을 다음 세대에도 이어서 살리기 위한 진화의 몸부림이다. 대한민국 사회의 대표적인 '건축 숙주'는 아파트다. 아파트 숙주는 아주 효율적이었기에 지나칠 정도로 엄청나게 번식한 거라 볼 수 있다.

과거 우리가 가진 기술과 재료로 동굴 주거라는 해결책을 만들었듯이, 현대인은 같은 문제 해결의 지능을 가지고 아파트를 짓고,

초고속 인터넷망을 깔고, 넷플릭스를 보면서 산다. 우리의 지능은 거의 변한 것이 없는데, 달라진 점이 있다면 주변 환경이 점점 더 복잡해지고 인공화되었다는 것이다. 2만 년 전에는 비, 번개, 맹수가 생존을 위협하는 조건들이었다면 지금은 집값, 도로망, 지하철 노선, 교육 환경, 정치 체계 등이 우리가 살아남기 위해서 극복하고 적응해야 하는 조건들이 되었다. 살아남아야 한다는 목적은 같지만, 주변 환경 조건들이 바뀌면서 좀 더 복잡한 건축물들이 만들어졌다. 고인돌, 스톤헨지, 피라미드, 파르테논 신전, 그리스 반원형 극장, '콜로세움', 궁전, 성, 교회, 고층 아파트, 초고층 오피스 빌딩 등 이전에는 없던 형태의 건축물들이 생겨났다. 이들 복잡한 형식의 건축물들은 환경에 반응해서 발생한 혹은 발명된 결과물이다.

건축 공간에서 최초의 구심점이었던 모닥불은 자기 주변으로 수십 명의 사람을 모았다. 덕분에 인류는 수십 명 규모의 집단을 만들 수 있었다. 알타미라 동굴의 벽화는 백 명 규모의 집단을, '괴베클리 테페'는 수백 명 규모의 집단을 만들었다. 메소포타미아 문명은 벽돌이라는 재료를 발명했다. 그들은 벽돌로 지구라트 신전을 만들었고, 지구라트는 인간 사회를 수만 명 규모로 성장시켰다. 피라미드는 수십만 명의 사람들이 하나의 종교를 가진 국가로 뭉치게 했다. 이후 고대 그리스의 반원형 극장은 사회의 성격을 민주주의로 바꿔 주었다. 수도교는 로마를 인구 100만 명의 도시로 만들었고, 그 거대 도시 덕분에 제국이 만들어졌다. 전 유럽에 교회가 건축되었기에 유럽 사회는 기독교로 하나 되었고, 십자군 전쟁 파병이 가능했다. 당시 교회로 하나 되었던 유럽의 기독교 인구는 약 7천만 명 규모였다. 교회 건축이 없었다면 7천만 명이 한마음이 되기는 불가능했을 것이다. 20세기 들어 엘리베이터를 이용하여 고층 건물을 만든 뉴욕 같은 도시는 인구 1000만 명 이상의 집단을 만들었고, 인터넷으로 만들어진 가상공간은 수십억 명의 사람으로 구성된 사회를 만들었다. 페이스북의 2020년 6월 자 등록자 수는 27억 명이다. 역사 속에서 인류는 건축 공간의 혁명으로 집단의 규모를 키워 왔다. 물론 이 규모의 성장이 건축물 때문만은 아닐 것이다. 종교, 왕정, 민주주의, 자유 시장 경제 같은 소프트웨어적인 이유에 의해서도 규모가 커졌겠지만, 건축적인 하드웨어가 받쳐 주지 못했다면 그 조직은 쉽게 와해됐을 것이다. 대표적인 사례로 몽골 제국을 들 수 있다. 몽골 민족은 유목민이어서 텐트만 치고 이동하기 때문에 건축 문화가 없었다. 건축물이라는 구심점이 없었기에 거대했던 몽골 제국은 빠르게 쪼개지고 와해되었다. 반면 건축을 잘 이용한 로마 제국은 오랫동안 유지되었다. 이렇듯 건축과 그 건축이 만드는 공간은 사회의 조직을 견고하게 하는 데 필수적이다. 건축은 사회의 규모를 증가시키고 하나의 시스템으로 작동하게 해 주는 하드웨어다. 건축의 혁신은 그 사회의 혁신으로 이어져 왔다.

매너와 건축

아리 투루넨과 마르쿠스 파르타넨의 저서 『매너의 문화사』(이지윤 옮김, 지식너머)에 따르면, 예절의 일부는 본능에서 발현한다고 설명한다. 예를 들어서 우리가 인사할 때 고개를 숙이거나 무릎을 구부리는 것은 우두머리 앞에서 자기 몸을 작게 만들어서 덜 위협적으로 보이게 하려는 본능이라는 것이다. 침팬지를 비롯한 여러 동물도 이와 비슷하게 몸을 웅크리거나 고개를 아래로 낮추는 행동을 한다. 이렇듯 동물들은 본능적으로 자신의 생존 확률을 높이기 위해서 불필요한 충돌을 피하려고 신호를 만든다. 동물들의 각종 행동이 그렇게 만들어졌고, 그런 행동이 인간 사회에서 더욱 세련되게 진화된 것이 예절 혹은 매너라는 것이다. 예절 바르게 행동하는 것은 사회에서 성공할 확률을 높인다. 우리나라 사회에서는 특히 인사성 좋은 사람을 좋게 평가하는데, 그것은 '고개를 숙여 먼저 인사를 잘하는 사람'은 나의 권위에 복종하는 사람이기에, '나에게 위협이 되지 않는다'라는 신호로 받아들여지기 때문이다. 신체를 통한 동물적 본능의 의사소통이 예절과 매너라면, 그 같은 제스처를 더 큰 스케일로 만들어 주는 것이 건축 공간이다. 예를 들어서 1970년대 교실에서는 높은 교단을 사용했다. 그 당시에는 한 교실에서 60명이 넘는 학생이 함께 공부했기 때문에 뒷자리에 앉아 있는 학생에게 선생님이 잘 보이도록 하기 위한 목적으로 만들어진 것이다. 그런데 동시에, 교단에 서 있는 선생님은 의자에 앉아 있는 학생보다 더 '큰 사람'이 되고 이를 통해서 선생님은 학생들을 내려다보는 시점을 갖게 되고, 앉아 있는 학생은 선생님을 우러러보게 되고, 이는 선생님의 권위와 권력을 높이는 효과를 만들었다. 이런 공간 구조는 선생님을 향한 학생들의 존경심을 만든다. 일반적으로 서 있는 사람보다 앉아 있는 사람이 더 편안하다. 그래서 권력자는 앉아 있기를 선호하는데, 그렇게 되면 시점이 낮아지는 문제가 있다. 이를 해결하기 위해 궁궐에서 왕은 계단을 만들어서 높은 단을 만들고 그 위에 의자를 놓고 앉는다. 신하는 계단 아래 낮은 곳에 서 있게 한다. 그뿐 아니라 신하들은 좌우로 나누어 마주 보게 하여 왕을 똑바로 보지 못하고, 자신의 옆모습을 노출한 상태에서 고개를 숙이게 하는 공간 구조를 만들었다. 왕은 고개만 들면 앉은 상태에서 신하의 옆모습을 내려다볼 수 있는 공간 구조다. 이런 공간은 왕이 신하를 감시할 수 있는 구조로, 이러한 공간에서는 왕의 권위와 권력이 더욱 커진다. 이때 신하의 매너는 건축 공간이 만든 것이다.

본능은 생존 확률을 높이기 위해서 강한 자와 물리적 충돌을 피하는 쪽으로 행동 양식을 발전시킨다. 인체 스케일에서 만들어진 일차적 양식이 '예절'이고, 그러한 신체 행동을 만들어 주는 이차적 장치는 '가구'고, 더 큰 스케일로 관계를 강압적으로 형성 및 유지하는 삼차적 장치가 '건축물'이다. 건축물은 이처럼 본능적 커뮤니케이션을 강화시키는 '장치'다, 이런 장치가 잘 발달하면 불필요한 충돌이 줄어들고 사회가 발전한다. 예절을 가르치는 데는 시간이 걸리지만, 기획된 공간 구조에 들어가는 것만으로도 예절이 강압되고 매너가 형성되고 '사회적 교육'이 이루어진다. 군 복무 시절 연병장에서 사단장 사열을 받아 본 사람들은 이해할 수 있을 것이다. 사단장 앞에서 사열받을 때 군인은 앞을 보고 걷는다. 이때 사단장은 우리의 옆모습을 위에서 내려다본다. 단상 앞을 지날 때 각 연대는 동시에 '우로 봐' 명령이 내려진 순간에만 사단장을 올려다볼 수 있다. 연병장 사열을 통해서 사병은 단상 위 사단장에게 주눅이 들고 복종심을 가지게 된다. 우리는 이 책을 통해 인간이 문명을 발전시키는 과정에서 인간의 동물적 본능을 컨트롤하는 장치로서의 건축이 어떻게 만들어졌으며, 그것이 어떻게 사회 진화에 영향을 미쳤는지 진화의 족보를 살펴보게 될 것이다.

역사라는 추리와 상상

고고학자들은 몇몇 폐허와 화석들을 가지고 합리적 추리와 상상을 통해서 스토리를 완성하는 사람들이다. 나는 이 책에서 건축물이라는 물리적 흔적을 가지고 사람들의 삶의 모습을 추리하고 상상해 볼 것이다. 이 책은 거창하게 말하자면 '건축가의 관점에서 바라본 건축 공간 발달사'라고 할 수 있다. 그런 나의 시도가 역사 전문가들의 노여움을 사지 않기를 바란다. 자료를 해석하는 데 있어서 역사학자와 건축가는 관점의 차이가 있을 수 있다. 건축가의 해석을 다양성의 관점에서 이해해 주셨으면 좋겠다. 알폰소 쿠아론 감독의 영화 〈로마〉(2018)를 보면 1970년대 초 멕시코가 배경이다. 당시 멕시코는 1980년대 한국처럼 정치적 격변기를 겪었다. 영화에서는 시위하는 시민을 총으로 쏘는 사건과 정치 깡패 등의 이야기가 나온다. 그러나 이 영화는 그런 역사적인 사건을 주요 이야기로 다루지 않는다. 대신 한 이민자 가사 도우미가 이야기의 중심에 있다. 가장 약한 여성의 시각으로 면면히 흐르는 그 당시의 멕시코를 조명한 영화다. 이를 통해서 감독은 역사를 살리고 이어 가는 것은 증오가 아니라 사랑과 희생이라는 것을 보여 준다. 색다른 관점으로 조명하면 같은 시대와 사건에서도 다른 가치를 읽어 낼 수 있다. 그래서 다양한 관점이 필요하다. 그런 다양성이라는 가치 면에서 건축가가 쓴 빅 히스토리를 용납해 주시면 좋겠다. 쿠아론 감독이 가사 도우미를 중심에 둔 시점으로 영화를 만들 수 있었던 것은 이 영화가 자전적인 이야기고, 주인공 가사 도우미는 자신을 키워 준, 가족처럼 사랑한 분이었기에 가능했다. 누구는 전쟁을 중심으로 역사를 보고, 누구는 에너지를 중심으로 역사를 본다면, 건축을 사랑하는 나는 건축이 중심 주인공이 된 관점으로 역사를 보고 싶었다. 나는 세상을 바라보는 나만의 관점을 가질 때 비로소 인생의 가치가 만들어진다고 생각한다. 관점이 없으면 자존감도 없다. 이 책은 나만의 시각으로 역사를 바라보려는 시도다. 기존의 세계사가 전쟁사를 중심으로 전개되었다면, 이 책은 건축을 통해서 성숙해져 가는 인간과 사회의 모습을 보여 주려는 시도다.

악어와 상어는 진화를 거의 안 했다. 진화학자들은 그 이유가 생태계에서 최고의 포식자인 악어와 상어는 디자인 자체가 너무 완전해서 진화의 필요성이 없었기 때문이라고 말한다. 동양 건축의 목구조도 그렇다. 동양의 목구조는 재료 구입이 편리하고, 변형이 쉽고, 다양한 평면 디자인에 적응하기 쉬운 열린 구조 시스템이다. 지형이 바뀌면 기둥의 위치만 조금 바꿔 주면 된다. 땅의 높이가 달라도 주춧돌의 크기만 조금 조절해 주면 된다. 이 효율적인 시스템은 어느 시대에나 적응할 수 있었다. 그래서 수천 년의 긴 세월 동안 별다른 진화 없이 모듈화 시스템을 유지했다. 마치 '레고' 블록 장난감과 같다. 레고는 벽돌 모양의 블록을 가지고 무슨 모양이든지 만들 수 있는 장난감으로, 형태 구성 시스템으로서는 완전체다. 동양 건축의 목구조 시스템은 레고 블록같이 작은 단위가 모여서 전체를 이루는 모듈화된 시스템이다. 그렇다 보니 시간이 지나도 변화나 발전이 거의 없었다. 그래서 동양 건축은 수천 년 동안 건축 디자인이 별로 안 바뀐 것처럼 보이기도 한다. 그리고 나무를 재료로 한 동양의 건축물은 돌을 재료로 한 서양의 건축물보다 보존이 쉽지 않다. 그래서 서양에 비해서 동양에는 남아 있는 오래된 건축물이 많지 않다. 그렇다 보니 이 책에서는 주로 돌로 만들어져서 보존된 서양 건축물을 중심으로 진화를 설명하게 되었다.

나의 전작 『도시는 무엇으로 사는가』는 15장으로 구성되어 있고, 『어디서 살 것인가』는 12장으로 구성되어 있다. 이 두 책은 각 장의 이야기가 특별한 연관성이 없는 개별적인 글들의 모음이었다. 이들은 마치 각 층마다 모양이 다른 27개 층의 평면도와 같다고 할 수 있다. 이후에 나온 『공간이 만든 공간』은 횡단면도였다. 시간이라는 유리로 된 투명한 엘리베이터를 타고 각 층을 통과하면서 1층부터 옥상까지 올라가 보는 책이었다. 『공간이 만든 공간』이 동서 방향을 축으로 자른 횡단면도라면 이 책은 남북 방향의 축으로 자른 종단면도다. 『공간이 만든 공간』은 문화적 측면에서 인간과 건축의 관계를 조망했다면, 이 책은 빌딩 타입을 중심에 두고 건축과 사회의 관계를 시대적 흐름으로 보여 주려는 시도다. 같은 건물의 단면을 자르다 보니 앞선 세 권의 책과 겹치는 내용이 나올 수밖에 없다. 특히나 내 책을 처음 읽는 독자들을 위해서 이야기의 전개상 필요한 내용들은 전작에 있더라도 반복해서 설명했다. 이미 나의 전작을 읽으신 독자분들께는 양해를 구한다. 그리고 서문을 빌려서 이 책을 만드는 데 도움을 주신 분들께 감사 인사를 전하고 싶다. 우선 어려운 고대 연대 및 사실 관계 확인과 문장을 꼼꼼하게 다듬어 주신 김경민 편집장님께 깊은 감사를 드린다. 편집장님의 노고가 없었다면 감히 세상에 책을 내놓지 못했을 것이다. 그리고 언제나처럼 예쁜 책 디자인을 만들어 주신 옥영현 실장님, 10년여 동안 여섯 권의 제 책을 내 주신 을유문화사 정무영, 정상준 대표님께 감사드린다. 이분들의 변함없는 도움과 응원에 머리 숙여 깊은 감사를 드린다.

이제 벽면에 그림을 그리던 선사 시대의 동굴부터 현대의 자율 주행이 가능한 도시까지, 과연 인간은 건축과 도시를 어떻게 발전시켰으며 그 건축과 도시가 인간을 어떻게 변화시켰는지, 건축과 공간은 인간 진화에 어떤 도움을 주었는지 살펴보려 한다. 총 17장으로 구성된 이 책은 17층짜리 건물이라고 생각하면 된다. 1장 모닥불은 1층, 2장 동굴 벽화는 2층, 3장 '괴베클리 테페'는 3층, 17장 스마트 시티라는 17층으로 마무리된다. 그렇게 한 층 한 층 올라가다 보면 인간에 대한 이해가 쌓이고, 꼭대기 층에 도달할 때쯤이면 먼 곳을 내려다보는 시각이 자연스럽게 생길 것이다.

목차

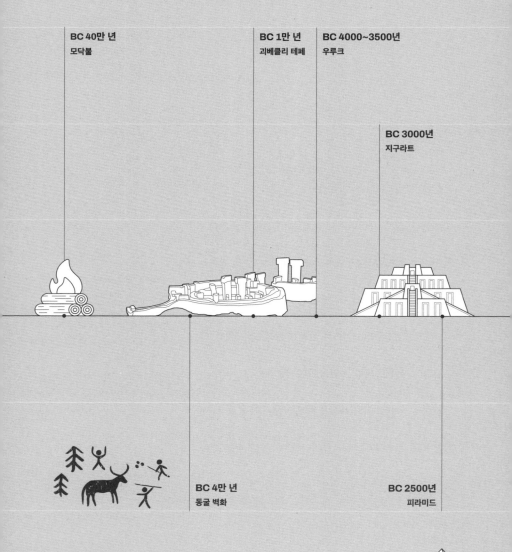

BC 40만 년
모닥불

BC 1만 년
괴베클리 테페

BC 4000~3500년
우루크

BC 3000년
지구라트

BC 4만 년
동굴 벽화

BC 2500년
피라미드

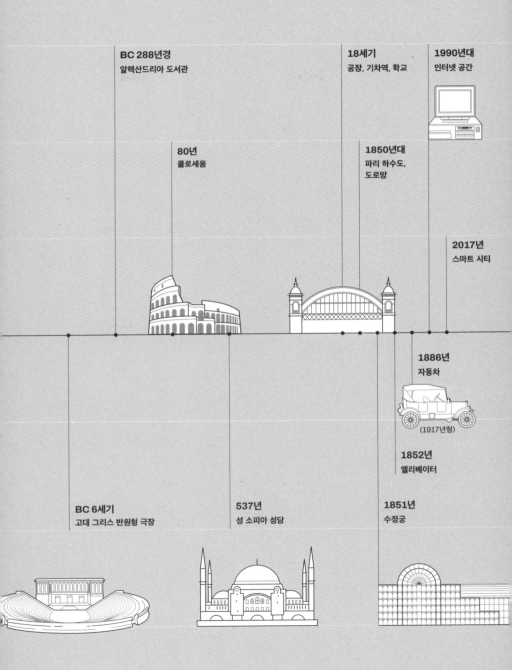

BC 288년경
알렉산드리아 도서관

18세기
공장, 기차역, 학교

1990년대
인터넷 공간

80년
콜로세움

1850년대
파리 하수도,
도로망

2017년
스마트 시티

1886년
자동차

(1917년형)

1852년
엘리베이터

BC 6세기
고대 그리스 반원형 극장

537년
성 소피아 성당

1851년
수정궁

01 모닥불:
인류 최초의 공간 혁명

모닥불이라는 태양

불구경이나 교통사고 현장을 구경해 본 적이 있는가? 주변에 많은 사람이 어느 한 곳을 바라보면 나도 따라서 거기를 보게 된다. 선사 시대 때부터 인간은 살기 위해서 외부의 위협으로부터 자신을 지켜야 했다. 외부의 위험을 감지하는 것은 생존의 기본이다. 누군가가 어디를 본다면 자신도 그곳을 바라보고 대응한 사람만이 위험에서 살아남았고, 우리는 그런 성향을 가진 사람들의 후손이다. 많은 사람이 어느 곳을 주시한다면 자신도 그에 동참해서 집단의 일부가 되는 것이 생존 확률을 높이는 데 도움이 된다. 많은 사람이 바라보는 곳을 보지 않고 독단적인 행동을 해서 홀로 남게 되면 험한 세상에서 살아남기 힘들었을 것이다. 그래서 우리는 본능적으로 누군가가 어디를 쳐다보면 자연스럽게 그곳을 보게 된다. 전체주의 국가들이 만든 포스터를 보면 노동자, 농민 등 각 직업군을 대표하는 남녀 몇 명이 한 방향을 바라본다. 보통은 약간 올려다보는 시선을 하고 있다. 그렇게 함으로써 높은 이상을 바라보는 듯한 분위기를 연출한다. 이런 포스터는 그것을 보는 이로 하여금 그들과 같은 곳을 봐야 할 것 같은 무언의 압박을 준다. 전체주의 국가는 그림으로도 사람을 조종한다. 같은 지점을 바라본다는 것은 같은 생각과 목적을 갖고 있다는 것을 의미한다. 같은 곳을 바라보면 공동체가 만들어진다.

40만 년 전 인류는 최초로 인공의 불을 사용했다. 학자들은 인류가 불을 사용해서 음식을 익혀 먹을 수 있게 되자 소화가 쉬워졌고, 덕분에 영양분이 뇌로 많이 가게 되면서 지능이 높아졌다고 설명한다. 불의 발전이 음식의 발전으로 이어지고, 인류 진화에 결정적인 역할을 했다는 것이다. 불과 음식의 영양분을 지능과 연결한 흥미롭고 과학적인 분석이다. 하지만 건축가인 나는 인공의 불이 만들어 낸 공간의 변화에 주목하고 싶다. 불을 사용하기 이전 인류는 주변의 동식물들과 마찬가지로 태양을 올려다보면서 살았다. 하지만 인간이 인공으로 불을 만들 수 있게 되었고, 모닥불을 만들게 되자 인류는 비로소 빛을 올려다보지 않고 내려다보거나 자기 손으로 들 수 있게 되었다. 내가 빛을 따라가는 것이 아니라 내가 가는 곳으로 빛이 따라오게 할 수 있게 된 것이다. 밤에도 활동이 쉬워졌고, 햇빛이 들어오지 않는 동굴에서도 횃불을 이용해 공간을 사용할 수 있게 되었다. 인공의 빛을 통해서 공간과 시간을 새롭게 재구성할 수 있게 된 것이다. 그리고 그 힘은 너무나 위대해서 사회를 바꾸었다. 인류는 자기 무리 속에 불을 가지게 되면서 이전의 세상으로는 돌아갈 수 없는 새로운 세상으로 들어갔다. 모닥불을 피우면 인간은 달을 올려다보는 대신 무리 가운데 있는 모닥불을 쳐다보게 된다. 인간이 다른 동식물과 다른 곳을 보는 존재가 되었다는 것은 다른 동식물과 함께했던 자연의 공동체에서 이탈했다는 것을 의미한다. 그리고 21세기의 환경 문제는 이미 예정된 것이었다.

현대 과학에서는 우리가 사는 이 세상이 빅뱅 직후 공간이 급격하게 팽창하는 3분 동안 기본 입자, 양성자 및 중성자, 헬륨 원자핵이 순차적으로 만들어졌다고 보고 있다. 이 이론에 따르면 빅뱅 이전에는 시간과 공간이 존재하지도 않았다. 이 세상은 빅뱅 이후에 시작된 것이다. 그렇다면 건축의 빅뱅은 무엇일까? 건축에서의 빅뱅은 모닥불이다. 인류가 최초로 모닥불을 피우기 시작하면서부터 우리의 공간은 바뀌기 시작했다. 빅뱅 이후 우주 공간은 중심도 없이 팽창하는 무한의 공간이었다. 이러한 공간에 태양 같은 항성이 생겨나면서 비로소 태양을 중심으로 중력장이 만들어지고, 균질했던 공간의 균형이 깨지고 공간에 방향성이 생겨난다. 그때부터 지구를 비롯한 행성들은 태양을 중심으로 돌고, 태양에너지 덕분에 지구상에 생명체가 만들어지게 되었고, 수십억 년의 시간이 흐른 뒤 인간 같은 복잡한 생명체까지 만들어지게 되었다.

건축에서 모닥불은 태양 같은 존재다. 모닥불은 인간이 만든 태양이다. 모닥불이 발명되기 전 선사 시대 때 인간은 다른 동물들과 마찬가지로 태양을 바라보면서 태양을 중심으로 생활했다. 태양이 안 보이는 밤에는 태양 빛을 반사하는 달을 바라보면서 살았다. 혹은 더 멀리 있는 또 다른 태양이라 할 수 있는 항성의 빛인 별을 바라보면서 살았다. 그렇게 인간은 자연이 만들어 놓은 빛을 보면서 살아가는 존재였다. 공간은 자연의 빛을 중심으로 돌아가고 있었다. 그러다가 모닥불이 삶의 공간에 들어오면서 인간은 비로소 자신이 만든 빛의 구심점을 중심으로 공간을 재구성하게 되었다.

모닥불이 만드는 공간 구조

우리 일상에서 가장 큰 불인 태양은 약 1억 5천만 킬로미터 떨어져 있고, 두 번째 주요 빛의 근원인 달은 약 40만 킬로미터 떨어져 있다. 그렇게 멀리 있던 불이 갑자기 내 바로 앞에 놓이게 된 것이 모닥불이다. 멀리 있던 불과 빛이 모닥불을 통해서 내 공간 안으로 들어오게 된 것이다. 모든 동물은 불을 두려워하지만, 유일하게 인간만이 불을 두려워하지 않고 오히려 불을 중심으로 가깝게 모인다. 불을 만든다는 것은 불을 이해하게 되었다는 것이고, 불은 더 이상 공포의 대상이 아닌, 이용할 대상이 되었기 때문이다. 인간은 주광성 동물이기에 해가 진 후 밤이 되어 모닥불을 피우면 자연스럽게 모닥불을 바라보고, 그것을 중심으로 둘러앉게 된다. 모닥불을 중심으로 사람이 모이게 되면서 균질했던 공간에 인공의 중심점이 생겨났다. 이로써 중심도 위계도 없이 평평하던 생활 공간에 중심점이 생겨나기 시작했다. 인간이 모닥불을 이용해서 새로운 중력장을 만든 것이다. 이것은 인간의 공간이 동물의 공간과 다르게 진화하게 된 첫걸음이다. 추억 속 캠프파이어를 떠올려 보자. 모닥불에 너무 가깝게 가면 뜨겁고 멀리 가면 춥다. 따라서 사람들은 모닥불과 일정 거리를 두고 둥그렇게 앉는다. 이때 사람들의 무리 안쪽으로는 밝고 등 뒤로는 사람이 만드는 그림자 때문에 불빛이 없는 어두운 공간이 된다. 이렇게 역사상 처음으로 '안과 밖'의 공간 구획이 만들어진다. 건축에서 벽을 발명하기 이전부터 이렇게 빛과 어둠을 통해서 공간의 분리가 만들어졌다. 모닥불을 쬐고 있는 사람들은 얼굴이 환하게 밝혀지면서 서로의 얼굴을 볼 수 있다. '우리'라는 확실한 공감대가 형성되는 것이다. 인간이 진화하면서 만들어진 다른 동물과의 차이점 중 하나는 눈에 흰자위가 많이 보인다는 점이라고 한다. 흰자위 덕분에 인간은 다른 사람이 어디를 쳐다보는지 정확하게 알 수 있다. 이런 눈은 모닥불 주변같이 인구가 밀집된 공간에서 아주 유용하다. 좁은 공간에 빙 둘러앉게 되면 서로의 얼굴을 보게 되는데, 만약에 흰자위 없이 검은색 홍채만 있다면 건너편 쪽 사람이 나를 쳐다보는지 옆 사람을 보는지 알 수 없다. 그런데 흰자위 덕분에 우리는 정확하게 건너편 쪽 이성이 나를 쳐다보고 관심을 보이는지 알게 된다. 이런 식의 '썸 타기'는 흰자위가 많은 인간의 눈 덕분에 가능한 일로, 흰자위가 잘 보이지 않는 다른 동물에게는 어려운 일이다. 인간이 동물 중에서 신체적으로는 약한 편에 속하지만, 동물 세계를 압도할 수 있었던 것은 '불'을 사용한 덕분이다. 우리는 불을 이용해서 고기를 익혀 먹고 동물을 제압할 뿐 아니라, 무리 내에 '사회적 공간'을 만들고 '우리'라는 공동체 의식을 강화하는 데 사용했다. 비로소 사피엔스는 더 많은 무리를 지어 다닐 수 있게 되었고, 사회는 더욱 정교하게 발달했으며, 다른 종들을 압도할 수 있게 되었다.

모닥불이 만드는 공간은 평등한 공간이다. 불은 가까이 가면 뜨겁고 멀리 가면 춥고 어둡다. 자연스레 대부분의 사람은 모닥불을 중심으로 같은 거리를 두고 빙 둘러 앉게 된다. 권력자는 불 가까이에 앉고 권력이 없는 자라고 해서 불에서 멀리 앉지 않는다. 인원이 늘어나게 되면 모닥불에 장작을 더 던져 넣고 원의 지름을 더 크게 만들기만 하면 된다. 그러면 더 많은 사람이 불과 같은 거리에서 편하게 앉을 수 있다. 예전에 아서왕은 기사들 간의 권력 암투를 없애기 위해서 원탁에서 회의했다. 아서왕의 정신은 '원탁의 기사'로 대변된다. 직사각형의 회의 테이블에서는 좁은 변 쪽에 앉는 사람이 권력이 높은 사람이 된다. 그 이유는 다음과 같다.

보통 긴 테이블에서는 남북 회담처럼 마주 보고 앉게 되는데, 두 편의 사람들이 너무 멀어도 대화가 안 되고 너무 가까워도 부담스럽다. 보통은 1~2미터 정도의 거리를 둔다. 그렇다 보니 테이블의 좁은 변에는 한 명만 앉을 수 있다. 그곳에 앉은 사람은 고개만 들어도 긴 변에 앉은 사람들의 옆모습을 볼 수 있다. 감시가 가능하다는 이야기다. 반면 긴 변에 앉은 사람은 고개를 90도 돌려야만 좁은 변에 앉은 사람을 관찰할 수 있다. 다른 사람을 감시하기 쉬운 좁은 변에 앉은 사람이 권력이 더 센 것이다. 보통 회장님이 거기에 앉아서 맞은편의 스크린을 정면으로 편하게 보며 회의한다. 권력이 가장 낮은 사람들은 문 근처의 테이블 모서리에 앉는다. 외부에서 공격받기 가장 쉬운 자리이기 때문이다. 그런데 원형은 변의 모든 지점이 동일한 조건을 가지고 있어서 어디가 최고 권력자의 자리인지 알 수가 없다. 물론 출입문에서 먼 쪽이 최고 권력을 갖는 자리가 되긴 하지만, 그래도 기본적으로 옆 사람과 거의 동등한 권력의 위계를 갖는 공간이 원형 테이블이다. 딱히 출입문이라고 할 것도 없는 숲에서 모닥불을 피우면 그 불을 중심으로 불을 바라보면서 같은 거리를 두고 앉는 공간 구조는 전형적인 평등한 공간 구조다. 이러한 공간 구조는 당시 원시 공산제 사회 시스템과 잘 어울리는 구조다. 냉장고가 없던 수렵 채집의 시대에는 사냥이건 채집이건 먹을 것을 구해 오면 음식이 썩기 전에 나눠 먹어야 했던 원시 공산제 경제 시스템이었다. 이런 공동 생산과 공동 소비를 하는 평등 사회에 가장 잘 어울리는 공간 구조를 모닥불이 만들어 준 것이다.

내 공간 안의 소실점

모닥불이 만든 공간의 또 다른 특징은 모두가. 한곳을 바라보게 한다는 점이다. 선사 시대 사람들은 낮 동안의 유일한 광원인 '태양'을 우러르며 태양신으로 섬기거나 밤에 바라볼 수 있는 광원인 '달'을 보면서 소원을 빌었다. 이집트 같은 나라는 태양을 숭배했고, 우리나라의 경우에는 보름달에 소원을 빌거나 달빛에 정화수를 떠 놓고 기도했다. 우리나라는 오래전부터 자연계의 모든 사물에 정령이 있다고 믿는 애니미즘, 특정 동물이나 식물을 숭배하는 토테미즘, 무당을 통해서 초자연적 존재와 소통하려는 샤머니즘이 발달했다. 반면에 중동의 민족들은 태양이나 달을 섬기거나 유일신 사상이 많았다. 아마도 이러한 차이점은 주변 환경의 차이 때문일 것이다. 극동아시아에는 숲과 동물이 많아서 상상하고 섬길 대상이 많았다. 반면 중동에는 광야에 해와 달만 떠 있는 경우가 많다. 자연히 숭배의 대상이 숲이나 동물이 아닌 해와 달일 것이다. 우리나라의 경우 낮에는 바라볼 숲과 동물이 많지만, 밤이 되면 달밖에 안 보이니 해보다는 달을 숭배하는 경우가 많았을 거라고 추리해 볼 수 있다.

현재 여러 나라의 국기들을 보면 광원인 해와 달과 별이 그려져 있는 경우가 많다. 이처럼 광원은 무리의 구심점이 됐다. 주광성 동물들은 빛을 바라보게 된다. 선사 시대 인류는 자연의 광원인 해, 달, 별을 바라보다가 인공의 광원인 모닥불을 가지게 되자 밤에는 달보다 더 밝게 빛나는 모닥불을 바라보았다. 그런데 모닥불이라는 광원은 멀리 있는 것이 아니라 무리의 중앙에 위치한다. 그리고 밤이 되면 사람들은 모두가 그곳을 바라본다. 시선이 모이는 구심점이 무리에서 수천 킬로미터 떨어진 먼 하늘이 아니라 무리의 공간 내부에 있게 된 것이다. 이 변화는 엄청난 차이를 가져온다. 그림에는 소실점이라는 것이 있는데, 그림 안의 모든 선이 모이는 지점을 말한다. 그림의 역사를 보면 이 소실점이 그림 밖에 있느냐 아니면 그림 안에 있느냐가 아주 중요한 차이를 나타낸다. 고대 이집트나 그리스 시대의 그림을 보면 소실점이 없다. 이들의 그림에는 공간의 깊이감 없이 평평한 느낌이다. 왕이나 왕비 같은 중요한 사람은 크게 그리고 노예는 작게 그린다. 그러다가 서서히 공간감이 생겨나게 되면서 소실점이라는 것이 만들어지기 시작한다. 르네상스 초기의 그림을 보면 소실점이 있어도 그림 바깥에 있었다. 이후 부르넬레스키에 의해서 투시도 기법이 완성되면서 소실점이 그림의 내부에 놓이게 되었다. 캔버스 안의 모든 선은 소실점을 중심으로 정렬하게 됐고, 소실점을 중심으로 투시도가 그려지게 되었다. 소실점이 그림 내부에 있다는 이야기는

「아테네 학당」(라파엘로, 1509~1511년) 내부에 있는 소실점

그림을 그리는 1인칭인 화가가 그림 구도 안의 모든 것을 통제하고 장악했다는 것을 말한다. 내가 중심이 되어서 주변 세상을 재정립해 보는 자기 주도적인 시각의 시작이다. 인류는 르네상스 때 지구가 우주의 중심이고 하늘이 돈다는 천동설을 포기하고, 태양을 중심으로 지구가 돈다는 지동설을 받아들이기 시작했다. 자신의 위치가 변두리라는 것을 인정한 것이다. 그런데 아이러니하게도 그림의 세계에서는 반대로 소실점을 중심으로 자신이 주체가 되어 바라보기 시작했다. 태양, 달, 모닥불은 공통적으로 사람의 시선이 모이는 소실점이다. 소실점이 먼 하늘에 있는 경우와 집단 내부에 있는 경우의 차이는 그림의 소실점이 캔버스 밖에 있는 것과 캔버스 안에 있는 것의 차이와 같다. 모닥불이라는 소실점이 무리 내부에 있게 되면서 세상을 자기 주도적으로 바라보고 활동하게 된 것이다. 모닥불을 통해서 인간은 비로소 공간적으로 구심점을 가지게 되었고, 다른 동물과 차별화된 사회 구조를 발전시킬 공간적인 수단을 갖게 된 것이다. 모닥불이 만든 공간 구조는 인간만의 강점이 되었다.

우리는 회식할 때 파스타집이나 중국집보다는 고깃집에서 더 많이 한다. 뭔가 불을 놓고 그 위에 삼겹살을 구우면서 이야기를 나눌 때 진솔한 대화가 오가는 듯하다. 그 고기가 소고기면 더 좋다. 전 세계 문화를 통틀어서 식탁 위에 진짜 불을 놓고 구워 먹는 나라는 찾아보기 힘들다. 서양에서는 바비큐를 할 때 식탁 옆에 따로 놓인 화로에서 굽는다. 우리나라는 무리의 가운데에 불을 놓고 구워 먹는다. 이런 방식을 외국에서는 '코리안 바비큐'라고 부른다. 회식을 고깃집에서 하는 것은 꽤 괜찮은 문화다. 그런 풍경은 마치 수렵 채집의 시기로 돌아간 것 같은 느낌을 준다. 예전 수렵인들은 목숨을 걸고 함께 사냥하고, 마치면 모닥불을 가운데 피우고 고기를 구웠다. 직장인들 역시 사회에서 위험을 감수하고 힘을 합쳐 일하고 회식 자리에서 불을 가운데 놓고 고기를 굽는다. 고깃집에서 하는 회식은 수렵인들의 모닥불 식사 자리라 할 수 있다. 현대 사회에 고깃집 회식 자리의 불판은 과거 모닥불이 만들었던 구심점과도 같다. 고깃집 회식은 우리 회사, 함께하는 동료라는 애사심을 고취할 수 있다.

02 동굴 벽화:
상상이 공간이 되다

동굴 벽화

문신과 벽화

모닥불은 인간 사회만의 구심점이 있는 공간을 만들었다. 그리고
모닥불을 만들게 되면서 인간은 기존에는 사용할 수 없었던 공간
을 쓸 수 있게 되었다. 바로 동굴이다. 동굴은 햇빛이나 달빛이 들
어가지 못하는 공간이다. 빛이 없는 공간이어서 박쥐같이 음파를
통해서 공간을 파악하는 동물만 사용하던 곳이다. 그런데 모닥불
이라는 인공의 빛을 만들 수 있게 되자 인간은 자연의 빛이 닿지
않는 동굴 속 공간을 쓸 수 있게 되었다. 자연의 공간은 땅만 있고
사방으로 열려 있다. 즉, 기존의 공간은 바닥면만 있는 공간이다.
그런데 동굴은 벽과 천장이 있는 공간이다. 동굴은 인간에게 최초
로 벽과 천장이라는 건축 요소를 가르쳐 준 공간이다. 인간은 이
곳에서 동굴이 제공하는 벽과 천장으로 비바람을 피할 수 있었다.
동굴이라는 '실내 공간'을 처음으로 사용하게 된 것이다. 인류는
이 새로운 공간에 물감으로 그림을 그려서 또 다른 공간의 혁명을
이루었다.

2장. 동굴 벽화: 상상이 공간이 되다   45

인류는 모닥불로 공간의 구심점을 만들었고, 동굴이라는 실내 공간도 사용하게 되었다. 여기서 한 발 더 나아가 인류는 동굴이라는 실내 공간에 상징적인 그림을 그리면서 공동체 의식을 더 고취시켰다. 단어 수가 적고, 언어가 발달하지 않았던 선사 시대 때 그림은 가장 훌륭한 의사소통 도구였다. 그런데 수렵과 채집을 위해서 이동하는 인류에게 그림을 그릴 수 있는 건축 공간은 아직 주어지지 않았다. 이동이 잦은 수렵 채집인에게 그림을 그릴 수 있는 곳은 두 군데다. 옷과 피부다. 옷에 그린 그림은 지워지거나 옷이 닳으면서 없어지지만, 피부에 그림을 새기면 오랫동안 보존이 가능하다. 그렇게 수렵 채집인들은 자기 몸에 그림을 그렸다. 그것이 문신이다. 문신은 나를 표현하는 그림이다. 지금도 군부대의 경우 자기 집단의 정체성을 알리기 위해서 부대의 상징 문양을 옷에 달기도 하고, 몸에 문신하기도 한다. 이러한 마크들은 공동체 의식을 강화한다. 인간의 피부에 문신으로 그림을 그리던 사람들은 진화해 오면서 동물을 죽이고 가죽을 벗겨서 양피지를 만들어 그곳에 그림 대신 더 발전한 상징 기호인 '글자'를 새겼다. 피부에 그린 문신이나 양피지에 쓰는 글자나 본질적으로는 동일한 것이다. 피부에 그림을 그리던 인류는 한곳에 정착하면서 비로소 공간에 그림을 그릴 수 있게 되었다.

2017년 인도네시아에서 발견된 '리앙 불루 시퐁 4' 벽화는 기원전 42000년경에 그려진 것으로, 반인반수 형상도 그려져 있다.

스페인에서 발견된 알타미라 동굴 벽화는 기원전 35000년에서 기원전 10000년 사이에 그려진 것으로 보고 있다. 프랑스 남서쪽에서 발견된 라스코 동굴 벽화도 유명하다. 시기적으로는 후기 구석기 시대인 기원전 17000년 정도다. 라스코 동굴 벽화는 아직 빙하기가 끝나기 전의 모습이고, 전 지구적으로 해수면 상승이 계속되던 시대에 만들어진 동굴 속 공간이다. 이 벽화를 통해서 수렵 채집 시기의 인간 사회를 상상해 볼 수 있다.

모닥불이 공간 구조의 구심점을 만들고 사회 구조를 만들기 시작했다면, 동굴의 벽화는 인간의 상상이 공간화된 첫 단추다. 여타의 동물들은 자연이 제공하는 공간에서 생활해야 한다. 몇몇 곤충이나 동물들은 이 공간을 조금씩 바꾸어서 생활한다. 거미는 몸에서 뽑은 실로 공중에 집을 짓는다. 개미는 그보다 더 적극적으로 땅속에 공간을 만들어 낸다. 심지어 비버는 댐을 짓기도 한다. 그런데 인간은 공간에 다른 동물들이 하지 않는 일을 한다. 인간은 벽에 그림을 그린다. 알타미라 동굴이나 라스코 동굴에 가면 소들을 그려 놓은 벽화가 있다. 당시에 인간의 주요 사냥감은 사슴이었고, 소 그림은 숭배라는 종교적인 목적도 함께 담아 그린 것이다. 이렇듯 오직 인간만이 눈에 보이지 않는 머릿속 생각을 공간에 투영해 내기 시작했다. 이는 모닥불만큼이나 큰 사건이다. 머릿속 이미지를 동굴 벽에 그림으로써 자연의 공간을 상상의 공

라스코 동굴 벽화

간으로 변화시킨 것이다. 지금도 인간은 똑같은 일을 한다. 라스코 동굴에 소 천장화를 그리던 인간은 르네상스 시대 때는 우리가 흔히 '천지창조'라고 부르는 「시스티나 성당 천장화Sistine Chapel Ceiling」를 그렸고, 지금은 뉴욕 타임스 스퀘어나 삼성역 빌딩 벽면에 있는 대형 LED 스크린에 동영상을 틀어 놓고, VR 헤드셋을 뒤집어쓰고 상상의 공간을 바라본다. 과거의 정지된 그림에서 지금은 동영상으로 바뀌었을 뿐 본질은 같다. 이처럼 인간만은 만 년 넘게 주변의 공간을 머릿속 상상으로 채색해 왔다. 집에 가면 거실에는 TV가 있고, 벽에는 그림이 걸려 있다. 이들 모두 이미지를 통해서 평범한 공간을 머릿속 생각으로 채색해서 변형시킨 작업들이다. 언어가 없던 시절 이런 동굴 벽화는 사람들의 생각을 하나로 모았을 것이다. 유발 하라리는 사피엔스가 공통의 이야기를 믿기 시작하면서 무리의 크기가 점점 커졌고, 다른 종들을 지배할수 있게 되었다고 말한다. 나는 하라리 교수가 말하는, 인류가 공통의 이야기를 믿기 시작했다는 사건은 언어가 발달하지 않았던 그 시절에 벽화가 그려지면서부터 시작됐을 거라고 생각한다. 기원전 17000년경 구석기 시대 때 라스코 동굴에 살던 사냥꾼은 동굴이라는 공간의 벽과 천장에 그림을 그려서 동굴 공간을 상상 속의 공간으로 변화시켰다. 그 공간에서 사람들은 자기 머릿속의 생각과 다른 사람의 생각이 같다는 것을 확인하고 공감이 형성되고, 소통이 이뤄졌을 것이다. 혹은 아무 생각 없던 사람들도 그 생각에 동화되어 공조共助가 일어났을 것이다. 동굴 벽화는 인간의 생각이 공간화된 첫 사례이며, 이를 통해서 새로운 '목표 지향적 사회'가 만들어지기 시작했다. 소들이 그려진 벽화를 보면서 사냥의 성공과 풍요를 함께 기원하는 사냥꾼들이 생겨났을 것이다. 이것은 인간만의 독특한 성향이다. 그런 본능을 가졌기에 지금도 현대인들은 자신의 공간에 상상을 덧입히기 위해 거실에 더 큰 TV를 사 놓으려 한다. 그리고 스크린 크기가 벽과 천장을 덮을 때까지 그 욕심은 계속될 것이다.

왜 동굴에 그림을 그렸을까

그렇다면 왜 동굴에 그림을 그렸을까? 소설 『1984』를 보면 전체주의 빅브라더는 사회를 통제하기 위해서 언어를 단순화하는 작업을 한다. 예를 들어서 자른다는 뜻의 cut가 있는데, 칼이라는 knife가 명사와 동사로 사용되면서 cut라는 단어는 없앤다. 나쁘다는 뜻의 bad의 경우 좋다는 뜻의 good에 부정, 반대의 뜻을 나타내는 접두사 un을 붙여서 ungood으로 만들고 bad라는 단어는 없앤다. 얼핏 보면 효율적으로 정리되는 것 같지만, 단어를 단순화하면서 사람의 생각을 단순화시켜 조종하기 쉬운 사람으로 만들기 위한 작업이다. 인류는 단어를 더 많이 만들고 사용하게 되면서 더 복잡하고 복합적인 사고가 가능해졌다. 한마디로 단어가 늘면서 더 똑똑해졌다. 그래서 아직도 미국 대학원 입학 자격시험으로 평소에 쓰지도 않는 어려운 단어 3만 3천 개를 공부해야 칠 수 있는 GREGraduate Record Examination 시험이 있는 것이다. 현재 옥스포드 영어 사전에는 60만 개가 넘는 단어가 수록되어 있다. 인류는 지금까지 수십만 개의 단어를 창조해 냈고, 언어를 통해서 사고하고 소통한다. 하지만 이러한 언어가 발달하기 이전 선사 시대 사회에서는 사람들이 자기의 생각을 전달하기도 어려웠을 뿐 아니라 복잡하고 복합적인 생각을 못 했을 것이다. 그런 시대에 자기 생각을 전달하기 가장 쉬운 방법이 그림이었다.

상상하는 사람은 자기 머릿속의 상상을 다른 사람에게 전달하고 싶었을 것이다. 그런데 당시에는 머릿속 상상을 자세하게 표현할 단어가 부족했다. 게다가 말로 생각을 전달하려면 사람을 만날 때마다 같은 이야기를 반복해야 한다. 문자가 있었다면 생각을 한 번만 적으면 반복적으로 의사 전달이 가능했겠지만, 문자는 아직 발명되려면 한참 먼 때였다. 당시의 기술적인 수준으로는 자기 머릿속 생각을 잘 묘사하고, 반복적으로 전달할 수 있는 가장 효과적인 방법은 그림이었다. 그런데 그림을 땅바닥에 그리면 비가 왔을 때 지워진다. 움집 안에는 그림을 그려도 공간이 좁아서 다른 사람들이 들어와서 볼 수가 없었다. 결국 그림을 그리기에 가장 좋은 곳은 자연이 만든 거대한 실내 공간인 동굴이었다. 동굴은 돌로 만들어진 벽과 천장이 있다. 그곳에 그림을 그린다면 비가 오더라도 지워지지 않는다. 그때 그려진 동굴 벽화는 수만 년의 시간을 견디고 지금의 우리가 볼 수 있을 정도로 보존됐으니 동굴에 그림을 그리겠다는 생각은 제대로 된 판단이었다. 동굴은 실내 공간이어서 바깥 날씨가 추워도 그 안에서는 시간을 보내기에 편리하다. 동굴에 벽화를 그림으로써 계절과 날씨의 제약을 받지 않고 언제든 자신이 만든 공간을 운영할 수 있게 되었다. 동굴 안에서는 주변이 벽으로 둘러싸여서 몰입감이 좋다. 같은 그림을 보더라도 창문이 있고 바깥 경치가 있는 공간에서 보는 그림은 몰입감이 떨어진다. 이런 이유에서 전통적으로 도박장과 백화점에는 창문이 없다. 도박과 쇼핑에 집중하라는 의미다. 바깥 경치가 안 보이는 동굴에서는 벽화에 더 집중하게 된다. 도박장과 백화점에는 시계도 없다. 시간의 흐름을 느끼지 못하게 해서 도박과 쇼핑에 몰입시키기 위한 방식이다. 예전에 한 수련회에 간 적이 있는데, 그곳에서는 손목시계를 압수해서 시간을 볼 수 없게 했다. 수련회의 행사와 말씀에 몰입하게 하기 위해서였다. 동굴 속에서는 해의 위치를 알 수 없기에 시간을 가늠할 수 없고, 시간의 흐름을 알 수 없게 되니 동굴 속 벽화의 메시지에 더 집중하게 된다. 빛이 없는 동굴에서 유일한 빛은 내가 들고 있는 횃불이다. 인공의 조명으로 불을 든 인도자가 자의적으로 조작 가능한 공간을 만든 것이다. 동굴 속에 그림을 그리고 그곳으로 동료를 초대한 사람은 횃불을 원하는 그림에 가깝게 들이대 강조할 수 있고, 때로는 멀리서 비쳐서 넓은 공간 속에서 더 큰 그림을 볼 수 있게 할 수도 있다. 때로는 같이 간 사람들의 그림자를 그림 위에 드리워서 현실감을 배가시킬 수도 있다. 이는 마치 현대 사회에서 조명 설비가 잘된 공연장이나 의도된 그림을 보여 주는 극장과 같다고 볼 수 있다. 동굴이라는 공간은 사람들을 무언가에 몰입시키기 좋은 공간이다. 훗날 인류 집단의 규모가 점점 커질수록 자연이 만든 동굴 공간을 사용하는 대신 인공적 건축 공간을 만들 수 있게 되었다. '괴베클리 테페'라는 건축물에는 둥그런 벽체를 세웠다. 그곳은 지붕이 없어서 비에 그림이 지워질 수 있으니, 가운데 거대한 돌에 그림을 새겨 넣었다. 시간이 더 흘러서 천장까지 만들 수 있는 교회 건축물을 짓게 되었다. 그러자 천장에 그림을 그려 넣었다. 유리를 다룰 수 있게 되자 스테인드글라스도 만들었다. 알타미라 동굴, '괴베클리 테페', 고딕 성당의 기본 개념은 상상력이 있는 누군가가 상상하는 이미지를 공간화시켰다는 점에서 동일하다. 그리고 그 공간으로 인간은 집단의 규모를 키울 수 있었고, 경쟁 종이나 세력을 물리칠 수 있었다.

화가, 제사장, 영화감독

동굴 속 벽화를 그렸던 화가는 누구였을까? 그 사람은 그 집단에서 어떤 일을 하던 사람이었을까? 예전에 읽었던 어느 소설에 이런 이야기가 나온다. 건장한 남자들은 모두 사냥을 나갔는데, 그

마을에서 다리를 저는 한 소년이 뛰지 못해서 사냥을 나갈 수 없었다. 그 소년은 그림 그리기를 좋아해서 동굴에 들어가 그림을 그렸고, 그것이 지금 우리가 보는 벽화라는 것이다. 약간은 슬픈 이야기고, 이 이야기 속에서 그림을 그린 화가는 사회적 약자로 묘사된다. 하지만 내 생각에 이야기의 시작에서는 그 소년이 약자였는지 모르지만, 이야기의 후반부에서는 소년의 위상이 달라졌을 것 같다. 사냥에 함께 가지 못하고 남아서 동굴 벽에 그림을 그리던 나약한 화가는 훗날 제사장 같은 권력자가 됐을 수도 있다. 공통의 이야기를 믿기 시작하면서 집단이 커지고 권력이 생겨나는 사회에서는, 공통의 이야기를 만들어 내는 '이야기꾼'이 권력자가 된다. 그리고 언어가 발달하지 않았던 그 시대에는 그 이야기를 그림으로 그려 내는 사람이 권력자가 되는 것이다. 어쩌면 최초의 종교는 동굴 벽화를 그리던 화가에 의해서 싹텄을지도 모른다. 벽화는 상상을 공간으로 현실화시킨다. 벽화를 그리는 일을 통해서 그 화가는 공간을 변화시키고 사람들을 다른 세상으로 인도한다. 그 안에 있는 사람은 가상의 세계로 빠져든다. 그 공간은 현실 세상의 모방일 수도 있고, 눈에 보이지 않는 영적인 세상이 될 수도 있다. 언어와 문자가 없던 시절에 인류는 동굴이라는 실내 공간과 벽화, 횃불이라는 조명, 흔들리는 그림자가 주는 상상력 등 다양한 요소들을 합쳐서 사람들을 상상의 세계로 이끌었고, 그렇게 만들어지고 강화된 이야기를 통해 집단의 크기를 키웠다.

제사장이 그림을 그린 것이 아니라 그림을 그릴 줄 알아서 제사장이 된 것이라고 할 수 있다. 어느 시대든 지도자는 보이지 않는 것을 보여 주는 비전을 제시할 줄 아는 사람이었다.

선사 시대 때 인간은 동굴의 천장에 그림을 그렸고, 수만여 년이 지난 후 미켈란젤로는 시스티나 성당에 천장화를 그렸다. 과거 동굴에 그려진 천장화는 샤머니즘을 완성하고 당시의 인간 사회를 통합했듯이, 「시스티나 성당 천장화」는 기독교의 권위를 강화하고 르네상스 사회를 기독교로 통합하는 데 도움을 주었다. 현재는 할리우드 영화가 그 역할을 한다. 할리우드 영화는 미군이 외계인을 물리치고 지구를 구하는 환상적인 거짓말을 실제 같은 영상으로 보여 준다. 최근 들어서는 영어를 하는 미국인들이 초능력으로 우주를 지킨다. 마블 스튜디오의 〈어벤져스〉 시리즈가 그것이다. 마블 영화에서는 심지어 외계인들과 신들도 영어를 한다. 이런 영화를 통해서 미국이 중심이 되어 돌아가는 세상을 보여 준다. 그 영화를 보는 수억 명의 세계인들은 미국 중심의 세상을 자연스럽게 받아들이게 된다. 지금의 그런 할리우드 영화를 가능케 한 1980년대 조지 루커스와 스티븐 스필버그 감독이 만든 특수 촬영 영화는 이 시대의 라스코 동굴이고, 시스티나 성당이다. 양식이 변할 뿐 본질은 그대로인 것이다.

03 괴베클리 테페:
농업 혁명을 만든 건축

BC 1만 년

괴베클리 테페

최초의 건축물은 왜 무덤인가

올라프 라더는 저서 『사자와 권력』(김희상 옮김, 작가정신)에서 죽음과 권력의 관계를 서술하면서, 죽은 자의 시신을 차지하는 자가 권력을 가진다고 주장한다. 책은 로마의 카이사르 이야기를 실례로 든다. 당시 로마의 화폐 발행권은 귀족들이 가지고 있었다. 그런데 군사력을 장악한 시저가 제국을 만들기 위해서 경제권까지 장악하려 하자 경제적 특권을 빼앗길 위기에 처한 귀족들이 시저를 죽였다. 물론 외관상으로는 공화정을 위해서 시저를 죽였다는 대의명분으로 한 일이다. 그러나 이들은 실수를 저지른다. 다름 아닌 카이사르의 시신을 안토니우스의 손에 넘어가게 방치한 것이다. 안토니우스는 여러 차례 난도질당한 카이사르의 시신을 군중에게 보여 주면서 군중의 마음을 흔드는 연설을 한다. 시체를 보면서 비통한 슬픔의 감정을 느끼게 된 군중 심리는 안토니우스가 착한 사람이라고 생각하게 만들어 그를 지지하게 됐고, 여론은 완전히 역전되었다. 저자는 이와 비슷한 현상으로 기독교를 들고 있다. 십자가 처형 후 예수의 시신이 사라진 상태에서 로마는 기독교인들의 믿음을 제어하기 힘들어졌다는 것이다.

올라프 라더는 정치에서는 항상 누군가의 죽음을 차지하는 자가 권력을 가지게 된다고 말한다. 사람은 누군가의 죽음을 보고 슬픔이나 자책감을 느끼면 그 감정의 책임을 물을 대상을 찾게 된다. 이때 시체를 차지한 사람이 그 부정적 감정의 책임은 자신의 반대 세력에게 있다고 지목한다. 대중은 분노하며 규합되고, 누군가는 정치적 권력을 가지게 된다. 그래서 정치가들은 항상 자신과 상관 없는 자의 죽음도 항상 자신의 것으로 가져온다. 동서고금을 막론하고 그래 왔고, 우리나라 현대사도 예외는 아니다. 거사를 앞둔 정치가들이 항상 무덤의 공간인 현충원에 들러서 참배하는 것도 죽음을 이용해서 자기가 권력을 가지는 것의 정당성을 보여 주는 퍼포먼스다. 그래서 오바마는 오사마 빈라덴을 사살한 후 시신을 바다에 버려서 수장했다. 그의 시신 중 일부라도 이슬람 극단주의자들의 손에 들어가게 되면 정치적 구심점이 되고, 그 조직은 거대한 힘을 가지게 되기 때문이다. 올라프 라더는 그의 책에서 정치적 구심점을 만들어 권력을 쟁취하고 싶어 하는 자들은 먼저 죽은 자를 신격화하고 무덤을 성대하게 만든다고 말한다. 우리나라 현대사에서도 유사한 사례를 찾을 수 있다. 일상에서 예를 찾는다면 종갓집 사당과 제사 예식을 들 수 있다. 이러한 현상은 인간의 본성에 근거한 정치 공학으로, 고대에도 같은 이유로 고인돌 무덤과 피라미드를 만들었다. 거대한 무덤을 만드는 자들은 타인의 죽음을 이용해서 권력을 탐하는 자들이다. 현재 남아 있는 가장 오래된 건축물인 '괴베클리 테페'도 장례식을 치르기 위한 공간이었다는 것은 많은 점을 시사한다.

만 년 전 지구 온난화

지금까지 인류 문명 발전에 가장 큰 영향을 미친 변수는 기후 변화였다. 우리가 사는 21세기에도 지구 온난화로 인해 많은 부분이 영향을 받고 있다. 현재 지구적 스케일의 기후 변화는 전체 인류의 삶에 영향을 미치는데, 이 같은 변화가 1만여 년 전에도 있었고 그때의 기후 변화는 초기 인류 문명 발생의 방아쇠를 당겼다. 조천호 전 국립기상과학원장에 의하면 지난 10만 년 동안 빙하기에는 중·고위도 지역까지 빙하 지역이 확장된 상태였다고 한다. 이 시기에는 기온이 낮아서 해양으로부터 수증기 증발이 적어지고 결과적으로 수분 부족으로 인해 사막이 지금보다 더 넓게 지구상에 분포해 있었다. 대기 중에 수분이 적다 보니 적도 지역과 고위도 간의 기온 차가 커서 바람이 강했다. 지금보다 태풍도 잦아서 농사를 지을 수 없었을 거라고 기상학자들은 말한다. 이 시기는 기후적으로 농사를 지을 수 있는 조건이 아니어서 인류는 수렵 채집으로 살아야 했다. 하지만 이런 환경적 조건은 1만 2천 년 전쯤에 빙하기가 끝나면서 바뀌게 되었다.

인류학자들에 의하면 호모 사피엔스가 20만 년 전쯤 아프리카에서 시작되었고, 약 7만 년 전에 아프리카 대륙을 벗어나기 시작했다. 인류는 5만~10만 년 전 무렵에 아시아와 호주에 도달하였고, 빙하기 말기인 2만여 년 전 아메리카 대륙으로 넘어갔다. 당시에는 빙하 규모가 절정에 이르러서 해수면이 지금보다 120미터 정도 낮았다. 해수면이 낮다 보니 현재 아시아와 아메리카를 나누고 있는 바다인 베링해는 없었고, 두 대륙은 하나로 연결되어 있었다. 덕분에 콜럼버스는 유럽에서 배를 타고 대서양을 건너 갈 수밖에 없었던 아메리카대륙을 2만여 년 전 인류는 아시아 대륙에서 걸어서 갈 수 있었다. 인류는 20만 년 전쯤 아프리카에서 시작해서 1만여 년 전에 이르러서는 전 지구에 흩어져 살기 시작했다. 그러다가 1만여 년 전쯤 긴 빙하기가 끝나고 현재의 따뜻한 간빙기인 홀로세에 진입하게 되었다. 빙하기가 끝나자 빙하가 녹으면서 해수면이 120미터나 상승했다. 이 과정에서 엄청난 면적이 물로 덮이게 되는 지리상의 변화가 있었다. 우선 하나였던 아시아 대륙과 아메리카 대륙이 분리되었다. 우리나라의 서해도 1만 2천 년~7천 년 전 해수면 상승으로 육지에서 바다로 바뀌었다. 그래서 서해의 평균 수심은 44미터밖에 되지 않는다. 수심이 낮은 서해는 수량이 적기 때문에 많지 않은 폐수와 쓰레기로도 심각하게 오염된다. 지리적으로 강은 하구로 갈수록 수량이 많아지고, 땅의 경사는 완만해지고, 토지는 비옥해진다. 그런 이유에서 대부분 수렵 채집이 활발했던 곳은 강의 하구인 해발 고도가 낮은 지역이었을 것이다. 지금도 대부분의 대도시가 해발 고도 100미터 이하의 땅에 위치하고 있다. 이렇듯 대부분의 인류 정착지는 해발 고도가 낮은데, 낮은 지대에 있던 인류의 거주지는 해수면 상승으로 인해 수몰됐을 것이다. 각 문화권마다 홍수 설화가 많은 이유는 이 때문이다. 지역에 따라서 분지 지형의 땅에는 물이 갑작스럽게 밀려들어 왔을 수 있기 때문이다. 기후 변화로 인한 격변의 이 시기에 인류 문명에 중요한 건축적 발명들이 나타나기 시작했다.

고인돌: 전쟁 예방주사

인류 최초의 건축적 혁명은 모닥불을 놓은 것이고, 두 번째 중요한 혁명은 벽화를 그린 일이었다. 물론 이 두 사건 사이 어딘가에 움집을 짓는 일도 있었을 것이다. 그런데 증거로 남은 것이 집터 정도여서 인류 초기의 주거에 대해서는 구체적으로 말하기가 어렵다. 우리가 지금 볼 수 있는 것은 세월의 풍파에 견딘 돌로 만들어진 건축물뿐이고, 우리는 이것들에 관해서만 이야기할 수 있다. 한반도에 남아 있는 가장 오래된 건축물은 고인돌이다. 고고학자들은 고인돌이 청동기 시대에 만들어졌다고 말한다. 고인돌의 용도는 무덤이다. 이 정도의 거대한 구조물을 만든 것으로 미루어 보아 이 시대에는 상당한 계급 사회가 형성되었음을 추론해 볼 수 있다. 유럽과 아프리카에 있는 가장 오래된 고인돌은 기원전 5000년 정도에 만들어진 것이다. 그렇다면 그 당시 사람들은 왜 고인돌을 만들었을까? 우리는 시체를 땅에 묻으면 무덤 자리 표시를 위해서 작은 돌 비석을 세운다. 그런데 고인돌은 거대한 바위를 작은 바위 두 개 위에 올려놓는 모양으로 짓는다. 무덤이라는 기능을 위해서는 굳이 그렇게 크고 무거운 돌을 쓸 필요도 없고, 큰 돌을 작은 돌 위에 얹는 어려운 방식으로 건축할 필요는 더더욱 없다. 한마디로 쓸데없이 만들기 어려운 건축물이다. 그렇다면 왜 그렇게 만들었을까? 이유를 알기 위해서는 고인돌의 건축 과정을 살펴봐야 한다.

고인돌 건축에 사용된 바위들은 주변에 없기 때문에 몇 킬로미터 떨어진 곳에서 옮겨 와야 하는데, 이 과정에 많은 노동력이 필요하다. 고인돌의 디자인은 상대적으로 작은 바위가 두 개 서 있고 큰 바위는 그 위에 올려져 있다. 작은 바위는 수십 명이 힘을 합치면 세울 수 있을 만한 크기다. 바위를 세우기 위해서는 우선 땅을 깊게 파고 작은 바위를 세워서 땅속에 끼워 넣는다. 그다음에 세워진 작은 바위의 꼭대기까지 흙을 쌓아서 완만한 흙 언덕을 만든다. 그 언덕으로 큰 바위를 밀어 올려서 얹은 다음 흙 언덕을 다시 파내서 지금의 고인돌 모양을 완성한다. 엄청난 고생이다. 쓸모없는 고인돌을 이렇게 힘든 노동을 하면서까지 만든 이유는 무엇일까? 이처럼 거대한 고인돌을 만들면, 혹시 옆에 다른 부족이 수십 명을 데리고 전쟁하러 왔을 때 그 고인돌을 보고서 자기가 만든 것보다 크면 '이 고인돌을 만든 녀석은 나보다 센 놈이구나.'라고 생각해서 전쟁을 포기하고 돌아간다는 것이다. 더 큰 고인돌은 더 많은 사람이 모여서 만든 것이기 때문이다. 이처럼 고인돌 같은 거석문화는 과시를 통해서 전쟁을 방지하는 기능을 가진다.

고인돌은 전쟁 방지 기능이 있지만, 그 외에도 다른 긍정적인 부가 효과가 있다. 고인돌은 전쟁에 대한 두려움 때문에 건축을 하는 것인데, 거대한 건축물을 만드는 과정에서 사람들은 조직력을 키우게 된다. 우리나라가 한국 전쟁 이후에 급격하게 발전하게 된 동력 중 하나는 북한에 대한 두려움이었다. 어느 나라든 외세가 침략할지 모른다는 두려움이 있으면 내부적으로 조직의 단결력이 높아진다. 고대에도 마찬가지다. 지금보다 전쟁이 훨씬 더 잦았던 시절에 언제 어디서 누가 쳐들어와 가족을 죽일지도 모른다는 생각은 사람들이 힘들더라도 모여서 과시적인 건축물을 만들도록 하였고, 그 과정에서 우두머리의 명령에 기꺼이 복종하는 조직적인 사회 구조가 다져졌을 것이다. 집단이 고인돌을 만든 것이 아니라, 고인돌을 건축하는 일이 집단을 만들었다 할 수 있다. 고인돌을 통해서 평화의 시기가 더 길어졌고, 그 기간 중에 인류는 문명을 더 발전시킬 기회를 갖게 되었다. 역사학자들은 인류의 역사를 보면 전쟁과 전쟁 사이에 잠깐의 평화가 있을 뿐이라고 말하지만, 다른 시각에서 보면 인류의 역사는 무력 충돌을 피하는 시스템을 발전시켜 온 과정이라 할 수도 있다. 통계상으로 지금은 과거처럼 전쟁을 통해서 죽는 사람보다 병이나 노화로 죽는 사람이 더 많다. 만 년 전에 살았던 사람보다 21세기에 사는 사람은 평화롭게 죽을 확률이 훨씬 높다. 이렇게 된 이유는 계속해서 평화를 길게 유지할 수 있는 시스템을 구축했기 때문이다. 부족사회에서 도시국가로, 도시국가에서 민족국가로 계속해서 그 조직의 크기가 커져 왔다. 그 과정에서 작은 단위의 집단이 더 큰 집단으로 합쳐지면서 무력 충돌이 있었다. 하지만 그렇게 해서 더 큰 조직이 만들어지면 외부와의 전쟁은 줄고, 더 안정적인 사회가 만들어지게 된다. 춘추전국 시대 때보다는 진시황제가 중국을 통일한 후 전쟁의 횟수가 줄었을 것이다. 이후 더 크고 조직적인 사회가 만들어지고 다져지는 과정에서 건축이 한 축을 담당했다. 진시황제가 중국을 통일한 후 '만리장성'을 건축한 것이 그 예가 될 수 있다. 물론 '만리장성'을 건축하면서 수많은 농민이 동원됐고, 많은 사상자가 발생하는 등 피해도 컸다. 그럼에도 불구하고 전쟁에서의 희생자 수보다는 건축 공사 중 사망한 사람이 적었을 것으로 생각된다. 민간인 입장에서 보면 전쟁은 직접 공격당하지 않더라도 사회를 유지하는 경제 시스템이 붕괴돼 각종 질병으로 사망하는 민간인이 늘어나는 반면, 건축 토목 공사는 오히려 민간 경제 활성화에 기여하는 부분이 있다. 인류와 공간의 공진화 과정에서 모닥불이 첫걸음이었고 동굴 벽화가 두 번째 걸음이었다면 거석 건축물이 세 번째 걸음이었다.

무거운 돌을 옮기고 그 돌 위에 다른 돌을 쌓는 건축 행위는 웬만한 조직력이 갖추어진 사회가 아니면 불가능한 일이다. 제대로 된 사회 조직이 만들어지면서 큰 건축물을 만드는 일이 가능했을 것이고, 그 일을 통해서 사회는 공통의 목표를 가지고 더 조직화됐을 것이다. 그리고 완성된 건축물은 그 사회의 구심점이 되어서 집단을 결속시켰을 것이다. 함께 바라볼 수 있는 대상이 생겼다는 것은 조직력의 관점에서 보았을 때 대단히 긍정적인 일이다. 그래서 어느 집단이든 계속해서 구심점이 되는 무언가를 만들려고 한다. 회사는 이름을 만들고 로고를 만들고 사옥을 짓는다. 로고나 사옥 모두 집단의 마음을 하나로 모으기 위한 장치다. 그리고 그러한 건축물을 만드는 과정에서 사회는 새로운 방향으로 진화하기도 한다. 그 대표적인 사례가 '괴베클리 테페'다.

체세포와 생식세포
건축은 인간만 하는 행동일까? 매사추세츠공과대학교MIT의 학교 상징 동물은 '비버'다. 비버는 나뭇가지를 이용해서 시냇물의 흐름을 막을 정도의 댐과 집을 짓는다. 그래서 공과대학으로 유명한 MIT는 건축하는 비버를 학교의 상징 동물로 삼았다. 비버 외에 새도 둥지를 만들어 살고 있다. 심지어 곤충인 개미, 거미, 벌도 집을 짓는다. 자신의 보금자리를 만드는 일은 호모 사피엔스만 하는 일이라고 보기는 힘들다. 그러니 "인간은 언제부터 건축을 했는가?"라고 묻는 것보다는 "인간은 언제부터 다른 동물과 구분되는 건축물을 짓기 시작했는가?"가 더 정확한 질문일 것이다. 고고학자들이 찾을 수 있는 인류 초기의 건축은 움집의 터나 동굴에서 살았던 흔적 정도다. 이런 집들은 동물의 둥지와 별반 다를 게 없다. 구석기 시대의 움집과 비버 집의 차이는 집에 모닥불이 있느냐, 없느냐 정도의 차이다. 그런데 먹고사는 생물학적 필요 이상으로 형이상학적 목적으로 지어진 건축물이 있다면 그것이 인류가 동물과 차별화된 시작점이라 할 수 있을 것이다. 지금까지의 고고학적 발견에 따르면, 인류가 동물과 차별되는 건축을 한 첫 사례는 1963년에 터키 남부에서 발견된 '괴베클리 테페'다. 이 건축물은 기원전 10000년부터 기원전 8500년 사이에 만들어진 거석 건축물이다. 제작 연도가 천오백 년이나 차이가 나는 것은 두 시대의 유적이 한곳에 있기 때문이다. 같은 지역에서 천오백 년 동안 계속 건축을 했다는 이야기다. 천오백 년은 삼국 시대부터 대한민국 건국까지 정도의 긴 시간이다.

학자들은 '괴베클리 테페'가 장례식을 치르는 종교 건축물이라 보고 있다. 건축 재료는 돌이다. 디자인을 보면 평면상 둥그렇게 돌을 쌓아서 사람 키보다 높은 담장을 만들었고, 담장 내부의 공간에는 큰 돌을 이용해서 'T'자 모양의 기둥이 만들어져 있다. 이 시설은 장례를 치르는 곳이기에 인류가 사후 세계를 생각했다는 증거라 할 수 있다. 앞서 말했듯 유발 하라리 교수는 호모 사피엔스가 지구를 정복할 수 있었던 이유를 '공통의 이야기'를 믿었기 때문이라고 말한다. 여기서 말하는 공통의 이야기란 신화나 종교 같은 형이상학적인 이야기다. 사후 세계에 관한 이야기도 이 부류에 속한다. 어떤 이야기를 믿기 시작하면 같은 믿음을 가진 사람들이 모이면서 집단의 규모가 커진다. 비슷한 시기에 있었던 네안데르탈인들은 호모 사피엔스보다 신체적 조건이 좋아서 일대일로 싸우면 네안데르탈인이 이긴다. 하지만 네안데르탈인들에게는 신화를 믿는 속성이 없었다. 그래서 집단의 숫자가 열 명 내외인 반면, 호모 사피엔스는 같은 이야기를 믿는 집단 구성원이 수십 명에서 많게는 백 명에 이르렀다. 호모 사피엔스는 네안데르탈인과 일대일로 싸우면 불리하지만 패싸움을 하면 이길 수 있었다는 것이 하라리 교수의 주장이다. 호모 사피엔스가 지구를 장악한 종이 된 데에는 사후 세계에 대한 믿음이 중요한 역할을 했는데, 그 믿음의 건축적인 증거가 '괴베클리 테페'다. '괴베클리 테페'를 만든 초기 인류는 가족이나 동료가 죽으면 '괴베클리 테페'에 와서 장례를 치렀다.

이대열 교수의 『지능의 탄생』(바다출판사)이라는 책을 보면 생명의 복잡한 구조가 진화하는 과정에서 자주 등장하는 메커니즘이 분업과 위임이라고 한다. 이 교수는 다세포 생명체가 등장하면서 가장 놀라운 일은 체세포와 생식세포 사이에서 일어난 분업이라고 말한다. 번식 기능을 생식세포가 완전히 도맡아 하게 됨으로써 체세포는 번식 이외의 모든 기능을 담당하게 되었다는 것이다. 체세포는 제 죽음을 받아들이고 '자기 복제'라는 생명의 가장 근본적인 기능은 생식세포에게 일임한 것이다. 이 이야기 구조는 건축에도 적용할 수 있다. 건축의 가장 근본은 주거를 담당하는 '집'이다. 하지만 인류가 진화하면서 건축에서 주거 기능 이외의 다른 건축물이 생겨났다. 그것이 장례식을 담당한 '괴베클리 테페'다. '괴베클리 테페'는 추위와 맹수의 공격으로부터 살아남는 데 필요한 건축물이 아니다. '괴베클리 테페' 같은 종교 건축물은 인간 사회의 규모를 키우는 데 필요한 건축물이다. 유발 하라리 교수의 말처럼 인간은 사후 세계나 신화를 믿으면서 사회의 규모를 키웠고, 그 과정에서 '괴베클리 테페'는 그러한 이야기를 믿게 만드는 데 결정적 촉매 역할을 하는 건축물이었다. 건축은 이로써 단순히 나약한 육체를 지키기 위한 둥지의 기능을 넘어 '사회'를 만드는 장치로 진화한 것이다. 이것은 생명체의 진화 과정 중 생식세포와 체세포로 나누어진 것과도 같다. 집은 기본적 생존 기능을 담당하는 체세포와 같고, '괴베클리 테페' 같은 종교 건축물은 사회가 다음 세대로 이어질 수 있게 만드는 생식세포와 같다. 이 같은 건축 현상은 생명체의 다른 현상과도 비슷하다. 생명체 진화 초기에는 RNA만으로 생식하였다. 한 줄의 유전 코드로 만들어진 RNA만 가지고는 유전 정보를 다음 세대로 안정적으로 전달시키기 어려 웠다. 그러다가 생명체가 DNA라는 자신의 짝을 만들었다. 한 쌍 으로 이루어진 DNA 나선형 구조가 만들어지자 유전 정보를 다음 세대에 안정적으로 전달시킬 수 있게 되었다. DNA가 만들어진 후부터 RNA는 주로 DNA 유전 정보를 전달하는 역할을 한다. 건 축에서도 이러한 역할 분담이 발생했다. 움집 같은 단순한 주거 건축만 가지고는 여러 세대에 걸쳐서 집단을 성장시키거나 유지 하기 어려웠다. 집단의 규모가 작으면 가뭄이나 동물의 습격 같 은 작은 위협만으로도 모두 목숨을 잃고 사라질 수 있었다. 하지 만 DNA 같은 종교 건축이 등장하면서 인간 그룹은 안정적으로 더 커질 수 있었다. 이제 인간은 웬만한 맹수의 위협에는 견딜 수 있었다. 종교 건축 덕분에 커진 집단은 함께 관개 시설을 만들어 서 농업을 했다. 덕분에 웬만한 기근도 견디고 살아남을 수 있게 되었다. 단순한 주거 공간이 아닌 '괴베클리 테페' 같은 종교 건축 물은 집단 사회의 규모를 키우고 유지시키면서 집단의 수명을 연 장시키는 데 결정적인 역할을 하는 생식세포이자 DNA 같은 건축 물이다.

농경 사회를 만든 괴베클리 테페

'괴베클리 테페'의 발견이 충격적인 것은 기존의 문명 발생 순서를 뒤집어 버렸기 때문이다. 최근에 발견되는 고고학 유적에 의하면 농경 기술은 세계 곳곳에서 따로 시작됐을 거라고 보는 의견이 지배적이다. 중국에서 발견된 토기, 청주의 볍씨 등이 그 증거다. 하지만 그중에서도 가장 오래된 농업은 메소포타미아 지역이다. 엘리스 로버츠가 쓴 저서 『세상을 바꾼 길들임의 역사』(김명주 옮김, 푸른숲)에 의하면 기원전 10000년부터 비옥한 초승달 지역 서쪽 파를Paarl 지역과 레반트 지역에 낫이 등장한다고 한다. 낫의 등장은 사람들이 농사를 짓기 시작하고 식량 공급을 곡물에 의존하기 시작했다는 증거다. 저자는 농업이 본격적으로 시작된 시기는 기원전 9000년경으로, 그 이전에는 인류가 수렵과 채집을 하면서 생활했다고 보고 있다.

수렵과 채집을 하면 먹잇감을 찾아서 계속해서 이동해야 하지만, 농업을 하게 되면 한곳에 정착해야만 한다. 좋건 싫건 씨를 뿌리고 몇 달을 기다려야 그 열매를 먹을 수 있기 때문이다. 그렇게 인간은 농업을 하면서 한 장소에 머무르게 되자 씨 뿌린 곳 근처에 집을 짓고 건축을 시작했다고 보았다. 그런데 '괴베클리 테페'가 발견되자 이 상식에 의문이 생기기 시작했다. 탄소 연대 측정에 의하면 '괴베클리 테페'가 건축된 시점은 기원전 10000년경에 축조

되기 시작했다. '스톤헨지'보다 약 8천 년 먼저 지어진 건축물이다. 알타미라 동굴의 벽화가 기원전 35000년에서 기원전 10000년 사이의 작품이니, '괴베클리 테페'는 추운 빙하기가 끝났을 때 구석기 시대 인류가 동굴 밖으로 나오면서 짓기 시작한 최초의 건축물 중 하나다. '괴베클리 테페'가 만들어지기 이전의 종교 건축은 벽화가 그려진 동굴이었다. 당시는 추위가 기승을 부리던 빙하기 시절이니 따뜻한 동굴 속 실내 공간이 적절한 종교 공간이었다. 이후 빙하기가 끝나자 동굴 밖에서도 생활이 편해졌고, 집단의 규모도 커져서 '괴베클리 테페' 같은 건축물을 만들 수 있었던 것이다.

'괴베클리 테페' 안쪽에 세워진 T자형 돌기둥을 구성하는 돌 하나의 무게는 15톤 정도다. 당시 인류는 불을 사용했지만 바퀴 달린 기구는 없었고, 짐을 운반해 줄 가축도 없었다. '괴베클리 테페'는 온전히 인간의 노동력으로만 지어진 건축물이다. 놀라운 사실은 이 건축물이 농업 혁명 이전 수렵 채집 시절에 지어졌다는 점이다. 기존의 건축 발생의 가설은 농업이 시작되면서 사람들이 이동을 멈추고 정주해서 살게 되면서 건축을 시작했다고 생각했다. 그런데 '괴베클리 테페'의 발견으로 순서가 좀 바뀌어서 건축을 하기 위해서 농업을 했다고 생각하는 학자들이 생겨났다. 학자들은 '괴베클리 테페' 유적지의 한 개 모듈러를 지으려면 60~70명의 사람이 6개월에서 1년여의 시간을 들여야 했을 것으로 추정한다. 그렇게 오랜 시간 동안 이동하지 않고 건축하려면 지속적인 식량 공급이 필요한데, 이를 위해서 원시적인 형태의 농업을 시작했다는 것이다. 수십 명의 사람들이 사냥을 나가지 않고 건축 일에만 종사해야 하니 사냥과 채집 이외에 먹을 것을 찾을 수 있는 방법을 찾았고, 그것이 농업이었던 것이다. 농업은 씨를 뿌리고 나면 식물이 자라서 수확하기 전까지는 시간적 여유가 생긴다. 그때 건축을 할 수 있었을 것이다. 그러니 순서는 '농업—건축'의 순서가 아니라 '건축—농업'의 순서가 되는 것이다. 이 같은 시각은 아직 학계에서는 정설로 자리 잡히지 않은 논쟁거리지만, 충분히 설득력 있는 가설이다.

또 하나 특이한 사실은 '괴베클리 테페'를 만든 사람들의 가치관이다. 알타미라 동굴 벽화 같은 구석기 시대 그림에는 인간이 동물보다 작게 그려져 있다. 그런데 '괴베클리 테페'의 돌기둥에는 인간이 동물보다 크게 조각되어 있다. '괴베클리 테페'를 만든 사람들은 인간이 동물보다 우월한 존재라고 믿었던 것이다. 이를 통해 추측해 보면 비로소 인간은 동물을 길들여서 가축으로 키우고, 식물을 지배해서 농업을 할 수 있는 정신적 기반이 만들어졌다는 설명이다. '괴베클리 테페'의 발견을 통해서 인간에게 종교와 영적인 시각이 문명 발생에 얼마나 중요한 역할을 했는지 엿볼 수 있다. 인간은 장례 건축을 만들고, 죽음 이후에 대해서 생각하면서 비로소 다른 동물과 차별화된 문명을 이룩할 수 있었다.

벽으로 권력을 만드는 방법

수렵 채집을 하던 인류는 모닥불을 구심점으로 모여서 사회를 구성하기 시작했다. 이후 동굴에 벽화를 그림으로써 머릿속의 상상을 서로 확인하고 공통의 생각을 확산시키면서 집단의 규모를 키우기 시작했다. 이들은 사후 세계를 상상하기 시작했고 장례를 치렀다. 이러한 생각은 더욱 발전해서 원시 종교가 만들어졌고, 사회 내에는 권력 체계가 만들어지면서 우두머리와 부하가 있는 조직으로 진화해 갔다. 무리의 지도자는 종교적인 목적으로 '괴베클리 테페' 같은 거석 건축물을 짓기 시작했으며, 건축 과정을 통해서 지도자의 권력은 더욱 커졌다. 고인돌이나 '괴베클리 테페'같이 많은 노동력이 들어가는 건축물은 모두 죽음 혹은 장례와 관련된 종교 시설이다. 이로 미루어 보아 인류 초기 집단의 최초 권력자는 종교 지도자였다는 것을 알 수 있다. 수렵 채집 시기에 먹고 생존해야 하는 문제는 사냥의 성공과 실패에 달려 있었다. 어떤 때는 성공하고 어떤 때는 실패했을 것이다. 이때 누군가가 성공과 실패가 하늘의 뜻에 달렸다는 가설을 들고나온다. 그리고 자신은 하늘의 뜻을 듣는다고 말한다. 그러면 그 사람이 권력자가 되는 것이다. 처음에는 사냥의 성공을 기원하는 벽화를 그리는 식으로 공간을 변형해서 사람들의 마음을 움직였다면, 시간이 지나서 사람을 더 많이 동원할 수 있게 되자 일상의 공간과 가까운 곳에 '괴베클리 테페' 같은 성스럽게 구분된 공간을 건축해서 더 큰 영향력을 끼칠 수 있게 되었다. 공간에 상징성을 부여하기 위해서 과거에는 자연이 만든 동굴 벽에 그림을 그렸다면 이제는 건축을 하고 그림보다 더 어려운 방식인 돌에 조각하는 방법을 사용했다. 덕분에 이제는 더 이상 멀리 있는 동굴로 사람들을 데리고 갈 필요가 없어졌다. 그냥 가까이에 있는 '괴베클리 테페'로 인도만 하면 된다. 종교 시설은 주거와 가까울수록 사회에 더 큰 영향을 미치게 된다. 1970년대~1980년대에 우리나라에서 산속에 있는 절보다 동네 상가에 있는 교회가 더 영향력을 가졌던 것과 마찬가지다. 눈에 띄는 가까이에 위치한 '괴베클리 테페'는 멀리 있는 동굴보다 더 큰 영향력을 갖게 되었다.

'괴베클리 테페'가 건축에서 가지는 큰 의미는 벽이 있는 건축이라는 점이다. '괴베클리 테페'는 크지 않은 돌을 쌓아서 만든 높은 돌담이 두세 겹 정도 둥그렇게 싸고 있고, 담장 안쪽 내부에는 거대한 돌로 만들어진 T자 형태의 기둥이 있다. 과거에 모닥불을 피울 때는 둥그렇게 둘러앉아 있는 사람들에 의해서 안과 밖으로 구분되었다면, '괴베클리 테페'에는 무거운 돌을 쌓아서 만든 벽이 내부와 외부 공간을 구분하였다. 내부로 들어가는 입구는 하나인데, 좁고 길게 주둥이처럼 나와 있다. 벽은 '괴베클리 테페'의 가장 중요한 건축 요소다. 벽이라는 건축 요소는 공간을 안과 밖으로 확실하게 나눈다. 우리는 벽을 세워서 내부 공간을 만들면서 집을 짓는다. 그리고 그렇게 벽으로 구획된 내부 공간 안에 들어가 같이 사는 사람을 가족이라고 부른다. 건축에서 벽은 공간을 구분하고, 구분된 공간은 집단을 규정한다. 봉건 사회에서 농노가 영주에게 봉사한 이유는 벽으로 둘러싸인 성의 보호를 받았기 때문이다. 농노들은 성 밖에서 농사를 짓다가 외부의 적이 쳐들어오면 성안으로 피신하고, 기사들이 장교처럼 지휘해서 외부의 적을 막는다. 농노와 영주 사이의 계약이 가능한 것은 벽이라는 건축 요소가 '성안'과 '성 밖'이라는 공간의 의미를 나눠서 규정해 주었기 때문이다. 이렇듯 인간이 만든 벽이라는 건축 요소는 인간 사회 구조의 혁명을 일으킨 장치다. 그런 벽의 태동이 '괴베클리 테페'에서 시작되었다. '괴베클리 테페'를 설계한 사람은 내부 공간을 성스럽게 만들기 위해서 벽을 두세 겹으로 쳐 놓았다. 이곳에 초대된 사람은 벽으로 구획된 좁은 골목길 같은 입구를 통과한 후 여러 겹의 벽체를 관통해서 원형의 내부 공간에 들어가게 된다. 그리고 그곳에서 표면에 그림이 조각된 거대한 돌들이 서 있는 모습에 압도된다. 사람들은 이러한 특별한 공간 체험을 하게 되고, 그런 특별한 체험은 종교 지도자에게 더 큰 권위를 주게 된다. 이때부터 힘들게 구축된 건축 공간이 그것을 만든 사람의 권력을 더욱 공고히 해 주는 장치가 되었다. 이 원리는 이후에도 건축 역사

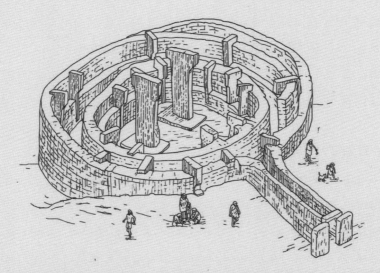

괴베클리 테페

에서 계속 반복되어 사용된다. 여러 겹의 담장을 거쳐서 들어가야 하는 '자금성'이나 '경복궁', 여러 겹의 벽을 통과해야 만날 수 있는 회장님 방이 그 사례다. 이들은 모두 권위와 권력을 만드는 건축 요소인 벽으로 구성된 공간적 장치다.

수렵 채집 사회와 농경 사회의 공간 차이

수렵 채집 시기에는 자연 속에서 공간을 단순하게 이용했다. 사냥하고 채집하고 물을 떠 마시면서 이동했다. 계속해서 이동해야 해서 한 장소의 특징을 파악하더라도 곧 다른 곳으로 떠나야 하기에 그곳에서 얻은 지리와 관련된 지식을 이용하거나 누적시키거나 전수할 수 없었다. 그런데 농경 사회가 되면서 땅에 정착하게 되고 그 땅의 지리적인 특징들, 예를 들어서 어디에 어떤 나무가 있고 우물과 시내가 있는지 어느 산골짜기에 어떤 약초가 있는지 알게 되고 그 정보를 이용하게 된다. 그리고 이런 정보와 지식은 후대에 이어질 수 있게 된다. 후손들도 역시 같은 공간에서 살기 때문이다. 이렇게 인간은 농경 사회가 되면서부터 공간을 이용하는 능력이 발전했다. 이제 어느 부족이 자리 잡은 위치가 전쟁에 유리하면서도 농사하기에 적합하다면 그 부족은 다른 부족과의 경쟁에서 우위를 점하고 발전할 가능성이 커졌다. 그러한 땅을 물려받은 후손은 더 성장 발전할 수 있는 유리한 출발선에서 시작하는 것이다. 마치 현대 사회에서 기업을 물려받은 재벌 2세가 훨씬 유리하게 경쟁을 시작할 수 있는 것과 마찬가지다.

예를 들어서 풍수지리에서는 북쪽으로 산을 가진 '배산임수'가 좋은 땅이라고 한다. 그 이유는 뒷산에서 땔감으로 쓸 나무를 가져올 수 있고, 남쪽에는 산이 없어서 해가 잘 드는 농지가 있고 산에서 흘러 내려오는 시냇물에서 농업용수를 댈 수 있고, 앞에 있는 물길을 통해 물류 교통을 해결할 수 있기 때문이다. 북쪽이 산이고 남쪽이 강이라면 북쪽은 높고 남쪽은 낮은 땅의 모양새라는 이야기다. 비가 많이 와도 낮은 지대인 남쪽으로 배수가 잘되어서 홍수 피해가 적을 것이고, 강물이 불어나도 집은 높은 쪽에 있어서 피해가 없을 것이다. 남쪽으로 약간 기울어진 땅은 해의 입사 각도를 높여 줘서 단위 면적당 받는 햇볕의 양도 많아진다. 식물이 잘 자라서 농사가 잘될 것이고, 비 온 뒤 땅이 빨리 마를 것이다. 집중호우가 있는 한반도에서 땅이 빨리 마른다는 것은 집의 기초가 더욱 단단해진다는 것을 의미하고, 건축물이 오래 유지된다는 것을 말한다. 북쪽의 산은 시베리아에서 불어오는 추운 바람을 막아서 겨울철 난방을 위한 노력을 줄일 수 있다. 북으로는 산의 언덕을 이용해서 산성을 쌓아서 적을 막고 남쪽으로는 강이 있어서 적이 건너오는 것을 막는 방어책이 된다. 이런 자리를 선점한 집단은 다른 집단보다 사회를 유지하는 데 효율성이 높고 경쟁력이 생긴다. 정착해서 농사를 지어야 하는 농경 사회에서는 공간을 시스템적으로 사용해서 경제적 생산에 이용할 수 있고, 전쟁에서도 유리한 위치를 점할 수 있다. 그리고 그 유리한 조건은 그대로 후대에 전승된다. 수렵 채집 시대에는 돌과 창을 멀리 던지는 강인한 어깨, 빠른 다리가 승리의 조건이었다면, 농경 사회에서는 공간이 승리의 중요한 조건이 된다. 이것이 수렵 채집 사회와 농경 사회의 근본적인 차이점이다. 농경 사회가 시작되자 살아남기 위해서 공간을 이용하는 시스템의 진화가 본격적으로 시작되었다.

진화를 거듭한 인간은 공간을 업그레이드하기 위해서 벽을 쌓기 시작했다. 성벽이 대표적인 사례다. 성벽을 가진 집단은 다른 집단에 비해서 생존 확률이 훨씬 높은 공간 조건을 가지기 때문이다. 벽을 만든 집단이 전쟁에 유리해지기 시작했다. 건축으로 물리적 폭력을 피할 수 있고, 유리한 위치에 있게 되었다. 이렇게 해서 성城이라는 건축물이 탄생했다. 최초의 성벽은 '여리고성'이다. 성을 쌓는 자들이 성공하기 시작했고, 점차 그 규모가 커졌다. 인류 최초의 문명이라고 불리는 수메르 문명의 도시를 보면 중앙에 '지구라트'가 있고, 도시 주변으로 성을 쌓은 것을 볼 수 있다. 동양에서는 '만리장성'이 대표적인 사례다. '만리장성'은 말을 타서 기동성이 빠른 유목 민족이었던 몽골 민족에 대항하기 위해 성벽을 쌓은 것이다. 아무것도 없는 벌판에서는 빠른 말을 타고 달리는 몽골 민족이 유리하다. 하지만 성벽을 쌓고 성벽 위에서 공격하면 말을 탄 사람보다 더 높은 곳에서 화살을 쏠 수 있고, 덕분에 같은 활을 가지고도 더 멀리 화살을 보낼 수 있게 된다. 같은 활·화살과 궁수지만, 건축물의 높은 벽과 합쳐져서 더 강력한 무기가 되는 것이다. 궁수는 날아오는 화살을 피해 성벽 뒤에 숨을 수도 있다. '만리장성'은 기마민족의 기동성에 맞서기 위해서 농업 민족이 만든 전쟁 기술인 건축술의 결과물이다. 이처럼 정착하는 농업 사회가 시작되면서 농경지나 성 같은 공간은 집단의 생존에 결정적인 요소가 되었다. 그런 경험은 우리의 뼛속 깊이 새겨져 있어서 지금도 우리는 좋은 동네에서 아이를 키우고 싶어 하고, 부동산에 재산 대부분을 투자하고 있다. 어디에 사느냐는 나와 내 후손의 생존과 밀접하게 관련되어 있다는 수천 년의 경험이 만들어 낸 본능이다.

도시:
문명을 만든 플랫폼

에덴동산

여기서 잠시 문명을 만드는 초창기 인류의 모습을 상상해 보자. 우리가 쉽게 구해서 읽을 수 있는 고전 중에서 인류 문명 초기의 모습을 생동감 있게 엿볼 수 있는 책은 성경이다. 『구약 성경』의 첫 번째 책인 「창세기」를 보면 옛사람들이 상상하던 문명 초기의 모습을 문자로 만날 수 있다. 「창세기」 1장에는 여호와 하나님이 최초의 인간인 아담을 창조하는 모습이 나온다. 창조주는 흙을 손으로 빚어서 인간을 창조했는데, 신은 인간에게 인간을 만들기 전에 창조한 모든 동물과 식물을 통치할 권한을 주었다. 그들의 이름을 하나하나 짓게 하고, 모든 식물을 식량으로 허락했다. 인간이 동물과 식물을 통치해야 한다는 당위성을 부여하는 이야기다. 에덴동산에 있는 모든 과일이 아담과 하와에게 허락되었고, 그들은 평화롭게 생활했다. 그러다가 아담과 하와는 유일하게 금지된 열매인 선악과를 먹고 에덴동산에서 추방된다. 이후 산모는 아이를 낳을 때 산통을 겪어야 했고, 남자는 힘들게 농사를 지어야만 식량을 얻을 수 있는 형벌을 받는다. 에덴동산에서 쫓겨나 농사를 지어야 먹고살 수 있게 된 이야기는 인류가 수렵 채집 경제에서 농업 경제로 옮겨 가는 모습을 보여 준다. 인류의 역사를 살펴보면 전체 기간의 90퍼센트는 수렵 채집의 역사고, 나머지 10퍼센트 중 11750년 정도가 농경 사회고 250여 년 정도만 산업화 시대다. 그러니 전체 인류사에서 수렵 채집 기간이 90퍼센트, 농경 기간이 9.8퍼센트, 산업화 기간이 0.2퍼센트다. 이러한 대략적인 산수로 보아도 인류 역사에 수렵 채집의 시기는 정말 길었던 것을 알 수 있다. 수렵 채집은 말이 좋아 수렵 채집이지 실제로는 동물과 똑같은 삶의 형태다. 동물도 과일을 따 먹고 사냥을 한다. 그러니 이 시기 인류의 건축 수준도 동물과 비슷했다고 봐도 무방하다. 이때가 에덴동산의 시기다. 그러다 기원전 10000년경부터 원시 농경이 시작되었는데, 그 모습을 묘사한 것이 에덴동산에서 쫓겨난 아담이 해야 했던 농사라고 볼 수 있다. 「창세기」에서 우리의 관심을 끄는 또 한 부분은 노아의 홍수 이야기다. 대규모 홍수의 이야기는 비단 성경뿐 아니라 다른 문서에도 기록되어 있다. 현존하는 인류 최초의 영웅 서사시라고 하는 수메르 문명의 길가메시 서사시에도 노아의 홍수와 비슷한 이야기가 나온다. 그 내용을 보면, 신들은 홍수를 일으켜서 인류를 심판하려고 하였다. 하지만 한 사람에게만 상자 모양의 배를 만들어서 살아남게 했다는 이야기다. 이 밖에도 중국의 설화 등 대부분의 문화권에서 대홍수 이야기가 나온다. 그 이유는 대홍수가 빙하기가 끝난 후 나타나는 기후 변화와 해수면 상승과 연관되어 있기 때문이다.

노아의 홍수와 바벨탑

성경 「창세기」에는 노아의 홍수와 바벨탑 이야기가 순차적으로 나온다. 이야기는 다음과 같다. 대홍수가 있었고 세상 사람들은 홍수로 모두 죽었는데, 노아는 동물들과 함께 커다란 배인 방주에 타고 있어서 살아남았다. 홍수 물이 다 빠지고 방주에서 나온 노아의 후손들에게 하나님은 지면에 흩어져서 살라는 명령을 내린다. 이에 사람들은 흩어져서 이동한다. 그러다가 많은 무리의 사람들이 이동을 멈추고 시날 평지에 모여서 벽돌을 굽고 노천에서 구한 아스팔트인 역청을 모르타르 삼아서 높은 바벨탑을 짓기 시작했다. 하나님은 인간이 높은 탑을 쌓는 것을 창조주의 권위에 도전하는 행위로 판단하여 못마땅히 여겼다. 이에 신은 인간의 언어를 여러 개로 나누어서 상호 소통이 안 되게 하였고, 사람들은 바벨탑을 완성하지 못하고 흩어졌다는 이야기다.

같은 사건을 문화인류학자들은 기후 변화와 불완전한 사회 경제 시스템으로 설명한다. 약 1만 2천 년 전 빙하기가 끝나고 온난화가 되면서 해수면이 올라가고 공기 중에 수분이 많아져서 강수량이 많아지는 기후 변화가 시작되었다. 공기 중에 수분이 늘어나면 지역 간에 기온 차가 줄어들어서 바람이 약해지고, 토지가 농사를 지을 수 있는 조건이 된다. 덕분에 인류는 농사를 시작할 수 있었다. 앞에서 언급했듯이 에덴동산에서 과일을 따 먹던 아담과 하와는 수렵과 채집을 하던 인류의 모습이고, 농사를 짓는 아담의 모습은 농업 경제의 시작을 뜻한다.

에덴동산에서 아담이 쫓겨난 사건 이후에 나오는 노아의 홍수는 해수면 상승으로 갑작스럽게 침수가 된 이야기라고 한다. 고고학자들은 노아의 홍수가 난 지역을 흑해 지역이라고 추측한다. 튀르키예 북쪽에 있는 흑해는 지중해와 보스포루스해협으로 연결되어 있는데, 보스포루스해협은 아주 좁은 것으로 유명하다. 학자들의 가설에 따르면 빙하기가 끝나고 지구가 따뜻해지면서 해수면이 상승했고, 이때 늘어난 지중해의 바닷물은 폭이 좁은 보스포루스해협의 땅을 무너뜨리면서 갑작스럽게 지중해의 바닷물이 지금의 흑해가 위치한 분지 지역으로 쏟아져 들어와 대홍수가 났다는 이야기다. 에덴동산의 위치를 찾는 다큐멘터리에서도 이와 비슷한 이야기를 한다. 그 다큐멘터리는 에덴동산이 지금의 페르시아만 바닷속에 있다고 본다. 빙하기가 끝나고 기온이 오르자 해수면 상승으로 늘어난 바닷물이 폭이 좁은 호르무즈해협에 있는 땅을 무너뜨리고 지금의 페르시아만이 위치한 분지 지역으로 쏟아져 들어오면서 수장된 곳에 에덴동산이 있다는 주장이다. 성경 속

노아의 홍수를 묘사하는 모습 중 우물이 터져서 물이 넘쳤다는 말이 나온다. 다큐멘터리에서는 이런 모습을 해수면 상승으로 협곡이 무너지면서 갑작스레 쏟아진 물로 인해서 지하수가 압력을 받자 지하수 수위가 올라가서 우물이 역류한 것으로 설명한다. 에덴동산에서 선악과를 먹고 쫓겨난 아담이 벌을 받아 농사를 짓기 시작했다는 사건은 빙하기가 끝나고 기온이 따뜻해지자, 해수면이 상승해서 에덴동산이 수몰된 후 메소포타미아에서 본격적인 농경 사회가 시작된 사건을 이야기로 묘사한 것이라 볼 수 있다.

성경에 나오는 바벨탑은 지금의 이라크에 지어진 신전 '지구라트'다. 실제로 지구라트 신전은 진흙을 구워서 만든 벽돌이 주요 건축 재료고, 침수에 대비해 주변에서 쉽게 구할 수 있는 천연 아스팔트 재료인 역청으로 신전의 하단부를 방수 처리했다. 지구라트가 지어진 바빌로니아 왕국 지역은 당시에 주요 건축 재료가 벽돌이었다. 학자들은 성경을 기록한 사람이 바빌로니아의 수도 바빌론의 탑을 바벨탑이라고 불렀을 거라고 말한다. 당시엔 종이로 된 건축 도면이 없었고, 건축 공사를 말로 지시했던 시절이다. 당시 사용 언어는 수메르어, 아람어, 아카드어였는데, 학자들은 공식 언어가 세 가지나 되다 보니 혼돈이 와서 지구라트 건설이 중단됐을 거라고 설명한다. 또 다른 학자들은 언어 혼돈으로 바벨탑 건축이 중단된 것이 아니라, 실제로 바벨탑은 기원전 600년경

피터르 브뤼헐 더 아우더(Pieter Brueghel de Oude)가 그린 바벨탑(1563년)

에 성경 책에서 느부갓네살 왕이라고 불리는 네부카드네자르 2세 Nebuchadnezzar II에 의해 지어진 지구라트라고 보기도 한다. 실제로 지구라트는 기원전 3000년경부터 지어지기 시작해서 이라크 지역에 수십 개가 존재한다. 성경 속 이스라엘의 조상인 아브라함이 살았던 우르Ur라는 도시는 당대에 가장 큰 도시였다. 그곳에도 지구라트가 있었는데, 높이는 30미터 정도였다고 한다. 약 10층 아파트 건물만 한 높이다. 벌판에서 양을 치는 목동들에게는 이 정도 높이는 어마어마한 초고층 건축물로 보였을 거다. 이 같은 지구라트가 여러 개가 있었으니 「창세기」를 쓴 사람이 어느 지구라트를 보고서 바벨탑이라고 했는지는 정확하게 알 수 없다. 성경을 기록한 시점도 모호하다. 어떤 이는 구약 초반 다섯 권의 책인 모세오경은 모세가 직접 기록했다고도 하고, 혹자는 이스라엘이 신新바빌로니아 제국에게 멸망한 뒤, 바빌론에 포로로 잡혀간 이스라엘 민족이 민족정신 고취를 위해서 쓴 것이라고도 한다. 하지만 둘 중 어떤 경우든 바벨탑은 지구라트 신전으로 인해서 나온 이야기라고 볼 수 있다. 성경에서 여러 개 언어의 혼돈이 있었다는 이야기도 있을 법하다. 왜냐하면 바벨탑 정도 규모의 건축물을 지으려면 먼 곳에서 온 많은 사람이 모여서 도시를 이루었을 때만 가능하다. 때문에 다른 지역에서 다른 방언을 사용하는 사람들이 도시에 모여서 건축했을 것이고, 당연히 언어 소통에 어려움이 있었을 거라는 걸 예상할 수 있다.

해발 고도가 낮은 비옥한 땅에서 과일을 따 먹던 '에덴동산'에 살던 아담과 하와 같은 사람들은 빙하기가 끝나고 해수면이 상승하면서 에덴동산이 침수되어 쫓겨나듯 나올 수밖에 없었을 것이다. 기록을 보면 해수면 상승이 가장 빠를 때는 100년에 2.5미터가 상승하기도 했다. 이런 상황에서는 한곳에 정착하기 어려웠을 것이다. 혹시 농업을 통한 문명이 있었다 하더라도 강 하구의 비옥한 토지에 위치해 있었을 테니 그 도시는 바닷물에 잠겼을 것이다. 과학자들은 보통 기원전 10000년경부터 기원전 8000년경 사이에 빙하기가 끝났다고 보고 있다. 빙하기가 끝나고 날씨가 따뜻해지면서 이전에는 볼 수 없었던 동식물들이 번성하기 시작했을 텐데, 이때가 풍족한 에덴동산 시기였을 것이다. 그러다가 급격하게 해수면이 올라가면서 에덴동산은 물에 잠기고 이후에 해수면 상승이 멈추면서 본격적으로 농업 혁명이 시작된 것이다. 기원전 8000년에는 신석기 시대가 시작되었다. 그러면서 농경과 목축도 시작되었다. 신석기 시대에는 서아시아나 북아프리카처럼 땅이 기름지고 물이 풍부한 지역에서 농사가 시작되었고, 야생동물을 길들여서 가축으로 기르는 목축도 시작되었다. 비로소 사람들은 한 장소에 정착하고, 도시가 태동하기 시작한 것이다. 에덴동산의 수렵과 채집 시대에서 벗어나 농사를 짓는 '카인'의 후예들과 목축하는 '아벨'의 시대로 접어든 것이다. 성경 「창세기」에는 아담의 두 아들 카인과 아벨의 이야기가 나온다. 아담은 에덴동산에서 과

일을 따 먹던 세대의 사람이고 에덴동산에서 쫓겨난 후에 태어난 자녀 세대가 카인과 아벨인데, 이 두 아들의 직업을 살펴보면 형 카인은 농사를 짓는 사람이었고 동생 아벨은 양을 치는 사람이었다. 두 사람이 제사를 드리는데, 하나님은 동생 아벨의 제사는 받고 카인의 제사는 받지 않는다. 일부 신학자들은 그 이유를 아벨은 양을 잡아서 피를 흘렸고, 카인은 농작물을 제물로 드렸기 때문이라고 설명한다. 그리고 카인의 농작물이 제사의 제물이 되지 못하는 이유는 생명을 희생한 피 흘림이 없어서라고 말한다. 고대부터 제사는 동물을 죽여서 피를 흘리는 것이었다. 성경 「창세기」에 나오는 제사도 죄 있는 나 대신에 죄 없는 양을 죽이고 피를 흘리는 형식이다. 흥미로운 것은 중국 한자를 보면 죄 없이 바름을 뜻하는 한자 '義(의)'는 나를 뜻하는 글자 '我(아)' 위에 양을 뜻하는 '羊(양)'이 그려져 있다. 그리고 『논어』에, 주나라 제사에 양을 바쳤다는 내용이 언급된다. 중동 문화와 중국 문화 모두에서 죄를 용서받는 개념은 양을 잡는 것으로 똑같아 보인다. 이런 이유에서 피 흘림이 없는 아벨의 농작물은 제사에 적합하지 않아서 하나님이 제사를 받지 않은 것이라는 해석이다. 수렵 시대에는 동물을 사냥해서 피를 흘려야 내가 먹고 살 수 있었다. 그랬기 때문에 농업이 보급되기 전 백만 년 동안 그런 생활을 해 왔던 인류가 생각하는 죄 사함의 방식은 동서양 공통적으로 제사는 다른 생명의 피를 흘리는 방식이었을 것이라고 추리해 볼 수 있다.

한편으로 카인과 아벨의 이야기는 수렵 채집 시대 이후에 새롭게 나타난 농업 경제와 유목 경제 사이의 세력 다툼 이야기로 볼 수도 있다. 성경에서는 화가 난 카인이 아벨을 죽인 것으로 나오는데, 이 사건은 농업 경제 사회가 유목 경제 사회를 압도한 것으로 해석될 수 있을 것이다. 우리나라의 단군 신화를 보면 곰과 호랑이가 동굴에 들어갔다가 곰만 사람이 되어서 나오고, 하늘에서 온 사람과 결혼해서 단군이 탄생했다고 한다. 동물을 숭배하는 토템은 대체로 그 지역에서 가장 강한 동물을 숭배한다. 단군 신화에 나오는 두 동물은 가장 강력한 동물이다. 일반적으로 북쪽 추운 지방에서는 곰을 숭배한다. 북반구의 고위도 지역에서는 곰이 가장 세다. 북쪽 끝에 있는 북극에 가도 북극곰이 가장 센 동물이다. 남쪽에 있는 저위도의 따뜻한 지역에서는 호랑이가 가장 센 동물이다. 단군 신화에는 곰과 호랑이가 다 나오는데, 이를 통해서 한반도는 북방 문화와 남방 문화가 만나는 지역이었다는 것을 알 수 있다. 단군 신화에서는 곰이 인간이 된 것으로 이야기가 전개되는데, 우리 민족은 북방 민족이 남방 민족을 싸움에서 이겨서 형성된 민족임을 뜻한다. 마찬가지로 카인과 아벨의 이야기는 농업 경제 사회가 유목 경제 사회를 압도한 이야기로 해석할 수 있다. 하지만 성경을 기록한 사람들은 이스라엘 민족이고, 당시 그들은 유목 민족이었다. 그래서 카인에게 맞아 죽기는 했지만 양을 치던 동생 아벨이 하나님이 인정한 의인으로 묘사되고 있다.

기원전 8000년경에 기온은 안정되었지만 이후 3천 년 동안 100년에 1미터씩 해수면이 상승했고, 기원전 5000년 무렵에야 비로소 해수면이 안정되었다. 이때 이르러서야 비로소 전 세계 해안선의 모양이 지금 우리가 보는 세계 지도의 모양을 갖게 되었다. 이즈음 메소포타미아 지방에서는 농업이 자리 잡기 시작했고, 수메르 문명이 태동하기 시작했다. 아마도 초기에 저지대에 만들어졌던 고대 마을과 도시들은 있었더라도 해수면이 상승하면서 침수됐을 것이다. 우리가 지금 보는 수메르 문명과 이집트 문명의 고대 도시들은 해수면 상승이 멈춘 이후에 침수 위험 없이 형성된 도시들이다.

거석문화의 태동

기원전 10000년경에 '괴베클리 테페' 같은 커다란 건축물이 만들어졌지만, 본격적으로 세계 곳곳에서 거석문화가 나타나기 시작한 것은 기원전 4000년경부터다. 거석문화가 만들어졌다는 것은 그 사회 집단의 규모가 커지고, 대형 공사를 할 만큼의 조직력과 통제력을 가진 지도자가 있었다는 증거다. 거석문화 중에서도 유명한 것은 영국에 있는 스톤헨지다. 고고학자들의 연구에 의하면 스톤헨지 원이 끊긴 한 부분이 하지에 해가 뜨는 곳이라고 한다. 이는 스톤헨지를 만든 사람들이 1년 주기로 움직이는 태양의 속성을 알았으며, 태양을 숭배하기 시작했다는 것을 의미한다. 이때는 이미 농사를 짓기 시작했을 거고, 농사 재배에 필수 요건은 태양 빛이기 때문에 자연스레 태양을 숭배하기 시작했을 거라고 유추해 볼 수 있다. 숲에 살면서 수렵 채집을 하던 시대에는 나무 그늘 아래에서 지냈기에 태양을 많이 보지 않았을 것이다. 그러다가 숲에서 나와, 나무가 없는 평지에서 농사를 지으면서 태양이 더 잘 보였을 것이고, 그렇다 보니 해가 뜨고 지는 것, 해의 위치, 계절의 변화, 별자리에 더 민감해졌을 것이다. 수렵 채집을 하면서 이동하면 계절의 변화는 느껴도 계절 변화의 주기는 파악하기가 어렵다. 하지만 한자리에 머물러서 농사를 짓게 되면 계절 변화의 주기를 더욱 정확하게 인지할 수 있다. 그런 환경은 인류가 시간 개념을 갖게 하였고, 인류는 비로소 자연의 법칙과 절기와 달력 등을 생각하게 되었다. 수메르 문명은 1년을 열두 달, 한 달을 30일 정도로 나누는 달력을 만들어서 사용하기 시작하였다. 특히나 메소포타미아 문명과 이집트 문명의 도시들은 강 하구에서 만들어졌는데, 나일강 하구에 사는 이집트인들은 일 년에 한 번 정기적으로 찾아오는 나일강 범람의 시기를 정확히 알아야 침수를 피해 목숨을 부지할 수 있었다. 농사를 위해서 강 하구에 살게 되면서 인류는 시간 개념을 더 많이 갖게 되었다.

도시는 왜 필요한가

가정용 컴퓨터 한 대는 슈퍼컴퓨터와 연산 능력을 1 대 1로 비교하면 성능이 비교도 안 되게 떨어진다. 하지만 그런 PC 수천 대를 케이블로 병렬 연결하면 슈퍼컴퓨터 수준의 연산 능력을 갖게 된다고 한다. 흥미로운 사실은 직렬로 연결하면 아무 효과가 없고 병렬로 연결할 때 그런 성능이 생긴다. 인간의 능력도 마찬가지다. 인간 한 사람 한 사람의 지능은 다른 동물과 1 대 1로 비교하면 그다지 대단하지 않다. 동물 중에 가장 똑똑한 동물은 보노보 침팬지다. 보노보 침팬지의 아이큐는 100에서 120 정도다. 두 번째로 똑똑한 동물은 범고래다. 범고래의 아이큐는 80에서 90 정도다. 내 아이큐가 160이 안 되니 나는 범고래보다 두 배 이상 똑똑하지는 않다. 인간과 동물의 아이큐 차이가 그렇게 크지 않음에도 불구하고 인류는 다른 동물이 하지 못하는 인공지능을 만들고, 인공위성을 띄우고, 유전공학을 연구한다. 그 이유는 인간의 뇌가 병렬로 연결되어 있기 때문이다. 인간의 뇌는 케이블 없이 어떻게 연결될까? 바로 '언어'로 연결된다. 선생님이 교단에서 강의할 때는 선생님의 뇌와 교실에 있는 학생들의 뇌가 병렬로 연결되는 효과가 생긴다. 따라서 사람들이 도시에 모여 살게 되면 언어로 소통하면서 그 집단의 지능이 올라간다. 그러니 도시의 인구가 늘어날수록 사람들 간의 시너지 효과가 커져서 창의력이 더 빠르게 늘어난다. 현대에서도 대도시의 인구가 늘어날수록 발명 특허 건수, 창의적 예술 작품, 논문 등이 인구 증가 비율보다 더 많이 늘어난다. 인간의 창의적 활동을 정량적으로 계산해 보면 도시가 10배 커지면 창의 활동은 17배 늘어난다고 한다. 그래서 도시가 만들어지면 문명이 발생하는 것이다.

인류 최초의 대도시는 약 기원전 4000년~기원전 3500년에 메소포타미아에 만들어진 도시 우루크Uruk다. 이 도시는 초기 인구가 5천 명 정도로 추측되는데, 기원전 3500년~기원전 3000년경에는 인구가 4만~5만 명이었다. 우루크는 수메르 문명의 중심 도시가 되었다. 지금 우리나라의 도시 규모로 보면 2024년 기준으로 전라남도 영암군 정도의 규모다. 이 규모가 당시 세계에서 가장 큰 인구를 가진 도시였다. 참고로 기원전 4000년에 지구상의 전 인류의 숫자는 1500만 명으로, 서울 인구의 1.5배를 조금 넘는 정도밖에 되지 않는 수준이었다. 5만 명이 사는 우루크 같은 도시는 5만 대의 컴퓨터가 연결된 PC 네트워크인 셈이다. 이런 도시에서는 집단 지성과 발전을 위해 필요한 경쟁과 퇴출 등 다양한 장점들이 나온다. 그래서 문명이 만들어지려면 도시가 우선 만들어져야 한다.

과거 수렵 채집의 시대에서는 한 사람이 모든 일을 다 해야 했다. 수렵 채집 시대의 사냥꾼은 땅에 있는 발자국을 보고 동물의 움직임을 파악하고, 부상당하면 주변의 약초를 캐서 치료해야 했다. 먹어도 되는 식물과 독을 가진 식물을 분별하는 능력도 필요하다. 날씨를 예측해서 내일 동료들이 위험에 처하지 않게 계획도 짜야 한다. 요즘으로 치면 혼자서 의사, 약사, 영양사, 기상관측사, 사냥꾼의 역할을 다 해야 했다. 그러다가 농업 경제가 시작되고, 도시에 살게 되면서 하나만 잘해도 살 수 있는 시대가 된 것이다. TV 예능 프로 〈나는 자연인이다〉 출연자같이 살다가 시청자처럼 살게 된 것이다. 서로 다른, 분업화된 기능을 가진 사람들이 모여 살면서 새로운 협력 시스템을 만들어 내는 공간 구조가 도시다. 도시를 구성한 사회는 분업과 협력을 통해 하나의 기계처럼 작동하게된다. 그러한 복잡한 기계가 작동하도록 해 주는 것이 도시 공간이다. 현대 사회에서는 수십만 개의 부품을 조립해서 복잡한 반도체를 생산하는 기계를 만드는 사회가 가장 발전한 사회다. 왜냐하면 그 많은 부품과 화학 제품의 유통과 조립을 조율할 수 있는 시스템을 가졌기 때문이다. 마찬가지로 가장 많은 수의 사람들이 모여서 협업할 수 있는 도시 공간 시스템을 가진 사회가 가장 발전한사회인 것이다. 농사의 경작을 뜻하는 영어 단어 cultivation은 경작, 재배를 뜻하는 라틴어 cultus에서 파생된 것으로, 문화를 뜻하는 culture의 어원이며, 문명을 뜻하는 영어 단어 civilization의 라틴어 어원 'civílis'는 시민 생활이나 시민다운 것을 가리키는 말로, '도시에 사는 것'을 뜻한다. 문화는 농사에서 오고, 문명은 도시에서 오는 것이라는 생각이 반영된 단어 구성이다.

문명은 왜 중동에서 시작되었는가

현재 발굴된 유적 중 가장 오래된 집단 거주의 흔적은 튀르키에 중앙부에서 기원전 7500년경에 시작된 차탈회위크Çatalhöyük다. 평균 인구가 5천~7천 명으로, 규모도 상당한 편이다. 유네스코 자료에 따르면 차탈회위크 유적은 아나톨리아고원에 두 개의 언덕으로 이루어져 있다. 두 언덕 중 더 높은 동쪽 언덕에는 기원전 7400년에서 기원전 6200년 사이의 신석기 시대 거주지가 18개의 층을 이루며 남아 있다. 영국의 고고학자 이안 호더Ian Hodder에 의하면 이 도시의 사회는 카리스마를 가진 리더가 없고, 위계나 계층이 나누어지지 않은 원시 평등 사회였다고 한다. 남녀 차이도 없고, 육아도 공동으로 한 평화로운 공동체 사회였다. 규모는 상당했지만 차탈회위크는 이후 메소포타미아나 이집트 문명처럼 거대한 문명으로 발전하지는 못했다. 건축가의 관점에서 보았을 때, 수만 명 수준의 고밀도 대도시로 성장하지 못했기 때문에 거대 문명을 꽃피우지 못한 듯하다. 반면에 우루크는 기원전 4000년~기원전 3500년경에 발생했지만, 얼마 지나지 않아 5만여 명 인구의 도시로 성장했고, 이어서 다양한 직업과 계층으로 나누어지고 거대한 건축물을 남기는 도시국가 수준의 문명으로 발전하게 되었다. 관점에 따라서 차탈회위크를 최초의 도시로 볼 수도 있지만, 차탈회위크는 도시 발달사나 건축 발달사에서 다룰 정도의 도시국가 수준으로 발전하지 못했기에 건축과 인간이 공진화한 유전적 계보를 살펴보는 이 책에서 다룰 만한 최초의 대도시는 우루크라고 생각한다. 벤 윌슨도 저서 『메트로폴리스』에서 첫 도시를

'우루크'라고 한 것도 같은 맥락일 듯하다. 우루크가 밀집된 인구를 가진 가장 오래된 대도시라면 가장 오래된 성城은 『구약 성경』에 나오는 '여리고성'이다. 예리코성이라 불리기도 하는 여리고성은 요르단강 유역에 설립되었다. 이처럼 최초의 도시 문명은 건조 기후대에 발생하였다. 똑같은 지능을 가진 사피엔스인데도 최초의 문명이 중동 건조 기후에서 발생한 이유는 무엇일까? 그 답은 지리적 조건에서 찾을 수 있다. 인간이 문명을 만들려면 모여 사는 도시가 필요한데, 도시가 형성되려면 두 가지 조건이 필요하다. 첫째, 물이 풍부해야 한다. 생명이 살아남기 위한 가장 기본적인 조건은 물이다. 도시에는 많은 사람이 살아야 하기에 물이 풍부해야 한다. 둘째, 전염병이 없어야 한다. 전염병이 생기면 흩어져야 한다. 사람이 모여 사는 것을 막는 가장 큰 원인은 전염병이다. 그런데 이 두 가지 조건이 만족하는 곳이 중동 지역이었다. 기원전 10000년경 빙하기가 끝나고 지구가 따뜻해지기 시작했다. 지구가 온난화되면 땅의 수분이 증발하게 된다. 일부 지역은 수렵 채집하기 좋았던 땅이 말라서 자연 소출이 줄었다. 물도 점점 부족해졌다. 그래서 사람들은 물을 구하기 위해 큰 강가에 모여 살기 시작했다. 인구 밀도가 높아지게 된 것이다. 사람이 모여 살게 되면 전염병이 돌게 된다. 특히나 별다른 위생 시설이 없던 고대에 전염병은 피하기 힘들었을 것이다. 그런 문제를 해결해 주는 것이 건조한 기후다. 왜 중동에서 도시가 처음 생겼을까 생각하던 때 우연히 신문에서 전염병의 전파 메커니즘을 연구한 MIT 교수의 연구 결과 관련 기사를 읽게 되었다. 컬런 뷰이 교수는 땅에 비가 내리면 빗방울이 땅에 떨어지면서 발포 상태가 되고, 이때 땅에 가라앉아 있던 바이러스가 붕 떠서 옆으로 이동해 전파되어 간다는 메커니즘을 밝혀냈다. 그러니 반대로 비가 내리지 않는 지역은 상대적으로 바이러스 전파가 잘 안되는 장소가 된다. 비가 적게 오는 건조 기후대는 수분이 부족해서 박테리아 증식이 잘 안된다. 건조한 기후대에 고대의 초기 도시들이 형성된 이유는 이처럼 건조한 기후가 전염병이 발생할 가능성을 줄여 주기 때문이다. 그런데 건조 기후는 물이 부족하다는 문제가 있다. 메소포타미아와 이집트 지역은 티그리스강, 유프라테스강, 나일강이 있는데, 이 강들은 모두 남북 방향으로 흐르는 큰 강이라는 특징이 있다. 큰 강이 길게 남북으로 흐른다는 이야기는 강의 상류와 하류의 기후대가 다르다는 것을 의미한다. 예를 들어서 나일강 상류는 열대 우림 기후여서 우기 때 비가 엄청 많이 내리는데, 이 빗물은 약 6천7백 킬로미터 길이의 나일강을 따라서 하구로 흘러오면 건조 기후에 도달하게 된다. 이로써 건조하지만 물은 풍부한 조건이 만들어진다. 이 조건은 도시를 만들 수 있게 해 준다. 나는 이 가설이 맞는지 확인해 보기 위해서 지구본에서 남북 방향으로 흐르는 거대한 강 하구와 건조 기후대가 만나는 지역을 찾아보았는데, 메소포타미아와 이집트 지역이 유일했다. 그래서 그곳에 최초의 문명이 만들어진 것이다. 동남아시아의 메콩강이나 북아메리카의 미시시피강도 남북 방향으로 흐르는 큰 강이지만 이 강의 하구 지역은 몬순 기후로, 태풍이 불고 비가 많이 내리는 기후라 건조한 기후대가 아니다. 그래서 이 지역에서 도시를 형성하려면 시간이 더 필요했다.

나일강은 자연이 만들어 낸 상수도 시스템이다. 상류의 폭우로 인해 늘어난 강물은 하류에 범람을 일으켜서 토양을 비옥하게 만들어 농업하기 쉽게 만들어 주었다. 건조 기후대는 비가 내리지 않아서 농사하려면 땅에 관개수로를 만들어 물을 공급해 주어야 한다. 이러한 관개수로를 만드는 일은 대규모 토목 공사로, 이웃의 땅을 관통해서 물길을 뚫어야 한다. 대규모 공사라는 집단 노동을 통해서 자연스럽게 사회의 조직력을 키우고 제도를 발전시킬 수 있게 되고, 이러한 조건들이 도시를 더욱 발전시키는 요소가 된다. 거대한 강의 풍부한 물은 수만 명이 사는 고대 도시에 물을 공급하기에 충분했다. 게다가 앞에서 언급한 것처럼 건조한 기후는 전염병의 전파도 줄여 주었다. 이러한 지리적 조건 덕분에 이 지역에는 문명을 만드는 도시가 세워졌다. 건조 기후대에 물이 풍부한 조건이 도시 문명을 만든다는 사례는 카랄 문명에서도 찾을 수 있다. 카랄 수페 신성 도시는 기원전 3000년부터 기원전 1800년 사이에 중앙 안데스 지역 건조한 사막 지대에 만들어진 문명 유적지다. 이 지역은 건조 기후대임에도 안데스산맥의 눈이 녹아서 내려오는 물이 풍부하여 다섯 개의 강 하구가 형성되었고, 그곳에 문명이 만들어진 사례다. 이로 미루어 보아 건조 기후대에 물이 풍부한 조건을 가진 지역에 자생적으로 초기 문명이 발생했다고 말할 수 있다. 카랄 문명을 지탱하던 강은 나일강, 티그리스강, 유프라테스강처럼 거대하고 지속적이지 않았기 때문에 수메르나 이집트 문명처럼 유지, 발전되지는 못했다. 기원전 7500년경에 시작된 차탈회위크의 경우에도 수만 명 규모의 더 큰 도시로 성장하지 못한 이유는 수만 명의 인구가 마실 물을 해결하지 못해서였을 것이다. 여리고성의 경우에도 비가 내리지 않는 기후였기 때문에 전염병 예방에 유리했고, 물은 우물로 공급할 수 있었기에 성城으로 성장할 수 있었다, 하지만 거대한 강으로부터 오는 물 공급이 없었기 때문에 성장의 한계가 있었던 것이다.

우리나라와 같이 사계절이 있는 곳의 사람들은 확실한 계절의 변화로 시간 개념을 갖게 되지만, 건조 기후대는 계절의 변화가 미미해 덜 느낄 수 있다. 대신 이집트인들은 강물의 범람이라는 주기를 가지고 있었다. 강의 범람을 통해서 1년이라는 시간 단위를 배우게 된다. 우리처럼 싹이 나고 꽃이 피는 것을 관찰하며 계절을 파악할 수 없으니 하늘의 별을 보면서 절기를 예측해야 한다. 그렇게 천문학이 발전하였다. 강물이 범람해서 토지가 물에 잠겼다가 물이 빠지고 뭍이 드러나게 되면 새롭게 토지 구획을 해야한다. 자연스럽게 토지 측량 기술과 기하학이 발달하게 된다. 거대한 농경 수확량은 잉여 작물을 만들게 되고, 이로써 인간 사회에는 계급이 형성되기 시작한다. 사회는 점점 더 거대해져서 기존의 종교 지도자가 통치할 수 있는 규모를 넘어서게 된다. 사회에는 자연스럽게 종교 지도자와 정치 지도자의 분리가 나타나게 되고, 사회를 유지하기 위한 세금 시스템이 발달하게 된다. 이때쯤에 발명된 것이 바퀴다. 바퀴와 말이 합쳐져서 마차라는 새로운 교통 시스템을 만들게 되었다. 이로써 교통과 물류 유통의 시간 거리가 단축된다. 시간 거리가 단축된다는 것은 멀리 있는 곳까지 군대를 파병할 수도 있고, 세금을 거둬들일 수도 있다는 것을 의미한다. 세금을 거두기 위해서 점차 문자 체계가 발달하게 된다. 최초의 문자는 메소포타미아 지역에서 사용한, 점토판에 눌러서 표시한 쐐기 문자(설형 문자)다. 이 문자는 기본적으로 세금을 장부에 기록하기 위한 것이었다. 이렇게 수만 명의 사람들이 모여서 하나의 사회 집단으로 살 수 있는 도시라는 공간 시스템이 만들어지게 되었다.

소돔성은 왜 죄악의 도시라고 불렸는가

『구약 성경』을 보면 도시에 사는 사람들은 부정적으로 묘사되어 있다. 대표적인 사례가 죄악의 도시 '소돔과 고모라'다. 성경을 쓴

이스라엘 민족은 도시민들을 왜 나쁜 사람으로 묘사했을까? 도시민들은 유목 민족인 자신들과 생활 양식이 다르고, 가치관도 달랐기 때문이다. 가족끼리 이동하면서 사는 유목 민족의 눈에는 수만명이 머물러 사는 도시민들을 이해할 수 없었을 것이다.『구약 성경』의 또 다른 이야기인 바벨탑 이야기도 같은 맥락이다. 바벨탑을 만든 사람들은 정착해서 고층 건물을 만들고 사는 도시에 사는 사람들이었고, 이들 역시 유목 민족의 눈에는 자기들 삶의 방식을 위협하는 존재였을 것이다. 이스라엘 민족은 이방인들과 결혼하는 것을 큰 죄악으로 여겼다. 이러한 폐쇄성은 더 큰 집단인 도시인들에게 흡수돼 사라질 수 있는 작은 집단이 자신들을 지키기 위해 했던 노력이라고 할 수 있다. 지금도 지방 중소 도시의 젊은이들은 더 많은 기회를 찾아서 대도시로 이주한다. 그런 움직임에 중소 도시민들은 소멸될 위기의식을 느끼는데, 수천 년 전 씨족 사회였던 이스라엘도 같은 위기감을 느꼈을 것이다.

소돔과 고모라는 소금 무역을 통해서 융성했던 도시였다. 소돔은 소금 덩어리인 암염으로 만들어진 산에 위치해 있다. 소금은 당시에 화폐의 기능을 하던 자원이다. 그러니 소돔은 당시로서는 금을 가지고 있던 서부 시대의 캘리포니아나 마찬가지였다고 볼 수 있겠다. 금을 캐려는 골드러시를 통해서 캘리포니아가 발전했듯이 소금으로 돈을 벌려는 사람들이 모여서 소돔의 인구도 점점 늘어낮을 것이다. 경제 구조와 인구 밀도의 관계를 보면 수렵 채집 경제 활동의 인구 밀도가 가장 낮다. 수렵 채집 시대에는 한 사람이 먹고사는 데 약 100만 제곱미터의 땅이 필요하다. 그러다가 기원전 10000년경에 원시 농업을 하게 되면서 한 사람이 먹고살기 위해 필요한 땅이 그보다 더 작아졌다. 5천 년 전 관개수로를 이용한 농업을 시작하면서는 효율성이 다섯 배 좋아져서 5분의 1 정도의 땅만 있으면 한 사람이 먹고살 수 있게 되었다. 수렵 채집에서 농업으로 바뀌면서 인간은 더 작은 땅으로도 먹고살 수 있게 된 것이다. 인구 밀도가 높아지면 주변에 물건을 사고팔려는 사람이 많아진다. 자연스럽게 상업이 발달한다. 상업을 하면 더 작은 면적의 땅에서도 먹고살 수 있게 된다. 그렇게 상업이 발달하면 도시가 더 발전한다. 도시와 상업은 공생하는 불가분의 관계다.

유목민은 주로 가족 단위로 이동한다. 성경에 나오는 아브라함이나 야곱의 이야기는 모두 가족들이 여기저기 이동하면서 생겨난 이야기다. 성경에 이집트로 이주한 야곱의 가족 수는 70명으로 나온다. 문화인류학자들은 보통 성도덕이라는 문화가 생겨나는 배경을 집단의 규모와 관련 있다고 이야기한다. 그 이유는 과학적으로 추론해 볼 수 있다. 소규모 집단에서는 성병이 잘 생겨나지 않는다고 한다. 집단의 규모가 커지면 성병이 생길 가능성이 높아지는데, 고대에 성병은 한 집단이 모두 죽을 수 있는 위험한 질병이다. 그렇다 보니 집단의 규모가 커지면 자연스럽게 여러 가지 도덕적인 규칙들이 생겨난다는 것이다. 또한 여러 학자들이 문자가 자리 잡은 문명 집단에서 인구의 규모가 커질수록 사회가 복잡해지면서 이를 통제하기 위해서는 문서화된 성문법이 발생한다고 주장했다. 집단의 규모가 작은 부족이나 씨족 사회에서는 구전을 통해서 사회가 통제되지만, 집단의 규모가 커지면 말로 전달되는 법에는 지역 간의 차이와 변수가 너무 많아져서 법이 성문화成文化되어야 한다는 이야기다. 다행히 인류는 문자 체계를 갖게 되었고, 문자 체계와 규범이 합쳐져서 성문법이 자리 잡게 됐다. 기원전 1750년 무렵 만들어진 최초의 성문법인 함무라비 법전도 국가 수준의 인구 규모를 가진 바빌로니아 제1왕조의 제6대 왕 때 만들어졌다. 구약 성경 시대의 소돔과 고모라는 인구가 상당히 많지만 아직 성문법이 나오기 전의 통제되지 않은 혼란스러운 사회인데, 그렇다고 수십 명 단위의 씨족 사회도 아니기에 다양한 성행위가 성행한 사회였을 것이다. 가족 단위의 유목 민족에게 소돔의 도시민들은 성적으로 타락한 집단으로 비쳤을 것이다.

함무라비 법전과 십계명

함무라비 법전과 『구약 성경』 「창세기」에 나오는 모세의 십계명은 신에게서 받은 법이라는 공통점이 있다. 함무라비 법전 상부에 조각된 부조를 보면 왼쪽에 함무라비왕이 서 있고, 오른쪽에 샤마슈 신神이 의자에 앉아 있다. 일반적으로 의자에 앉아서 편안하게 있는 자가 불편하게 서 있는 자보다 신분이 더 높은 존재다. 그러니 의자에 앉아 있는 샤마슈 신이 서 있는 함무라비왕보다 더 존귀한 존재라 할 수 있다. 이 비석은 다음과 같은 것을 이야기한다. 첫째, 이 법전은 신으로부터 온 절대적인 가치를 가진다. 둘째, 왕은 신보다는 못하지만, 신을 독대해서 법전을 받을 정도로 신과 가까운 존재라는 것을 암시한다. 함무라비 법전이 샤마슈 신으로부터 받은 법인 것처럼 십계명은 모세가 시내산에 올라가서 여호와와 독대하여 신으로부터 두 개의 돌판에 새겨진 법을 받아 온 것이다. 둘 다 법전을 신에게서 받았다고 하는 것으로 보아, 아직 사회를 움직이는 권위가 구성원들 간의 약속에 근거한 사회 시스템에서 오는 것이 아닌, 종교적인 권위에서 왔어야 했음을 보여 준다.

함무라비 법전 196조항을 보면 '누군가의 눈을 상하게 한 사람은 자신의 눈도 상하게 해야 한다.'라고 나와 있다. 성경 레위기 24장 19절~20절을 보면 '사람이 만일 그의 이웃에게 상해를 입혔으면 그가 행한 대로 그에게 행할 것이니 … 눈에는 눈으로, 이에는 이로 갚을지라.'라고 명시되어 있다. 둘 다 받은 그대로 보복하는 동등한 처벌 방식을 기록하고 있다. 함무라비 법전과 십계명은 차이점도 있다. 함무라비왕은 자신의 법전을 돌기둥에 새겨서 오가는 사람이 보게 만들었다. 기둥은 고정된 장소에 있는 것이다. 이로 미루어 보아 바빌로니아 제국의 사람은 이미 대부분 농업을 하면서 정착하여 한곳에 사는 사람이라고 미루어 짐작할 수 있다. 반면 십계명은 십계명이 새겨진 돌판을 언약궤에 넣어서 이동이 편하게 하였다. 이는 유대 민족이 아직 정착하지 못하고 떠돌아다니는 사회임을 알 수 있다. 나중에 유대 민족은 솔로몬 왕 때가 돼서야 성전을 짓고 성궤를 안치한다.

익명성이라는 가면을 만들어 준 도시

『구약 성경』「창세기」를 보면 아브라함이 하나님의 명령을 듣고 우르를 떠나 약속의 땅 가나안으로 향한다. 이때 그는 조카인 롯과 동행한다. 롯은 훗날 아브라함과 헤어지고 따로 소돔으로 향한다. 소돔은 성城으로, 인구수가 상당하다. 이 정도 규모가 되면 기존의 씨족 사회 수준의 작은 집단에서 이루어지던 자정적 사회 시스템은 작동하지 않는다. 그렇다고 아직은 도시국가가 갖추어진 상태는 아니어서 법과 통치력이 만들어지기 전이다. 수렵 채집의 시기에 일반 사람들이 처한 위험은 자연이나 다른 집단이 주는 위협이었다. 도시 환경이 만들어지면서 자연으로부터 오는 위협은 해결됐지만, 아직 법이 없었기 때문에 높은 인구 밀도의 사회에서 만들어지는 내부적 갈등과 충돌을 해결할 합리적인 방법이 없었다. 특히 그중에서도 성적인 부분에 대한 갈등을 예상해 볼 수 있다. 인간은 수백만 년 동안 진화해 오면서 다른 동물과 마찬가지로 페로몬 냄새로 이성을 유혹하는 메커니즘이 있다. 그 냄새는 인구 밀도가 낮은 아주 넓은 공간에서 이성을 유혹하는 시스템으로 진화해 왔다. 그런데 성城이나 도시로 이주하게 되면 좁은 공간에서 너무 많은 사람이 가깝게 붙어서 살게 된다. 수 킬로 밖의 이성을 유혹하게끔 진화된 인간은 이제 백 미터 안에 수백 명의 사람을 접촉하게 된다. 자연스레 오감을 통한 이성의 자극이 급격하게 높아져 백 배 이상의 자극이 된다. 그런데 이때는 아직 도덕적 가치관은 만들어지지도 않았을 때다. 소돔의 인구는 증가 추세로 이제 성 도덕률이 발생하기 시작했을 뿐이고, 아직 바빌로니아 수준의 인구 규모는 아니었기 때문에 성문법은 나오기 전이다. 그렇다 보니 법이라는 사회적 안전장치도 없고, 성적으로도 문란한 도시 환경이 만들어질 수밖에 없었을 것이다. 그래서 씨족 사회에서 생활했던 유목민인 이스라엘 사람들은 그런 환경의 소돔을 죄악의 도시로, 특히 성적으로 타락한 도시로 묘사하고 있는지 모른다. 이처럼 초기의 고대 도시들은 사회적 시스템이 완성되지 못한 도시였다.

소돔과 고모라 같은 도시가 만들어지면서 인류는 이전에는 없던 새로운 사회적 문제를 갖게 된다. 다름 아닌 익명성이다. 나를 알아보는 작은 사회에서는 나쁜 짓을 하기가 어렵다. 하지만 익명성이 생겨나면 개인을 통제하기 어려워진다. 현대 사회에서 인터넷상에 악성 댓글이 심각한 문제인데, 심리학적으로 두 가지 이유가 있다고 한다. 첫째, 사람들이 익명성을 가지면 다른 사람에 대한 도덕적 잣대가 높아진다는 점이다. 그래서 익명의 상태에서 다른 사람들을 도덕적으로 비난하는 글이 많아진다. 둘째, 사람들이 나를 알아보지 못하기 때문에 서슴지 않고 다른 사람을 비판한다. 그래서 애덤 스미스는 당대의 도덕적 타락의 원인 중 하나가 도시화가 낳은 익명성이라고 말하기도 했다. 인류사 초기에 인구밀도가 높아진 도시 발생은 인간에게 익명성을 주었고, 이는 여러 가지 죄를 서슴지 않고 짓는 문제를 야기했을 것이다. 농업과 함께 도시가 만들어지기 전에는 수렵 채집이나 유목으로 떠돌아다녔던 시절이다. 이때는 집단의 크기가 작기에 사람들이 서로를 잘 아는 사회였다. 이에 반해 상대적으로 도시는 익명성 때문에 무법지대였을 것이다. 인간은 더 큰 집단의 조직을 운영할 수 있는 새로운 소프트웨어 운영 시스템이 필요했다. 그것은 좀 더 조직화된 권력 체계다. 사람들은 자신의 자유가 줄어들더라도 안전을 위해서 개인의 자유를 제어하고 억압할 수 있는 체계를 원했고, 그렇게 만들어진 사회 권력 체계는 권력의 집중을 만들었고, 그 권력은 사람들을 동원해서 건축물을 만들었다. 그리고 그 건축물은 다시 그 사회의 통치 조직을 탄탄하게 만들었다. 인류는 생존 확률을 높이기 위해서 집단의 규모를 키웠지만, 내부적으로 늘어나는 불안정을 컨트롤 하기 위해서 개인의 자유를 헌납해서라도 권력을 집중시켜서 통치 시스템을 만든 것이다. 이 일련의 사이클에서 건축은 한 축을 담당했다. 원시 사회에서 부족장은 고인돌을 만들었고, 제작하는 과정에서 사회 조직을 탄탄하게 만들었으며, 완성된 고인돌은 수백 명 단위의 사회 조직을 또다시 강화한다. 그렇다면 5만 명 이상으로 성장한 도시 집단은 그에 걸맞은 규모의 건축물이 필요했다. 고인돌 만한 크기의 건축물로는 5만 명의 집단을 지배하고 운영할 시스템의 건축적 구심점이 될 수 없다. 5만 명 정도 규모의 도시를 운영할 수 있는 시스템의 구심점이 될 만한 건축물이 필요한데, 그것이 바로 지구라트다. 우리가 흔히 성경에서 '바벨탑'이라고 부르는 건축물이다.

05 지구라트:
도시국가를 만든 건축

계단으로 권력을 만들다

빙하기가 끝나고 온화한 기후로 바뀌자 농사가 가능해졌다. 당시의 농사는 지금과는 달리 토양이 비옥해서 씨 한 알당 80배의 소출이 났었다고 한다. 이론적으로 씨를 하나 뿌리면 다음 해에 80배가 되고, 그 열매를 그대로 뿌리면 6,400배가 되어 수확이 기하급수적으로 늘어난다. 농지만 확보하면 식량을 폭발적으로 늘릴 수 있었다. 그래서 농업 '혁명'이라고 말했던 거다. 식량이 풍부해지니 사람들이 모이고 머무르면서 도시가 만들어졌다. 농업 소출의 또 다른 특징은 보관이 쉽다는 점이다. 사냥으로 얻은 음식은 상하기 전에 빨리 먹어야 한다. 반면 밀, 쌀, 보리, 수수 등은 보관이 돼서 농경지에서 떨어진 도시에서도 많은 인구를 먹여 살릴 수 있었다. 보관이 쉽기에 세금 징수도 수월해졌다. 남는 식량이 생겨나니 상공업 직업들이 나타나면서 인간 집단은 더욱 복잡한 사회로 진화해 갔다. 이렇게 도시국가가 탄생할 경제적 배경이 완성되었다. 그러자 기원전 4000년~기원전 3500년경부터 인구 1만 명

이상의 초기 도시들이 메소포타미아 지역 여기저기에 만들어지기 시작했다. 그 시기에 티그리스강과 유프라테스강 하구에 최초의 도시라고 할 수 있는 인구 5만 명의 우루크가 만들어졌다. 지금 이라크의 바그다드 근처에 위치한 우루크는 성경에서 '에렉'이라고 불렸고, 훗날 국가 '이라크'의 어원이라는 설도 있다. 이 당시에 우루크 이외에도 많은 도시가 생겨났는데, 이 도시들의 특징은 도시 중앙에 각 도시의 수호신을 섬기는 지구라트 신전을 건축했다는 점이다. 메소포타미아 문명은 이집트 문명과 비슷한 점과 다른 점이 있다. 비슷한 점은 건조 기후대의 거대한 강 하구에 위치하며 농업을 기반으로 인구 규모가 큰 집단을 만들었다는 것이다. 다른 점은 메소포타미아는 여러 도시를 중심으로 성장하였고, 이집트는 하나의 큰 국가로 성장한 것이다. 또 하나 다른 점은 메소포타미아의 종교는 각기 다른 수호신을 모시고 전쟁에서 이기고 현생에서 복을 비는 구복 신앙 중심이었다면, 이집트 종교는 사후 세계에 좀 더 초점이 맞추어져 있었다. 그래서 메소포타미아의 가장 높은 건축물은 신전인 지구라트고, 이집트의 가장 높은 건축물은 무덤인 피라미드다. 두 사회의 가장 높은 건축물이 각각 신전과 무덤이라는 점은 두 사회의 다른 점을 상징적으로 보여 준다.

지구라트Ziggurat는 고대 메소포타미아어로, '높이 솟은 물체'라는 뜻을 가진 아시리아어 자카루(Zaqaru)에서 파생된 단어다. '하늘과 땅을 이어 주는 집'이라는 뜻으로 의역되기도 한다. 메소포타미아 문명의 도시국가들은 기원전 3000년부터 기원전 500년 사이에 자신들이 숭배하던 신을 모시는 수백 개의 지구라트를 만든 것으로 전해지나 현재는 약 30개 정도가 확인된다. 여기서 잠시 각 문화권의 건축물 크기와 개수를 비교해 보자. 이집트의 피라미드는 수십 개 정도고, 메소포타미아의 지구라트는 수백 개가 만들어졌고, 우리나라의 고인돌은 4만 개 정도였다고 한다. 개수가 늘어나는 것만큼 건축물의 크기는 작아진다. 단일 크기로 이집트 피라미드가 가장 크고, 우리나라 고인돌이 가장 작다. 좋게 말하면 우리나라는 하나의 권력에 집중된 사회가 아니고 상당히 다핵 구조의 문화였다고 볼 수 있고, 나쁘게 말하면 이집트나 메소포타미아처럼 강력한 조직력을 갖춘 사회로 진화해 주변에 영향력을 끼치는 문화는 아니었다고 할 수 있다. 우리나라가 이집트 같은 거대한 집단으로 성장하지 못한 이유는 지리적 조건 때문이다. 한반도는 70퍼센트가 산지로 되어 있다. 여러 개의 산으로 나누어진 지형이다. 반면 이집트는 나일강 주변으로 넓은 평야가 있다. 청동기 시대에 바퀴를 가진 집단은 전차를 만들어서 청동기 무기를 가지고 주변 평지를 빠르게 점령해 갈 수 있었다. 나일강 하구에 이집트라는 거대한 제국이 만들어진 이유다. 황허강 하구의 넓은 평지에 중국이 제국을 만들 수 있었던 이유도 동일하다. 우리나라에 전차가 있었다고 해도 산을 넘어서 확장하기는 어려웠을 것이다. 이집트의 땅은 나일강 이편과 저편으로 둘로 나누어졌다면, 메소포타미아의 땅은 멀지 않게 떨어진 두 개의 강으로 땅이 세 개로 나누어진다. 메소포타미아는 이집트보다 하나로 통합되기에 더 어려움이 있어서 제국보다는 도시국가로 형성됐을 거라고 추리해 볼 수 있다.

보통의 지구라트는 높이가 15미터로, 5층 건물 정도 높이의 건축물이었다. 이 정도도 당시로서는 초고층 건축물이었다. 현존하는 가장 잘 알려진 지구라트는 우르에 있으며, 가로 64미터 세로 45미터 높이 30미터로 만들어졌다. 각 단은 위로 갈수록 좁아지고, 꼭대기까지 직선으로 올라가는 계단이 있는 디자인이다. 그리고 꼭대기에는 제사장만 들어갈 수 있는 신전이 위치한다. 「창세기」를 보면 야곱이 형 에서를 피해서 도망가는 장면이 나온다. 야곱이 도망 중에 돌베개를 베고 잠을 자는데 '꿈속에서 하늘과 땅을 연결하는 사다리가 있고, 그 사다리를 천사들이 오르락내리락하는 것을 보았다'라는 이야기가 나온다. 고전문헌학자(전 서울대 종교학과 교수) 배철현 작가는 이 부분에서 성경에 번역상의 오류가 있다고 얘기한다. 여기서 말하는 사다리는 사실은 계단이라고 번역해야 한다는 것이다. 그래서 야곱이 본 것은 하늘에 놓인 사다리가 아니라 사실은 지구라트 계단이었을 것이라고 배 작가는 설명한다. 전후 상황을 보더라도 그게 더 말이 되는 것 같다. 당시에

현 이라크에 있는 우르의 지구라트

지구라트는 하늘로 올라가는 그야말로 '천국으로 올라가는 계단 (stairway to heaven)'으로 보였을 테니 말이다. 재미난 사실은 메소포타미아에 만들어진 거대한 신전인 지구라트가 벽돌로 지어졌다는 점이다. 최초의 신전이라고 할 수 있는 기원전 10000년~기원전 8500년에 지어진 '괴베클리 테페'는 돌로 만들어졌는데, 지구라트는 벽돌이고, 이웃 나라인 이집트에서는 피라미드를 돌로 지었다. 그 이유는 지구라트가 지어진 유프라테스강 유역에는 돌이나 나무가 없어서였다. 보편적인 건축 재료인 돌과 나무가 없다 보니 그들은 다른 건축 재료를 찾아야 했다. 그들이 가장 쉽게 구할 수 있었던 재료는 강 하구에 넘쳐 나는 진흙이었다. 수메르 문명의 사람들은 진흙을 이용해서 점토판을 만들고 쐐기 문자를 개발하였고, 마찬가지로 진흙을 이용해서 벽돌을 구워 건축 자재로 사용하였다. 벽돌을 구울 때는 강가에 넘쳐나는 갈대를 이용해서 불을 만들었다. 그런데 벽돌로 건축하게 되면 문제가 하나 생긴다. 진흙 벽돌은 방수에 약하다는 점이다. 사실 수메르 문명이 있던 지역은 건조 기후이기 때문에 강수량이 일 년에 250밀리미터였다. 그렇다 보니 위에서 내리는 빗물은 문제가 되지 않는다. 그런데 범람하는 강물이 문제였다. 가끔씩 침수되면 진흙을 구워서 만든 벽돌은 부서진다. 그래서 찾은 방법이 '역청'을 이용한 방수다. 역청은 현대에 우리가 도로포장에 쓰는 아스팔트라고 보면 된다. 수메르 문명이 위치한 이곳은 지금의 이라크로, 현대에도 석유가 가장 많이 나는 곳 중 하나다. 그렇다 보니 석유가 노천에 나오기도 하고 역청이 자연스럽게 만들어져 우물처럼 샘솟는 곳도 있다. 지금도 노천에 있는 약간 뜨거운 역청을 맨손으로 떼어다가 사용하기도 한다. 수천 년 전에도 자연 역청을 벽돌에 바르면 얼마 안 가서 굳어져 방수재가 되었다. 그렇게 해서 침수에도 견딜 수 있는 단단한 건물을 만들 수 있었다. 지금도 지구라트 유적을 보면 지구라트 건축물의 하단부는 검은색 흔적이 남아 있는 것을 볼 수 있다. 그 검은색이 역청의 흔적이다. 수메르 문명이 이렇듯 벽돌을 사용했던 반면, 상대적으로 역청이라는 재료를 구할 수 없었던 이집트 쪽에서는 방수 문제를 돌이라는 재료를 사용하는 것으로 해결했다. 이집트도 나일강 하구에 위치한 건조 기후대로, 건축 환경은 수메르와 비슷하다. 하지만 그들에게는 역청이 없었기 때문에 나일강 상류까지 가서 돌을 떼어다가 신전을 건축했다. 전체 유적은 남아 있지 않지만, 기록상으로 가장 큰 지구라트는 최초의 지구라트보다 2천 년 정도 후에 지어진 마르두크 지구라트로, 가로 30센티미터 세로 30센티미터 높이 8센티미터 크기의 벽돌을 8500만 개 쌓아 올린 약 90미터 높이의, 지금으로 치면 30층 아파트 높이의 건축물이다.

이 지구라트의 디자인을 살펴보면, 계단이 수십 미터 높이까지 올라가고 꼭대기에는 신바빌로니아 왕국이 섬기는 신인 '마르두크Marduk'를 위한 신전이 위치해 있다. 이 신전은 푸른색 벽돌로 만들어져 있는데, 바빌론의 문이라고 할 수 있는 '이슈타르의 문'도 파란색 벽돌로 만들어졌다. 파란색은 예로부터 중동 지역에서는 신성한 색상이었는데, 파란색을 내는 돌은 청금석이라고 해서 지금의 아프가니스탄에서만 구할 수 있었다. 그 먼 곳에서 중동 지역까지 가져오다 보니 파란색을 내는 것은 비쌌고, 파란색이 신성한 색깔이 된 것이다. 중세 때에도 그림에 성모 마리아의 옷은 파란색으로 칠하는데, '파란색 = 귀한 색'이라는 공식이 적용되기 때문이다. 파란색 돌을 그대로 쓰기는 어려우니 파란색 유약을 이용해 도자기를 굽듯이 파란색 벽돌을 만드는 기술을 개발한 것이다.

인류학자들은 토기와 도기는 완전히 다른 수준으로 본다. 토기는 낮은 온도로도 만들 수 있는데, 도기를 굽기 위해서는 1,200도 이상의 온도를 만들 수 있는 가마가 있어야 하고, 그것은 상당한 기술력을 요하기 때문이다. 더 높은 온도는 기술의 발전을 의미한다. 용융점이 낮은 구리를 이용해서 청동기 문화가 발달했고, 기술이 더 발달해서 더 높은 온도의 풀무 불을 만들 수 있게 되자 용융점이 더 높은 철을 이용한 철기 문화가 만들어진 것과 같은 원리다. 고대의 기술력은 얼마나 높은 온도의 가마를 만들 수 있느냐에 달려 있었고, 그에 따라서 전쟁 무기와 건축 재료가 결정됐다. 21세기 기술력의 척도가 반도체 기술이라면, 기원전에는 높은 온도의 가마를 만드는 것이 기술력의 척도였다. 역청을 이용한 방수 재료와 도기로 구워서 만든 건축 재료 등 당대로서는 대단한 기술력들이 합쳐져서 '바벨탑'이라고 추정되는 바빌론의 지구라트가 만들어진 것이다. 신바빌로니아 왕국 기술력의 상징인 높은 온도의 풀무 불가마는 『구약 성경』 속 다니엘의 친구들 이야기에 등장한다. 당시 우상 숭배를 하지 않는 다니엘의 세 친구 사드락, 메삭, 아벳느고를 신바빌로니아 왕국의 왕 네부카드네자르 2세(성경 속 느부갓네살 왕)가 풀무 불에 던지는 장면이 나온다. 사람이 던져질 정도로 큰 풀무 불을 가지고 있었다는 것으로 미루어 보아 당시 신바빌로니아 왕국의 기술력과 세력을 짐작해 볼 수 있다. 요즘으로 치면 포항제철소를 가지고 있는 왕이라고 할 수 있겠다. 높은 온도의 풀무 불은 높은 금속 제련 기술을 말하는 것이고, 금속 제련 기술은 최첨단 전쟁 무기와도 직결된다. 풀무 불은 여러모로 권력의 상징이 된다.

지구라트 = 권력 제조기

지구라트는 '높이가 권력을 만든다'라는 원리가 적용된 최초의 건축물이다. 동서고금을 막론하고 권력자들은 높은 곳에서 아래를 내려다본다. 여러분이 만약에 아파트 10층에 살고 있다면 해가 지고 나서 아파트 뒷동을 바라봤을 때 9층 8층 7층의 불 켜진 거실

안을 훤히 들여다볼 수 있다. 그런데 7층 사람이 10층 집의 거실을 볼 수 있을까? 낮은 층에서는 높은 층의 사는 모습을 볼 수 없다. 이렇게 한 사람은 볼 수 있고 다른 한 사람은 볼 수 없다면 누가 권력을 가지게 될까? 답은 볼 수 있는 사람이다. 볼 수 있는 사람은 더 많은 정보를 갖게 된다. 정보의 차이는 권력을 만든다. 따라서 더 높은 층의 사람이 더 큰 권력을 가지는 효과가 생긴다. 그래서 아파트에서 가장 비싼 곳은 꼭대기 층인 펜트하우스다. 꼭대기 층인 펜트하우스에서는 자신을 드러내지 않고 모든 사람을 내려다볼 수 있기 때문이다. 높은 곳에 올라가는 것이 권력을 갖게 되는 또 다른 이유는 높이는 공간을 소유하게 해 주기 때문이다. 우리는 높이 올라갈수록 멀리까지 볼 수 있다. 지표면에 있을 때보다 10층 높이 정도의 건물 위에 올라가면 시각적으로 소유할 수 있는 공간이 훨씬 더 늘어난다. 우리는 이러한 경험을 등산할 때 느낄 수 있다. 높은 산에 올라가면 멀리까지 보게 되고, 더 많은 공간을 시각적으로 소유하게 된다. 권력에 대한 의지가 높을수록 높은 산 등반을 좋아한다고 볼 수도 있을 것이다. 자연에서 산은 높이와 권력을 보여 주는 좋은 사례다. 이렇듯 높은 곳에 위치할수록 권력을 가진다는 것을 건축에 적용한 첫 번째 사례가 지구라트다. 지구라트는 벽돌을 굽고 쌓아서 높은 계단을 만든 것으로, 한마디로 티그리스강 유프라테스강 하구 평야에 벽돌로 산을 만든 것이다. 그 계단의 꼭대기에 올라가면 높은 곳에서 아래를 내려다보고 멀리 바라보는 권력을 갖게 된다.

지구라트는 계단을 통해서 높이를 만들었고, 높이는 권력을 창출한다. 이 같은 건축 장치를 통해서 종교 권력이 강화되었다. 종교 지도자의 권력은 이미 동굴에서 벽화를 그리던 시절부터 시작되었다. 하지만 이때까지만 하더라도 따로 건축물을 인공적으로 만든 것이 아니라 자연이 만들어 준 천장과 벽에 그림을 그려서 미디어를 통해 공간을 재창조했을 뿐이었다. 이후 나타나는 '괴베클리 테페'에는 벽을 세움으로써 일반적 공간과 성스러운 공간을 나누는 '공간 분할' 기법을 터득했다. 평면상에서 벽을 통해서 공간을 구분하고, 구분을 통해서 권력을 만드는 법을 터득한 것이다. 이 기법은 지금까지도 유효하다. '자금성'의 황제는 가장 안쪽에 위치하고 있고, 그 공간을 겹겹이 벽으로 싸고 있다. 이렇게 함으로써 안쪽의 공간은 권력자의 공간이자 성스러운 공간이 된다. 비서실을 거쳐서 들어가는 회장실이나 클럽 문지기를 통과해야지만 들어갈 수 있는 클럽 공간도 마찬가지로 권력자의 공간이다. 그래서 우리가 클럽 문지기를 거쳐 통과할 때 으쓱하게 되는 것이다. '괴베클리 테페'가 벽을 이용해서 평면상에 권력을 만드는 방법을 개발한 이후 지구라트는 인공적으로 높이 차를 만들어서 높은 시점의 권력자 공간을 구축해 낸 것이다. 이제 종교 지도자는 건축물의 높이를 통해서 권력을 만드는 법을 갖게 되었다. 지구라트 계단 꼭대기에 있는 제단에 올라간 종교 지도자는 모든 사람을 내려다보고, 주변 사람들은 모두 종교 지도자를 올려다보게 된다.

높은 건축물인 지구라트는 또 다른 중요한 권력 창출 원리를 보여 준다. 바로 시선을 집중시키는 장치로서의 건축이다. 지구라트 꼭대기에 선 사람은 주변 낮은 곳에 있는 수천 명의 시선을 받게 된다. 내가 만든 공간과 권력의 제1원칙은 '사람의 시선이 모이는 곳에 위치한 사람이 권력을 가진다'이다. 특정한 날 지구라트 신전 꼭대기에는 제사장만 올라가게 된다. 꼭대기에 선 제사장을 그 주변 수천 명의 사람들이 올려다보게 된다. 이때 수천 명의 사람들 각각의 머릿속에는 제사장이라는 정보가 만들어진다. 제사장에 관한 수천 개의 정보가 만들어진 것이다. 반면 땅에 있는 일반인들은 자신들을 바라봐 주는 사람이 주변의 한두 명밖에 없다. 일반인의 정보는 한두 개다. 이로써 제사장과 일반인들은 정보의 양 차이가 천 배 이상 난다. 세상은 정보로 만들어져 있기에 정보량의 차이는 권력의 차이를 만든다. 제사장은 아래에 서 있는 일반인들보다 천 배나 더 많은 권력을 가지게 되는 것이다. 물론 이때 제사장은 자신이 보여 주고 싶은 모습만 보여 주기 때문에 권력이 생기기도 한다. 현대 사회에서 사람의 시선을 가장 많이 받는 직업은 대중 매체에 많이 나오는 연예인이나 유튜버들이다. 이들은 예쁘게 화장하거나 조명을 잘 받으면서 카메라로 멋있게 찍어 편집한 좋은 모습만 여러 사람에게 보여 주기 때문에 권력을 갖는 것이다. 카메라에 찍힌다고 다 권력이 주어지는 것은 아니다. 감시 카메라에 내가 원하지 않는 모습이 찍히는 것으로는 권력이 만들어지지 않는다. 오히려 감시당해서 내 권력을 빼앗기는 작용을 한다. 편집된 좋은 모습을 보일 때 권력이 생긴다. 카메라와 방송국이 없던 고대에 많은 사람에게 좋은 모습들을 보여 줄 수 있는 방법은 멋진 제사장의 옷을 차려입고 높은 지구라트 꼭대기에 올라가서 제사를 주관하는 것이다. 제사는 그 당시에 가장 중요한 행사였다. 높은 꼭대기에서 수천 명의 시선을 받게 해 주는 지구라트는 현대 사회의 TV나 유튜브 같은 기능을 한다. 지구라트 신전은 높이를 통해서 멀리까지 내려다보는 권력자의 시선을 만들었고, 동시에 꼭대기에 서 있는 제사장은 시선의 집중을 받아 일반인보다 천 배나 되는 권력을 가지게 되었다. 벽돌을 쌓아 올린 높은 건축물인 지구라트를 만듦으로써 이전에는 없던 권력을 창출해 낸 것이다. 이 건축물은 종교 지도자에게 권력을 제공하였고, 이는 그 사회를 통제하는 시스템이 되었다. 계단을 이용해서 높은 건물을 만든 것은 단순한 일처럼 보이지만, 실제로 그 건축물은 사회를 움직이는 권력 시스템이 된 것이다. 만약에 지구라트 신전이 없었다면 메소포타미아의 도시국가는 형성되거나 유지되지 못했을 것이다.

역사상 최고의 애처가

수메르 문명은 기원전 4000년~기원전 3500년경에 시작된 이후 여러 개의 도시국가가 번성과 멸망을 거듭하다가 기원전 2300년경에 아카드인 처음으로 메소포타미아를 통일했다. 이후 기원전 1750년경 함무라비 법전으로 유명한 함무라비 왕이 고대 메소포타미아 바빌론의 전성기를 가지고 왔다. 이후 기원전 1300년경에 히타이트 제국이 성장하고, 기원전 750년경에 아시리아 제국이 융성하다가 기원전 600년경에 네부카드네자르 2세가 바빌로니아 제국의 부흥을 이끌고 성경 속에 나오는 바벨탑으로 추측되는 지구라트를 건축했다. 이처럼 메소포타미아 지역은 3천 년 가까이 비교적 안정적으로 하나의 국가로 통치됐던 이집트와는 다르게 다양한 도시국가와 왕국이 명멸을 거듭했다. 아마도 그 이유는 위치 때문일 것이다. 메소포타미아는 왼쪽에는 이집트, 오른쪽에는 페르시아와 멀리 인더스 문명까지 있다. 그렇다 보니 메소포타미아에 위치한 국가는 좌우로부터 언제든지 침공당할 수 있는 운명에 처한다. 게다가 메소포타미아는 평지다. 너무나 쉽게 침공당할 수 있어서 하나의 국가를 오랫동안 유지하기 어려웠을 것이다. 반면에 이집트는 남쪽으로는 사하라 사막, 북쪽으로는 지중해, 서쪽으로는 강이 없어서 사람이 대규모로 살기 어려운 북아프리카 지역이다. 남쪽, 북쪽, 서쪽에 위협이 될 만한 국가가 만들어질 수 없다. 동쪽만 견제하면 되는데, 운 좋게 그쪽은 홍해로 대부분 막혀 있어서 수비가 쉽다. 나중에 로마 제국이 큰 배를 이용해 지중해를 건너 침공해 오기 전까지 이집트는 수천 년 동안 평온하게 나일강의 수혜를 받으면서 하나의 제국으로 유지될 수 있었던 것이다.

새롭게 부흥한 바빌로니아의 수도가 바빌론이었다. 바빌론의 위치는 현 이라크의 수도 바그다드에서 남쪽으로 약 85킬로미터 떨어진 곳이다. 바빌론에는 당시 최고층 건물이라고 할 수 있는 높이 90미터의 지구라트가 있었고, 중계 무역을 통해서 아시아와 유럽의 다양한 문명들이 모일 수 있었으며, 상업으로 큰 재력을 갖췄던 도시였다. 당시로서는 가장 큰 대도시로, 그야말로 기원전에 만들어진 뉴욕 맨해튼이라고 할 수 있다. 이런 바빌론은 고층 건축물 이외에도 하수도 시스템이 발달해 있었다. 땅을 파고 안에 하수도관을 묻었고, 그 하수도가 지하수에 누수되지 않도록 역청으로 완벽하게 방수해서 만들기도 하였다. 파리의 지하 하수도만큼 완벽한 네트워크가 갖추어진 것은 아니지만, 당시로서는 대단한 토목 건축 기술이 아닐 수 없다. 바빌론에는 지구라트 외에 또 하나의 유명한 건축물이 있다. 그것은 당시의 정복왕 네부카드네자르 2세가 자기 부인을 위해서 지은 '공중정원Hanging Gardens of Babylon'이다. 이 공중정원은 당시로서는 믿을 수 없는 수준의 기술력을 보여 준다. 우선 사막 한가운데에 위치한 고층 건물 각 층마다 테라스가 있고, 인공 폭포가 떨어지고, 테라스마다 세계 각지에서 가지고 온 꽃과 나무가 자라고 있었다고 한다. 이 모든 것이 사막 한가운데에서 만들어진 환경이니 놀라지 않을 수 없다. 당대 그리스 사람들은 이 공중정원을 '세계 7대 불가사의' 중 하나로 꼽을 정도였다. 이 같은 대단한 건축물을 만든 배경에는 복잡한 역사적 배경이 깔려 있다. 네부카드네자르 2세가 권력을 잡은 시기에는 북쪽의 아시리아 제국이 막강한 권력을 가지고 있었다. 당시의 정세는 이미 최고의 제국이었던 아시리아, 네부카드네자르 2세의 신바빌로니아 제국, 그리고 지금의 이란 위치에 있던 메디아 왕국의 삼파전이었다. 그런데 막강한 아시리아를 이기려면 신바빌로니아 제국은 메디아와의 동맹이 필요했다. 그래서 야심 많은 네부카드네자르 2세는 메디아 왕국의 공주인 아미티스와 결혼하였다. 그리고 메디아 왕국과 힘을 합쳐서 아시리아를 정복했다. 아미티스 공주와의 결혼은 신바빌로니아 제국을 유지하는 데 중요한 퍼즐이었다. 그런데 아미티스 공주가 태어나서 자라난 지방은 고산 지대로, 사계절이 뚜렷하고 강수량이 많고 나무가 많은 곳이었다. 그런 곳에 살던 사람이 사막으로 시집을 왔으니 결혼 생활에 만족했을 것 같지 않다. 그래서 네부카드네자르 2세는 부인을 위해서 엄청난 공중정원을 지은 것이다. 그냥 평지에 정원을 지어도 됐을 텐데 굳이 고층 건물로 만든 이유는 아미티스 왕비가 자란 지방이 산악 지형이어서 산처럼 보이게 하려고 그랬을 것이다. 기록을 보면 폭포가 있었다고 쓰여 있는데, 유프라테스강

네부카드네자르 2세가 아미티스 왕비를 위해 만든 공중정원('바빌론의 공중정원'이라고도 불린다) 상상도

의 물을 건물 꼭대기로 올리기 위해서 스크루 형식의 펌프를 사용했다고 한다. 회전력을 이용해서 물을 상층부로 올리는 것이다. 동물들이 축을 돌리면 물이 자동으로 위로 올려지고, 중력에 따라 폭포와 수로를 통해서 아래로 내려오는 방식으로 관개가 되어 있는 정원이었다. 아시리아와 신바빌로니아 등 중동의 국가들은 물이 부족한 건조 기후대에 있기 때문에 천국은 나무가 우거진 녹지에 열매가 많고 시냇물이 많은 곳이라는 이미지가 자리 잡고 있다. 이 같은 천국의 이미지가 훗날 로마를 비롯하여 여러 문화권에서 정원을 꾸밀 때 나무와 분수와 수로를 배치하는 배경이 되었다. 이 건축물이 대단한 것은 이러한 건축 기술적인 부분도 있지만, 메디아 왕국에서 식물을 가지고 왔다는 점이 더 대단하게 느껴진다. 지금도 강원도 산에서 나무를 캐내 트럭에 싣고 서울까지 운반하는 일은 힘들다. 조경 공사를 하다 보면 나무 가격보다 운송비가 더 드는 경우가 허다하다. 공중정원을 만들었던 당시에는 산에서 나무를 캐내서 동물이 끄는 수레에 실어 사막 기후대를 통과해야 했다. 나무가 말라 죽지 않게 중간중간에 물을 부어서 살려야 했을 것이다. 물이 귀한 광야를 관통해서 올 때는 사람들이 마실 물도 부족했을 텐데 식물과 수레를 끄는 동물이 마시는 물까지 공급해 가면서 옮긴 것이다. 얼마나 힘들었을지 상상도 되지 않는다. 그럼에도 불구하고 그 일을 성취해 냈다는 것은 당시 네부카드네자르 2세 왕의 능력이 얼마나 대단했는지 가늠해 볼 수 있다. 공중정원에 비하면 인도 무굴 제국의 황제 샤자한Shāh Jahān 이 사랑하는 부인을 위해서 만들었다는 '타지마할'은 오히려 쉬워 보인다. 역사상 최고의 애처가는 네부카드네자르 2세다. 하지만 우리도 만만치 않다. 21세기에 사는 이 시대의 부부들은 사랑하는 배우자와 자녀를 위한 보금자리를 마련하기 위해 집을 사고 대출금을 갚느라 고생하고 있다. 앞선 두 왕만큼의 대단한 건축물은 아니지만 사랑하는 이를 위해 건축물을 준비하는 것은 같다. '타지마할'은 아내의 죽음을 애도하며 22년 동안 지었다고 한다. 주택 대출금을 20년 이상 갚고 있으니 우리의 사랑도 얼추 비슷하다. 가정을 위해 희생하는 모든 부부는 네부카드네자르 2세나 샤자한 황제 못지않다.

전차가 만든 국가

국가의 규모를 완성하는 데 결정적인 영향을 미친 건축 외의 또다른 발명품은 전차戰車다. 현대 사회가 자동차, 냉장고, 엘리베이터에 의해서 완성되었다면, 4천 년 전 인류 역사에 지대한 영향을 끼친 발명은 전차였다. 최초의 전차는 기원전 2000년경 지금의 카자흐스탄 지역에서 발명되었다. 이후 4백 년 후인 기원전 1600년경에는 힉소스 왕조의 이집트에 전파되었고, 중국에는 기원전 1200년경에 전파되었다. 이전에는 발로 뛰면서 전쟁하던 것에서 말과 바퀴가 합쳐진 새로운 도구가 전쟁에 사용되며 속도 면에서 엄청난 변화를 가져왔다. 이는 마치 근대 세계 대전에 등장한 탱크와도 같은 파급력이었을 것이다. 인간은 전차로 전투력을 증폭시켜 정복지를 늘려 갔고, 그로 인해서 국가의 규모가 점점 더 커지게 되었다. 그렇게 국가의 영토가 넓어지면 농업 경제에 기반을 둔 국가 경제 규모가 커지고, 그로 인해 세금 징수금이 많아지고, 이는 곧 왕의 권력이 커지는 것을 의미한다. 그리고 그런 변화는 건축물의 규모에 반영된다. 이제 국가는 이전의 집단들은 상상도 할 수 없을 정도의 엄청난 건축 토목 공사를 할 수 있게 되었다. 그런 건축 토목 공사로 만들어진 공간 구조는 중앙 정부의 권력을 공고히 했고, 왕은 더 조직적으로 넓은 영토를 통치할 수 있게 되었다. 더 큰 국가는 더 큰 군대를 유지할 수 있었고, 다시 전쟁으로 영토 확장과 당시의 주요 노동력인 노예를 확보했다.

이렇게 '전차 — 영토 확장 — 농업 생산량 증대 — 세금 증대 — 대규모 건축물 — 중앙 집권 강화 — 거대한 군대 조직 — 영토 확장'으로 이어지는 선순환의 고리가 만들어졌다. 이 과정 중에서 몇 가지 중요한 기술적 도구들이 필요하다. 첫째, 농업 기술이다. 농업 경제가 되어야 소출을 저장할 수 있게 되어서 기본적 경제 시스템이 갖추어진다.

둘째, 문자 체계다. 문자가 있어야 지방까지 중앙의 이야기가 전달된다. 또한 법률이라는 공통의 시스템으로 사회가 통치될 수 있다. 함무라비 법전이 대표적인 사례다. 말이 아니라 문서로 기록됐을 때 규칙은 힘을 가진다. 말은 보이거나 증거가 될 수 없다. 하지만 기록되어 고칠 수 없는 문자는 증거나 근거가 될 수 있다. 그래서 성문법이 문명의 발달 척도에 중요한 기준점이 되는 것이다. 이 밖에도 문자의 가장 중요한 기능은 세금을 얼마나 징수했는지 기록할 수 있다는 데 있다. 최초의 문자인 메소포타미아의 쐐기 문자는 세금을 징수한 양을 기록하기 위해서 쓰인 장부 작성을 위한 문자였다. 당시 글을 쓸 줄 아는 '서기'라는 직업은 상당히 중요한 고위 관리였다. 문맹률이 높은 사회에서 서기의 사회적 지위는 높았다. 메리언 울프의 『푸르스트와 오징어』(이희수 옮김, 어크로스)라는 책을 보면, 당시 문자는 발음을 표기하는 표음문자가 아니었기에 서기가 되기 위해서는 수천 가지 경우를 배워야 하는 어려운 일이었다고 한다. 당시에 서기가 사용하던 문자는 최첨단 기술이나 마찬가지였던 것이다. 마치 지금 컴퓨터 프로그래밍 언어를 아는 것과 마찬가지였을 것이다. 지금도 가장 좋은 직업은 실리콘 밸리의 프로그래머인 것처럼 바빌로니아 시대에는 서기가 그런 직업이었다. 그래서 당시 유적 중에는 서기가 되기 위해서 자녀 교육에 열을 올리는 모습이 담긴 유적도 있다.

셋째, 전차를 만들 수 있어야 했다. 예나 지금이나 전쟁 무기는 집단 유지에 중요하다. 최근 들어 미·중 패권의 시대에서 미국이 첨단 반도체 기술이 중국으로 흘러 들어가는 것을 막는 가장 큰 이유는 반도체를 이용한 전쟁 무기 생산을 막기 위해서다. 미국은 1970년대 베트남 전쟁 때부터 미사일에 반도체를 도입하여 명중률을 높인 스마트 무기를 생산하기 시작했다. 크리스 밀러의 저서 『칩워, 누가 반도체 전쟁의 최후 승자가 될 것인가』(노정태 옮김, 부키)에 따르면 베트남 전쟁에서의 반도체 무기 개발이 몇 년만 더 빨랐어도 베트남 전쟁의 판도가 바뀌었을 것이라고 한다. 미국은 이때부터 시작된 반도체를 이용한 스마트 무기의 위력을 1991년 걸프 전쟁 때 유감없이 보여 주었고, 그때부터 본격적으로 미국 단극 체제의 팍스 아메리카나가 시작되었다. 수천 년 전의 최첨단 무기는 전차와 철기였으며, 이 무기는 국가 성장에 필수제였다.

마지막으로 국가를 만드는 데 필요한 기술은 건축 기술이다. 수메르, 이집트, 바빌로니아 같은 나라들은 이러한 건축 기술을 가지고 있던 집단이었다. 수메르는 지구라트를 지을 수 있었기에 도시국가로서 사람들을 결집할 수 있었다. 이들은 고밀화된 도시 구조를 가지고 있었기 때문에 상업이 발달할 수 있었다. 사람이 모여 살면 주변에 내 물건을 사 줄 사람이 많아진다. 자연스럽게 상인들은 돈을 벌고, 상업이 발달한다. 그래서 우르 같은 메소포타미아의 도시는 상업이 발달했다. 그 예로 메소포타미아에서 발견된 푸아비Puabi 여왕의 장신구에 청금석 '라피스 라줄리'가 사용된 것을 들 수 있다. 이 돌은 그 당시 아프가니스탄에서만 나왔는데, 메소포타미아에서 아프가니스탄까지는 약 2천 킬로미터나 떨어져 있었다. 그런 먼 곳에서 물건을 수입할 수 있었다는 것은 전문적인 무역상이 있었다는 증거다. 메소포타미아 문명은 그 정도로 상업이 발달한 도시 문화가 있는 곳이었다. 고도의 상업 발달이 가능할 수 있었던 것은 고밀화된 도시를 만들 수 있어서고, 고밀화된 도시가 가능했던 것은 높은 계단을 가진 지구라트라는 건축물을 중심으로 높이 차이를 통한 권력의 위계를 만들 수 있었기 때문이다. 메소포타미아 문명은 높이 차를 통한 공간 권력 시스템을 창조해 내서 국가를 만들 수 있었다.

06 피라미드:
제국을 만든 건축

농업이 만든 계급 사회와 무덤 건축

종교를 통해서 권력을 잡은 초기 사회 지도자는 자신의 권력을 공고히 하기 위해 건축물을 이용해 왔다. 작게는 고인돌부터 크게는 피라미드가 있다. 고인돌과 피라미드의 공통점은 둘 다 무덤 건축이라는 점이다. 또 다른 공통점은 한 사람을 위한 무덤이라는 점이다. 이는 한 사람을 위한 거대한 건축물이 만들어질 정도로 한 사람에게 권력이 집중되기 시작했다는 것을 의미한다. 이는 또한 사회에 계급이 만들어졌다는 것을 의미한다. 이런 변화는 식량을 구하는 방식이 변했기 때문이다. 인류는 수렵 채집에서 농업으로 식량 조달 방법이 바뀌었는데, 수렵 채집과 농업의 가장 큰 차이점은 수렵 채집에서 얻은 식량은 그때그때 소비해야 하지만, 농업으로 얻은 소출은 저장이 가능하다는 점이다. 수렵 채집 사회에서는 계속해서 이동해야 하고, 사냥한 고기나 채집한 과일은 시간이 지나면 썩어서 오랫동안 보관하기 어렵다. 이런 식량은 일정 시간 내에 소비해야 한다. 그렇다 보니 사람들은 부를 축적하기 어려웠다. 하지만 밀이나 쌀 같은 곡식은 저장이 가능했고, 그렇게 부의 불평등이 시작되었다. 누군가는 많이 소유하고 저장하는 이 같은 부의 불균형은 가속화되어 사회 계급이 공고해졌다. 그런 상태에서 전체 경제 규모가 커질수록 사회 계급 피라미드의 맨 위와 맨 아래의 차이는 점점 커지게 된다. 이때 어마어마한 경제력을 가진 권력자들은 건축물을 통해서 자신의 권력을 강화한다. 기원전 4000년~기원전 3500년경 메소포타미아 문명의 우루크나 기원전 2500년경 중국에서 만들어진 고대 유적을 보면 장식물이 유별나게 많은 무덤이 있다. 무덤 백 개 중 한 개가 큰데, 그 크기가 압도적이다. 그리고 그 무덤은 남자의 것이다. 이것으로 미루어 보아 큰 무덤을 만들 정도로 권력을 가진 백 명 정도 되는 집단의 우두머리가 있었고, 그 우두머리는 남자였다는 것을 알 수 있다. 평범한 무덤과 가장 거대한 무덤의 차이를 보면 당시 신분의 차이 혹은 부의 불균형 등을 추측해 볼 수 있다. 그런 면에서 엄청난 규모의 피라미드 무덤을 건축했던 이집트 사회는 당대 어느 사회보다도 빈부 격차가 심했다고 할 수 있다.

에너지와 계급

이언 모리스는 그의 책 『가치관의 탄생』(이재경 옮김, 반니)에서 사회 계급이 발생하는 이유를 에너지와 연관시켜 설명하기도 한다. 그에 의하면 농업 사회에서 계급이 형성된 이유는 에너지가 부족해서다. 화석 연료가 없는 사회에서 1인당 1만 킬로칼로리 이상 에너지를 획득할 유일한 방법은 정치적·경제적 불평등을 수용하는 것이라는 게 그의 주장이다. 이 학설에 따르면, 반대로 에너지 획득량이 늘어나면 평등한 사회를 요구하게 된다. 17세기에 한 사람이 하루에 획득하는 에너지 양이 3만 킬로칼로리를 크게 초과하면서 당시 사람들이 정치 경제적 위계의 평등을 요구하기 시작했다고 한다. 에너지 획득이 발전하면서 단위 면적당 살 수 있는 인구의 수도 증가했다. 이언 모리스는 그리스 아테네에서 1제곱킬로미터당 1백 명이 살았다면, 화석 연료가 발전한 지금 방글라데시에서는 1제곱 킬로미터당 1천 명이 살고, 홍콩에서는 6천 명이 살고 있다고 말한다. 농업 경제 구조를 가진 사회에서 인류가 만들 수 있는 최대 규모의 도시는 100만 명이다. 지금처럼 에너지를 화석 연료에서 얻고, 산업화된 사회에서는 수용 가능한 도시 인구수가 폭증한다. 1900년 런던 인구는 약 650만 명이고, 2014년 도쿄 인구는 약 3800만 명이나 된다. 정확하지는 않지만, 크레머Kremer에 따르면 3800만 명이라는 숫자는 대략 기원전 1500년경에 살았던 전 세계 인구와 같은 숫자다. 기원전 1500년경 전 지구에 흩어져서 살던 인류가 지금은 한 도시에 모여 살고 있는 셈이다. 우리가 만든 도시라는 환경이 일반적인 자연환경과는 얼마나 다른 세상이고 다른 환경인지 이 숫자가 말해 주고 있다. 이런 변화의 시작은 농업에서 비롯되었다. 농업 경제가 자리를 잡자 문명들이 발생했고, 동시에 계급 사회가 형성되었다.

피라미드가 대단한 이유

고대 문명을 상징하는 대표적인 건축물은 기원전 2500년경에
지어진 피라미드다. 현존하는 피라미드 중 가장 높은 것은 이집
트 기자Giza의 사막 고원에 있는 쿠푸 왕의 피라미드(대피라미드)
로, 높이가 147미터에 달한다. 원래는 높이 147미터로 지어진 것
으로 추정되지만, 꼭대기 부분이 10미터가량 파손돼 현재 높이
는 137미터다. 한 층 높이가 3미터 정도인 아파트 건물을 기준으
로 보면 49층 정도 높이가 된다. 건축물 지구라트의 경우 현존하
는 최대 크기가 우르에 있는 것으로, 높이가 30미터 정도다. 높이
만으로도 5배 가까이 차이 나니까 부피로는 그보다 훨씬 큰 차이
가 나는 것이다. 위치에너지를 구하는 공식에 대입해서 두 건축물
을 짓는 데 얼마나 많은 에너지가 필요한가 계산해 보았다. 그 결
과 피라미드가 지구라트보다 160배 정도 짓기 어려운 것으로 나
온다. 자세한 내용이 궁금하신 분은 『어디서 살 것인가』 6장 '파라
오와 진시황제가 싸우면 누가 이길까'를 참고하시면 된다. 여기서
간단히 내용을 소개하자면, 피라미드나 지구라트나 고인돌 같은
건축물을 짓는다는 것은 무거운 돌을 쌓는 일이다. 무거운 돌을
높은 곳까지 올리려면 힘을 써야 한다. 등산할 때 힘든 것을 생각
해 보면 된다. 중력을 거슬러서 올라가야 하기 때문에 힘든 것이

다. 여기서 잠시 중학교 과학 시간에 배운 '에너지 보존의 법칙'을 기억해 보자. 댐을 만들면 물이 차올라서 높은 곳에 물이 모이게 된다. 높은 곳에 있는 물은 위치에너지가 많아진다. 위치에너지는 '질량 × 중력 가속도 9.8 × 높이'로 계산된다. 물체가 무겁고 높이 가 높을수록 위치에너지가 커진다. 댐이 수문을 열어서 물이 떨어 지면 높이는 낮아진다. 위치에너지가 낮아지는 것이다. 높이는 낮 아지는 대신 떨어질수록 속도가 빨라진다. 속도가 빨라지면 운동 에너지가 커진다. 운동에너지 구하는 공식은 '2분의 1 × 질량 × 속 도의 제곱'이다. 따라서 잃어버린 위치에너지만큼 운동에너지가 커진다. 이것이 에너지 보존의 법칙이다.

권력자들이 돈과 권력을 써서 높이 쌓아 올린 돌은 물리학적으로 위치에너지를 갖게 된다. 여기에 '에너지 보존의 법칙'을 적용하 면, 이때 만들어진 위치에너지는 건축물을 지을 때 소비된 노동력 인 운동에너지와 같게 된다. 따라서 한 건축물의 위치에너지를 구 하면 같은 값인 운동에너지를 알 수 있고, 그렇게 되면 그 건축물 을 지은 권력자의 힘을 상대적으로 비교 측정할 수 있게 된다. 그 렇게 해서 계산해 본 값이 지구라트와 피라미드는 160배 정도 차 이 나는 것으로 나타났다. 그 차이는 그 건축물을 만든 집단의 규 모가 차이 나서다. 반대로 보면 그 건축물 규모의 차이만큼 그 건 축물이 유지해 주는 집단의 규모도 차이가 난다. 그래서 나는 지구라트는 도시국가를 만드는 건축물이고, 피라미드는 제국을 만드는 건축물이라고 말한다. 이집트의 역사는 고왕국, 중왕국, 신왕국으로 크게 세 개 단계로 나누어진다. 피라미드는 이 세 왕국 중에서도 가장 오래된 고왕국 시기에 건축된 건물이다. 이집트는 약 3천 년이라는 어마어마한 기간 동안 유지되었는데, 역사상 가장 오랫동안 유지된 국가라고 할 수 있다. 그럴 수 있었던 것은 지금 봐도 엄청난 존재감을 가진 피라미드 같은 건축물이 구심점이었기 때문이다. 피라미드는 규모 면에서도 대단하지만, 대단한 이유가 하나 더 있다. 바로 건축 재료의 특별함이다.

나는 건축물을 통해서 만든 사람의 권력을 측정하는 두 가지 방법을 만들었다. 그중 하나가 앞서 간략하게 설명한 위치에너지를 구하는 방식이다. 두 번째 방법은 건축물을 지을 때 사용한 재료의 기본 단위 크기를 보는 것이다. 기본 단위가 클수록 권력자의 건물이다. 지구라트와 피라미드의 재료를 비교해 보자. 지구라트는 벽돌로 지어진 건축물이다. 반면에 피라미드는 사람 몸집보다 훨씬 큰 돌덩어리로 지어졌다. 가장 큰 기자의 피라미드는 가로 230미터 세로 230미터 높이 147미터다. 이 피라미드는 230만 개의 돌덩이를 쌓아서 만들었는데, 돌 하나의 무게는 2.5톤이나 된다. 지구라트는 벽돌로 지어졌고, 피라미드는 2.5톤짜리 돌로 지어졌다. 이것이 무엇을 이야기할까? 벽돌은 한 사람이 수십 장씩 등에 지고 올라가서 쌓으면 되고, 올라갈 때 계단을 사용하면 된다. 하지만 2.5톤짜리 돌은 수십 명이 힘을 합쳐서 올려야 하고, 계단으로는 올리지 못하기에 거대한 경사 램프를 통해서 밀어 올려야 한다. 계단을 만드는 것보다 경사 램프를 만드는 것이 더 큰 면적과 더 큰 토목 공사를 수반한다. 게다가 피라미드를 만든 돌들은 거의 비슷한 모양의 규격에 맞춰져 있다. 이 말은 같은 규격의 돌을 만들기 위해서 고대 이집트인들은 더 큰 돌을 옮겨야 했을 뿐 아니라 규격에 맞게 돌을 잘라 내는 작업을 했다는 것을 뜻한다. 잘라 내는 과정에 더 많은 재료와 노동력이 들어간다. 그만큼 규격화된 큰 돌로 만드는 것이 벽돌로 짓는 것보다 더 많은 비용과 노동력이 들어가는 일이다.

우리는 고대 로마의 건축물이 대단하다고 이야기한다. 하지만 로마의 '콜로세움' 같은 건축물은 많은 부분이 벽돌로 지어졌다. 그래서 피라미드는 짓는 데 20년이 걸렸지만, '콜로세움'은 8년 만에 완공할 수 있었다. 건축 재료상의 난이도만 본다면 벽돌을 사용한 '콜로세움'이나 지구라트가 피라미드보다 상대적으로 짓기 수월한 건축물이다. 혹자는 같은 규모라면 벽돌로 짓는 게 더 효과적인 기술이 아닌가 의문을 가질 수도 있다. 당장의 건축 기간만 보면 그렇게 생각할 수도 있다. 하지만 건축물이 유지되는 연수를 고려하면 답은 달라진다. 과학자들은 정보를 오랜 시간 지나도 다음 세대까지 안정적으로 전수할 수 있는 가장 좋은 방법은 '돌'이라고 말한다. 우리는 지금 대부분의 정보를 반도체 메모리 칩에 저장한다. 빠르고 공간을 적게 차지해서 효과적이지만, 이 방법으로는 정보를 백 년 넘게 유지 보존하기 어렵다. 반도체보다는 종이에 프린트된 책을 만들 때 정보는 수백 년 동안 보존된다. 그리고 돌에 새기면 수만 년이 지나도 유지된다. 1만여 년 전에 만들어진 '괴베클리 테페'나 약 4천5백 년 전에 건축한 피라미드를 지금도 볼 수 있는 것을 보면 시간을 뛰어넘어서 정보를 전달하는 데 최고의 방식은 돌을 이용해서 만드는 것이다. 그 이유는 안정성에 있다. 반도체보다는 나무를 이용해서 만든 종이가 더 안정적이고, 종이보다는 돌이 변하지 않고 안정적이다. 반도체나 종이는 인간이 만든 재료지만, 돌은 자연이 만든 재료이기 때문이다. 인간의 노력을 많이 들여서 만든 재료일수록 상태가 불안정하다. 반도체를 만드는 기술은 엄청난 가공 과정과 노력이 들어간다. 그만큼 상태가 불안정하다. 종이는 반도체보다는 쉽게 만든다. 그만큼 조금 더 안정적이다. 돌을 만들 때 인간이 하는 일은 거의 없다. 그만큼 상태가 안정적이다. 그런 면에서 인간이 만든 재료인 벽돌보다 돌 건축 자재가 더 안정적이다. 유적을 보아도 벽돌로 만들어진 지구라트 신전은 많이 소실돼 없어졌다. 지금 남아 있는 지구라트도 상층부는 풍화 작용에 절반 가까이 사라지고 없다. 하지만 돌로 만들어진 피라미드는 표면을 싸고 있던 돌만 사라졌을 뿐 대부분 건재하다. 그러니 돌로 건축하는 것이 더 힘들지만, 정보를 유지하는 데는 가장 효과적이다.

나일강 범람과 피라미드 위치

우리가 여기서 또 하나 관심 있게 봐야 하는 부분은 피라미드가 건축된 위치다. 피라미드의 위치는 정확하게 나일강이 범람했을 때 물가에 위치하고 있다. 그 이유는 무엇일까? 원래 건축 재료는 주변에서 구할 수 있는 재료를 사용한다. 메소포타미아의 지구라트는 주위에 돌산이 없어서 주변에서 흔히 구할 수 있는 진흙을 이용해서 벽돌을 구워 건축 재료로 사용했다. 피라미드의 경우에는 나일강 상류에 있는 돌산에서 채석한 석회암과 화강암을 주재료로 사용하였다. 특히나 최종 마감재는 흰색 돌로, 아주 멀리 있는 채석장에서 가져왔다. 따라서 채석장에서 잘라 낸 돌을 나일강 상류 채석장에서 나일강 하류에 위치한 도시까지 옮기는 데 나일강을 이용했을 것이다. 돌은 무겁기 때문에 배에 실으면 배가 가라앉으면서 낮아진다. 물이 얕으면 배의 바닥이 강바닥에 닿게 된다. 따라서 수위가 올라간 범람 시기에만 운반이 가능했다. 따라서 돌은 일 년 내내 채석장에서 잘라 냈겠지만, 운반은 유속이 빠르고 수심이 깊은 나일강이 범람한 시기에만 했고 따라서 피라미드의 위치는 나일강이 범람했을 때 물가에서 가까운 곳에 위치하고 있다. 선착장에서 멀리 갈수록 공사는 난공사가 되기 때문이다.

1902년 영국인이 나일강의 홍수 조절과 농업용수 확보를 위해서 나일강 상류에 아스완 댐을 완성했다. 그리고 1960년 구소련의 기술 원조로 1971년 지금의 현대식 댐인 아스완 하이 댐이 완공되었다. 그렇게 아스완 하이 댐이 완성되고 나일강의 범람이 멈췄다. 문제는 사하라 사막에서 오는 바람에는 소금기가 많은데, 이 소금기를 씻어 주는 것이 나일강 범람이었다. 아스완 하이 댐이 완공되고 범람이 없어지자 토양의 소금기를 씻어 주지 못하게 되었고, 이집트의 농업은 쇠퇴했다. 지금은 화학 비료를 많이 써야 농사를 지을 수 있는 지경에 이르렀다. 메소포타미아 농업도 과거 기록을 보면 밀 한 알에 80배의 소출이 날 정도로 풍요로웠는데, 티그리스강과 유프라테스강의 흐름이 바뀌게 되면서 밀의 소출이 급감했다. 강물의 흐름이 부족해지면서 토양에 소금기가 점점 많아지는 문제가 생긴 것이다. 밀은 소금기에 약한 품종이라서 밀이 더 이상 재배되지 못했고, 대신 보리로 품종을 변경하게 되었다. 그리고 이때부터 경제가 붕괴되기 시작했다. 어느 시대건 기후 변화는 문명의 붕괴를 초래한다.

피라미드와 닭튀김

피라미드는 항상 미스터리의 상징이다. 외계인이 만들었다는 이야기까지 나올 정도다. 그 정도로 현대 기술로도 이해하기 어려운 부분들이 있다. 현재 대부분의 건축 비밀은 풀렸는데, 아직도 이

해 못 하는 부분이 있다. 그것은 피라미드의 꼭대기 부분에 올라
간 피라미드 모양의 뚜껑이다. 이 돌은 다른 돌보다도 훨씬 크다.
우리가 피라미드를 보면 꼭대기가 뾰족하게 보인다. 그 이유는 그
뾰족한 부분이 피라미드를 구성하는 직육면체 모양의 모듈화된
크기의 돌이 아니라 피라미드 모양으로 조각된 한 덩어리의 거대
한 돌을 썼기 때문이다. 역사학자들의 의문점은 과연 이 돌을 어
떻게 꼭대기까지 올렸느냐는 것이다. 피라미드를 건축할 때 사용
한 돌은 경사로를 만들어서 밀어 올려졌다. 이때 이 경사로의 배
치는 직선이 아니라 피라미드 네모를 따라 돌면서 올라가는 형태
였다. 백 미터가 넘는 피라미드 꼭대기까지 직선의 경사로를 만들
려면 그 길이가 수 킬로미터가 되어야 한다. 이는 배보다 배꼽이
더 커지는 문제가 생긴다. 그런데 피라미드의 네모진 평면의 변을
따라 돌아가면서 경사로를 만들면 밑에 만든 피라미드를 경사로
의 하부 구조로 사용할 수 있어서 경사로를 만드는 비용을 획기
적으로 줄일 수 있다. 그런데 문제는 위로 올라갈수록 평면도상의
네모 크기가 줄어든다는 점이다. 평면의 크기가 줄어드니 변의 길
이도 줄어든다. 따라서 네모 평면을 램프가 한 바퀴 돌아도 한 층
을 올라갈 수 없는 문제가 생긴다. 게다가 피라미드 꼭대기 돌은
가장 크다. 피라미드 공사 비밀의 난제는 꼭대기 부분 마지막 수
십 미터를 과연 어떻게 돌을 올려서 지었을까 하는 점이다.

기자의 사막 고원에 있는 피라미드

『그림으로 보는 피라미드 건축의 이해』 저자이자 피라미드 연구가인 최종훈 씨(페이스북 ID, hunichoipyramid)의 가설에 의하면, 피라미드를 건축할 때 최종 수십 미터를 남겨 놓고는 피라미드가 위로 올라가면서도 좁아지지 않고 거의 수직으로 올라갔을 것이라고 예상한다. 그렇게 해서 최종 높이까지 돌을 쌓은 다음에 평평한 지붕 가운데에 커다랗고 뾰족한 피라미드 모양의 꼭대기 돌을 놓은 다음 나머지 수직으로 쌓았던 돌을 지금의 피라미드 모양으로 잘라 냈을 거라고 추리한다. 그는 이 가설의 근거로 왕의 피라미드 근처에 지어진 왕비나 왕자의 피라미드를 든다. 왕비의 피라미드는 왕의 피라미드와는 달리 같은 크기의 규격화된 돌이 아닌, 불규칙한 형태의 돌을 쌓아서 건축됐다. 최종훈 씨는 왕비 피라미드의 이 불규칙한 모양의 돌들이 왕의 피라미드 상층부에서 잘라 낸 돌일 거라고 설명한다. 상당히 설득력이 있는 이야기다. 앞선 벽돌과 돌 재료의 이야기와 이 왕비의 피라미드 이야기를 통해 두 가지 원리를 알 수 있다. 첫째, 최고 권력자는 거대한 크기의 건축 재료를 사용하고 그보다 낮은 권력자는 작은 단위로 쪼개진 건축 재료를 사용한다. 둘째, 권력자는 모든 건축 재료의 모양이 동일하게 규격화된 재료를 사용하고, 그보다 낮은 권력자는 규격 없이 다양한 크기의 재료를 이용한다는 점이다. 이 두 가지 원리는 요리 문화에서도 보인다.

나는 몇 년 전 TV 예능 때문에 미국 테네시주 멤피스에 다녀왔다. 그곳에서 원조 프라이드치킨을 보기 위해서였다. 미시시피강 중류 강가에 있는 멤피스는 이름부터 특이하다. 멤피스는 이집트의 수도 카이로 남단에 있는 도시의 이름이다. 왜 미국 한복판에 있는 도시 이름에 이집트 도시의 이름을 따왔을까? 미시시피강은 나일강처럼 남북으로 흐르는 거대한 강이다. 실제로 미시시피강은 세계에서 네 번째로 긴 강으로 나일강, 아마존강, 양쯔강 다음으로 긴 강이다. 아마존강과 양쯔강은 동서로 흐르는 강이지만, 미시시피강은 나일강처럼 여러 기후대에 걸쳐서 남북으로 흐르는 강이다. 그런 공통점 때문인지 미시시피강 강가의 도시에 이집트 문명의 부활을 꿈꾸며 멤피스라는 이집트 도시의 이름을 붙였다. 실제로 미시시피강 강가에 거대한 현대식 피라미드 건축물이 서 있기도 하다.

멤피스 지역의 흑인들에게는 프라이드치킨 윙이 소울푸드로 통한다. 그리고 특이하게도 아침부터 프라이드치킨 윙을 먹는 풍습이 있다. 노예 해방 이전 흑인들은 백인 주인을 위해 부엌에서 요리를 했다. 그런데 백인들은 닭 날개는 먹지 않아서 버렸다. 쓰레기통에 버려진 닭 날개를 주워다가 버려진 돼지비계를 이용해서 만든 돼지기름에 튀겨 먹은 것이 프라이드치킨 윙의 시작이다. 당시에는 냉장고가 없어서 음식을 상하지 않게 하는 가장 좋은 방법이 튀기는 것이었다. 전날 주인집에서 버린 식재료를 바로 다음

날 아침에 튀겨서 먹은 것이다. 그러다 보니 흑인 노예들은 아침부터 프라이드치킨을 먹었다. 이렇게 단백질과 지방을 섭취할 방법이 거의 없었던 흑인 노예들이 먹던 프라이드치킨 윙이 소울푸드가 된 것이다. 백인 주인이 버린 닭 날개로 흑인들이 프라이드치킨을 만들어 먹은 것은 마치 파라오 피라미드의 공사 현장에서 버려진 돌을 가지고 죽은 왕비와 왕자의 피라미드를 지은 것과 같은 원리다.

멤피스는 프라이드치킨 말고도 바비큐가 유명하다. 내가 머물던 시기에 바비큐 경연대회 축제가 있어서 가 보았다. 미국의 평균 흑인 인구 비율은 14퍼센트인데 멤피스의 흑인 인구 비율은 40퍼센트 이상이다. 멤피스는 미국에서 인구 대비 흑인이 가장 많은 도시다. 그런데 이상하게도 바비큐 축제에서는 흑인을 거의 찾아볼 수 없었다. 심지어 동양인이나 중동 지역 사람들도 없었다. 99퍼센트가 백인으로 구성된 축제였다. 무서운 생각이 들 정도로 인종의 다양성이 없었다. 바비큐는 미국에서 백인만의 문화였기 때문이다. 미국의 바비큐는 보통 돼지를 잡아서 소스를 바르고 요리한다. 돼지는 비쌌기에 한 마리를 통째로 요리하는 것은 백인 주인집에서나 가능한 일이다. 노예들은 닭 날개 조각 같은 걸 먹어야했다. 음식 문화를 재료의 크기와 조리 시간으로 그래프를 만들어서 분석해 보자. X축은 식재료의 크기, Y축은 요리 시간이다. X축의 제일 왼쪽은 가장 작은 닭 날개부터 시작해서 오른쪽으로 갈수록 닭, 칠면조, 돼지, 소까지 점점 커진다. 요리 시간을 나타내는 Y축의 맨 아래는 10분부터 위로는 10시간까지 있다. 프라이드치킨 윙은 그래프 내에서 가장 왼쪽 아래에 위치한다. 가장 작은 단위의 식재료고, 가장 빨리 요리해 먹을 수 있다. 노예들은 음식을 만드는 데 많은 시간을 쓸 수 없다. 이들은 일하러 가기 전이나 힘들게 노동하고 집에 와서 피곤에 지친 몸으로 빨리 요리해서 먹고 자야 했다. 튀김은 가장 빠르고 손쉬운 요리법이었을 것이다. 반면에 바비큐는 은근한 불에 열 시간가량 걸려서 천천히 요리하는 음식이다. 소스를 만드는 데도 시간과 비법이 필요하다. 앞서 언급한 것처럼 돼지를 잡으려면 닭이나 칠면조보다 돈도 더 든다. 치킨 윙이 벽돌이라면 돼지 바비큐는 피라미드의 큰 돌덩어리다. 피라미드는 그만큼 거대한 경제력이 뒷받침되지 않으면 지어질 수 없었던 건축물이다. 요리와 건축은 완전히 다른 분야지만, 그 안에 숨겨진 사회적 원칙은 동일하다. 둘 다 인간이 하는 일이기 때문이다.

농한기 경기 부양책

피라미드를 지을 수 있었다는 것은 여러 가지를 시사한다. 파라오는 피라미드를 건설하는 노동자를 위해서 작은 도시를 건설하여 살게 했고, 노동자들에게 당대 왕족들이 받았던 수준의 의료 서비스를 제공하면서 일을 시켰다. 어떤 역사학자는 이러한 피라미드 건축은 이집트인들이 농한기 때 노동자들이 먹고살 수 있는 일자리를 창출하기 위한 일종의 뉴딜 정책이었다고 해석하기도 한다. 이 이론은 일리가 있어 보인다. 앞서 피라미드 건축에 사용한 돌은 나일강이 범람하는 시기에 옮겼다고 말했다. 나일강이 범람한 시기는 농사를 지을 수 없는 시기였다. 그러니 놀고 있는 사람들에게 일자리를 주기 위해 피라미드 건축을 했다는 이야기는 타당해 보인다.

건축 재료의 원산지를 보면 그것을 건축한 집단의 영토를 파악할 수 있다. 피라미드는 나일강 상류에 위치한 채석장에서 돌을 떼어다가 하구에 있는 도시에 건축했다. 이것은 당시 이집트 파라오 정부의 통치력이 나일강 상류부터 하류까지 미쳤고, 나일강 전체가 물류 시스템으로 작동되었다는 것을 의미한다. 결론적으로 이집트 사회는 피라미드 같은 거대한 프로젝트를 수행할 수 있는 정도의 경제력과 사회 통제력이 있었다는 말이다. 혹은 그 반대로 이러한 피라미드 프로젝트를 수행하면서 거대한 이집트 제국이 굴러가는 시스템이 만들어졌다고 볼 수도 있다. 주변 국가는 피라미드 같은 거대한 건축물을 바라보면서 이집트에 대한 경외심과 두려움을 느끼게 되고 복종하게 된다. 그만큼 이집트 제국은 불필요한 도전과 전쟁을 피하고 삼천 년 가까이 유지되었다. 이것이

고인돌을 비롯한 거석 건축물들이 갖는 사회 유지 기능이다. 같은 이유에서 중국 진시황제는 '만리장성'을 건축했고, 미국은 '엠파이어 스테이트 빌딩'을 건축한 것이다. 피라미드는 이집트가 제국이었기에 만들 수 있었고, 동시에 피라미드는 그 제국을 유지시킨 건축물이다.

모세의 성막에서
솔로몬 성전으로

농업이 만든 신화들

2024년 전체 인류의 종교 인구 통계를 보면 전 세계 인구 81억여 명 중 72억 명이 종교를 가지고 있으며, 이 중에서 기독교 약 26억, 이슬람교 약 20억, 힌두교 약 11억, 불교 약 5억으로 구성되어 있다. 지금도 종교인의 비율은 상당히 높지만, 과학이 발달하기 전에는 모든 인류가 종교를 가지고 있었다고 보아도 무방하다. 과학이 없던 시절에는 종교가 세상의 이치를 설명하는 유일한 방식이었기 때문이다. 그렇기 때문에 인간과 건축을 이해하는 데 있어서 종교는 빠질 수 없는 중요한 열쇠다. 그런데 문화권과 상관없이 공통적으로 나오는 키워드가 있다. 바로 '창조와 흙'이다. 중국 신화에 나오는 여신 여와女媧는 진흙으로 인간을 빚어서 생명을 불어넣고 우주의 질서를 잡았다. 『구약 성경』 「창세기」의 창조주 여호와도 흙으로 사람을 빚어서 만들었다. 수메르의 인간 창조 신화를 보면 지혜와 주법의 신이자 창조의 신 엔키Enki는 지하수의 여신 남무에게 진흙에 신의 피를 섞어 신들의 노역을 대신할 사람을 만들라고 알려 주었다. 진나라의 진시황도 사후에 자신의 무덤을 지키게 하려고 병사와 말의 실물 크기 모형을 흙으로 빚어 만들었다. 흙을 빚어서 토기 등을 만들었던 시대의 사람들에게 흙은 창조의 재료로 생각됐을 것이다. 흙을 일궈 농사지으면서 생명의 열매를 얻었던 사람들에게는 흙에서 생명이 탄생한다고 믿는 종교가 만들어지는 것이 어찌 보면 당연한 생각의 흐름인 것 같다.

이러한 종교에도 변화의 흐름이 있다. 큰 흐름에서 보면 다신교에서 유일신 사상으로 변화되는 것이다. 인류 초기에는 모든 생명체와 불, 바람, 폭풍, 계절, 바위 같은 자연 현상과 무생물에도 생명과 정령이 있다고 믿는 애니미즘이나 특정 동물이나 식물을 신성시하여 집단의 상징으로 삼고 숭배하는 토테미즘 같은 다신교가 일반적인 흐름이었다. 그러다가 농업 이후 인간 집단이 너무 커지게 되었다. 자연스럽게 여러 지역의 토템 신앙과 애니미즘 신앙들이 혼재되었을 것이다. 집단을 하나의 조직으로 만들려면 믿는 것이 같아야 한다. 유발 하라리가 말하는 '공통의 이야기'가 있어야 집단은 하나가 된다. 그런데 문명 초기에 농업이 시작되면서 흩어졌던 사람들이 모이고 집단이 갑자기 커지자 '믿는 이야기'가 너무 다양해졌다. 문제는 종교가 다양해지면 각 종교마다 권력자들이 생겨나고 종교 권력 체계에 혼선이 생겨난다는 것이다. 그리고 이는 곧 정치의 혼란을 의미한다. 그 문제를 해결하기 위해서 신을 통합하는 작업이 필요했다. 이집트에도 이 같은 문제가 있었다. 그래서 이집트는 다신교에 의해서 종교 권력이 난립하는 것을 방지하기 위해 태양신을 섬기기 시작했다. 물론 이 과정이 순조롭게 진행되지는 않았다. 기원전 1379년경부터 기원전 1362년경까지 이집트를 통치했던 파라오 아크나톤(아멘호테프 4세)이 기존 종교 세력을 개혁하려 했다. 여러 개의 신으로 나누어진 다신교를 태양신 아톤Aton으로 통합하려는 움직임이었다. 상상해 보라. 호루스, 오시리스, 이시스 같은 여러 신이 있으면 각 신과 관련된 제사장과 그 식솔들이 먹고살 수 있다. 그런데 하나의 신으로 통합하면 제사장은 한 명만 필요해진다. 이는 마치 전두환 정권 시절에 몇 개의 언론사만 남겨 놓고 나머지는 문을 닫게 한 '언론 통폐합' 정책이나 대학에서 비인기 학과 폐지와 비슷한 일이라 할 수 있다. 이런 통폐합은 엄청난 저항을 만든다. 아크나톤은 유일신인 태양신 아톤의 대리인으로서 정통성을 가진다고 선포했다. 하지만 기존 종교계의 엄청난 반발을 사서 쿠데타의 역풍을 맞았고, 유일신 사상의 원조인 아크나톤은 물러나게 된다.

중동 지역에는 또 다른 중요한 종교가 만들어지는데, 불을 숭배한다는 조로아스터교다. 이 종교는 대략 기원전 1800년에서 기원전 660년 사이에 만들어졌다고 한다. 조로아스터교는 흔히 알려진 것처럼 불을 섬기는 종교가 아니다. 조로아스터 교리를 엄밀하게 말하면 유일신인 '지혜의 주님(아후라 마즈다Ahura Mazda)'을 섬기고, 불은 지혜의 주님의 영원성에 대한 신성한 상징일 뿐이다. 조로아스터(자라투스트라)는 이후 페르시아 사산 왕조의 국교가 되었다. 조로아스터교에는 사후 3일이 지난 후에 심판대로 가 천국과 지옥으로 나누어진다는 개념, 천주교의 연옥과 비슷한 '하밍스타간' 개념이 있는 것이 특징이다. 이 밖에도 종교학자 리처드 홀러웨이의 『세계 종교의 역사』(이용주 옮김, 소소의책)에 의하면 파라다이스에서의 행복과 지옥에서의 고통, 개인의 부활 역시 조로아스터교에서 처음 발생했고, 이러한 개념은 이후 페르시아에서 유배 생활을 하던 유대인들에게 영향을 주었을 가능성이 있다고 해석한다. 조로아스터교는 하나밖에 없는 신 아후라 마즈다를 믿는 유일신교다. 하지만 종교계에서 유일신 사상의 시작은 아브라함으로 보는 시각이 지배적이다. 아브라함은 기원전 2000년~기원전 1800년경 메소포타미아의 고대 도시 우르에서 태어난 사람이다. 그는 유대교, 기독교, 이슬람교의 시조로 여겨진다. 그의 아버지는 우상들을 조각해서 만들어 파는 사람이었는데, 아브라함은 아버지의 이런 조각상 사업에 불만이 많았다. 결국 그는 우르를 떠나서 광야로 들어가 유목 생활을 한다. 더불어 여호와 유일신을 섬기는 종교를 믿기 시작한다. 이집트의 파라오 아크나톤이 하려고 했던 종교개혁을 아브라함이 이룬 것이다. 그것이 가능했던 것은 아브라함이 광야를 떠도는 방랑자였기 때문이다. 요즘으로 치면 대기업이 못하는 일을 차고의 벤처기업이 한 것이다. 퍼스널 컴퓨터(PC)는 기술적으로 보면 IBM에서 나왔어야 했지만, 차고 창업을 한 애플에서 나온 것과 마찬가지다. 혁신은 주로 소장파에서 나온다. 기득 세력 내에서는 변화에 대한 저항 때문에 혁신적인 변화가 쉽지 않다.

흥미로운 것은 고대 알타미라 동굴의 동물 숭배부터 이집트의 다신교와 유대교의 유일신까지 이어지면서 나타나는 특징은 결국 종교적 개념들은 그들의 현재 사회를 투영하고 있다는 점이다. 고대 수렵 채집 시대는 사회에 계급이 존재하지 않았던 시절이고, 인간의 힘도 그렇게 세지 못했다. 그럴 때 숭배의 대상은 소 같은 힘이 센 동물이었다. 그래서 라스코 동굴 벽화에는 소가 많이 그려져 있다. 그러다가 농경 사회가 되고 잉여 작물이 생겨나면서 부의 축적이 가능해졌고, 그로 인해서 사회 계급이 나오게 되었다. 이때는 다신교로 신의 관계가 정립되어 가는 시대였다. 여러 지역에서 사람들이 모이다 보니 다양한 신들이 한 사회에서 공존할 수밖에 없었을 것이다. 수레와 문자가 발명되면서 그 계급 체제는 더욱 체계화되었고, 왕이 있는 국가도 만들어졌다. 그리고 시간이 지나서 목동 한 명이 양의 무리를 이끄는 유목 민족 생활을 하는 이스라엘 민족이 유일신 개념을 완성하여 자리 잡게 되었다. 보이지 않는 신의 영역을 상상할 때도 결국 인간은 자기 경험을 뛰어넘기 어렵고, 자신들이 경험하는 사회의 구조와 스토리가 투영될 수밖에 없다. 사회가 진화하면서 새로운 구성이 나오게 되면 눈에 보이지 않는 세상을 이해하는 생각의 틀도 바뀌게 된다. 사회가 복잡하게 발전할수록 지역마다 다른 사회가 만들어지고 그것에 맞게 다른 종교로 변화, 발전해 온 것이다.

선사 시대 고대 종교에서 역사 시대의 종교로 넘어오면서 보이는 가장 큰 흐름은 다신교에서 유일신으로 점점 신의 개수가 줄어들고 '인격화'된다는 특징을 찾을 수 있다. 물론 극동아시아에서는 '도道' 개념의 종교가 있기도 하지만, 전반적으로 신은 인격화되었고 그 권위를 이어받은 지상계의 사람이 왕이 되는 구도가 사회를 지배하는 개념이 되었다. 집단의 크기가 크지 않은 원시 사회에서는 작고 다양한 부족들이 다양한 동물이나 신들의 개념을 만들고 섬겼지만, 이들이 큰 조직이 되어 가면서 점차 하나로 통합되어 갔고 유일신 사상으로 정립되어 갔다. 종교의 통폐합 과정이라고 할 수 있다. 그 과정에서 종교 권력자 집단과 정치 권력자 집단 간의 투쟁이 있기도 했다. 하지만 대세는 농업으로 사회 집단의 규모가 커지게 되었고, 종교의 복잡성을 정리하는 과정에서 신의 숫자가 줄어들고 인격화되면서 정치 지도자인 왕과 연결되었다. 이 과정에서 종교 지도자는 정치 지도자와 협력하는 시스템으로 구축되어 왔다.

종교와 정치의 분리

앞서 생명 진화의 혁명은 세포 간의 '분업'에서 나온다고 이야기했다. 기능을 나눠 가진 다른 개체가 협업해서 공생할 수 있는 시스템을 만들 때 번성한다는 것은 인류 역사와 생명체 진화 과정에 모두 해당한다. 전 지구상에서 개체 수가 가장 많은 동물은 81억여 명의 인간이나 200억 마리의 닭이 아닌, 곤충이다. 미국 스미스소니언 연구소에 따르면 전 세계 곤충의 개체 수는 1000경京에 달한다고 한다. 경은 조兆의 만 배니까 상상이 안 되는 숫자다. 곤충이 그렇게 많은 개체 수를 가질 수 있었던 것은 식물과의 분업과 연합 덕분이다. 벌을 예로 들어 보자. 벌은 꽃의 꿀을 얻는 과정에서 꽃가루를 옮겨서 꽃의 수정을 돕는다. 벌은 꿀을 얻고, 꽃은 수정을 하게 된다. '윈윈win win'하는 관계다. 최재천 교수에 따르면 이런 식의 공생을 통해서 지구상에서 개체 수가 가장 많은 동물은 곤충이 되었고, 지구상에서 가장 많은 무게를 가지는 생물종은 식물이 되었다고 한다. 인류사에서 집단의 크기가 커지면서 분업과 연합이 나타나는 대표적인 사례는 종교 권력과 정치권력 사이에서 나타나는 협업이다. 그리고 그 과정에서 건축은 두 권력을 중재하는 꽃과 비슷한 매개체 역할을 했다. 언뜻 불필요해 보이는 화려한 꽃이 실제로는 공생에 기능적으로 필요한 것처럼, 화려한 신전 건축물도 정치와 종교 간 공생에 필요한 매개체였다.

최초의 원시 사회는 종교 지도자가 정치권력도 가졌다. 그러다가 농업으로 집단의 규모가 점점 커지게 되었고, 온갖 다양한 종교들이 모여들면서 갈등이 생겨났다. 이들을 통합하는 과정에서 인격체를 가진 유일신 개념이 등장한다. 그리고 대체로 왕은 그러한 유일신에게서 물려받은 권위가 인정된다. 이집트의 유명한 왕인 람세스 2세의 '람세스'는 태양신 라의 아들이라는 뜻이다. 이렇듯 종교는 왕에게 권위의 정당성을 부여해 준다. 그러면 왕은 종교 지도자에게 무엇을 보상해 줄까? 정치 지도자인 왕은 종교 지도자의 권위를 세워 주기 위해서 '신전'을 지어 준다. 과거에 '괴베클리 테페'나 고인돌을 짓던 시대에는 거대한 건축물이 종교 건축물밖에 없었다. 이를 통해서 당시에는 종교 지도자와 정치 지도자가 하나로 통합된 시대였음을 알 수 있다. 만약에 정치 지도자가 큰 세력이었다면 왕궁이 커다란 유적으로 남아 있었을 것이다. 우리나라 단군 신화에 나오는 고조선을 세운 단군왕검의 단어 구성을 보자. 단군은 제사장을 뜻하는 말이고, 왕검은 정치 지도자를 뜻하는 말이다. 한 사람에게 단군왕검이라는 칭호를 준 것은 종교 권력과 정치권력이 아직 하나라는 것을 의미한다. 이로 보아 고조선은 종교 지도자와 정치 지도자가 하나로 통합된 사회다. 이러한 모습이 일반적인 고대 문명의 모습이다. 그런데 이집트나 바빌로니아 왕국 같은 시대를 보면 신전이나 지구라트 같은 거대한 종교적인 건축물이 있으면서 동시에 공중정원, 피라미드 같은 거대한 왕실 건축물이 나타난다. 이는 중요한 차이다. 고대 이집트나 바빌로니아 왕국 시대에는 종교 권력자와 정치 권력자가 권한을 서로 인정해 주는 시스템이 구축되었음을 보여 준다. 왕은 종교 권력자에게 신전을 지어 주고, 그렇게 받은 권위를 가지고 종교 지도자는 왕이 인격체를 가진 신의 후계자라고 인증해 주어서 왕에게 권력의 정통성을 부여해 준다. 마치 곤충과 식물이 협업하듯이 이들 국가에서는 종교와 정치 사이의 협력 시스템이 완성되었다. 이때 건축은 두 권력 체계를 공생할 수 있게 해 주는 매개체로서 역할을 충실하게 한 것이다. 이러한 집단 사회의 진화와 건축물의 관계를 잘 보여 주는 것이 『구약 성경』 모세, 다윗, 솔로몬의 이야기에서 잘 드러난다. 이 성경 이야기 속에는 이스라엘이라는 표본 집단을 통해서 한 가족에서 국가까지 집단이 변화하는 모습이 잘 묘사되어 있다. 이를 통해서 인류 사회 진화의 모습을 추리해 보자.

모세 출생의 비밀

『구약 성경』은 아브라함이라는 중동의 한 가장의 가족 이야기가 주를 이룬다. 아브라함은 이삭을 낳았고, 이삭은 야곱을 낳았다. 야곱의 아들 중 요셉이라는 인물이 있는데, 이복형제들의 시기를 받아서 이집트에 노예로 팔려 가게 된다. 노예 생활을 하던 요셉은 꿈 해몽을 통해 극적으로 이집트 제국의 국무총리가 된다. 그가 이집트 제2의 권력자가 되었을 때 중동 지역에 극심한 가뭄이 들었고, 곡식을 구할 수 없었던 야곱 일가는 운명적으로 만난 요셉의 도움으로 모두 이집트로 이사하게 된다. 여기까지가 「창세기」의 해피엔딩 드라마다. 그런데 다음 장인 「출애굽기」에 들어가면 갑자기 이야기가 반전된다. 야곱의 가족이 이집트로 이사 가고 난 후 4백 년 정도 지난 다음에 이스라엘의 자손들은 모두 이집트의 노예가 되었다. 이상하지 않은가? 유대인 요셉이 권력을 가졌었고, 이스라엘 민족은 좋은 땅에서 기거할 수 있게 되었는데 어떻게 이런 반전이 있었던 걸까? 사람들은 그 이유가 4백 년이라는 기간 중에 이집트 왕조에 정권 교체가 있었기 때문이라고 설명한다. 성경에 나오는 이야기는 정확하게 이집트 역사에서 어느 부분인지 검증되지 못했고, 그 내용도 어디까지가 사실이고 어느 정도가 과장된 이야기인지에 대한 의견이 분분하다. 하지만 성경 속 요셉과 모세 사이의 4백 년 동안 이집트에서 큰 정치적 변동이 있었던 것은 사실이다.

존 드레인의 저서 『성경의 탄생』(서희연 옮김, 옥당)을 보면 힉소스 왕조에 대해서 다음과 같이 서술하고 있다. 아메넴하트왕 Amenemhat은 이집트 동쪽 변방에 요새를 건설하여 반유목민의 침입을 막았다. 그런데 기원전 1650년에서 기원전 1500년 사이에 시리아, 팔레스타인, 메소포타미아 지역에서 도시의 퇴보가 진행되면서 반유목민의 수가 증가하였다. 그런 상황에서 중동 지역 민족인 셈족(힉소스족)이 이집트에 대거 유입되는 사태가 발생하였다. 이들 셈족은 이집트 북동 지역 국경 근처 아바리스Avaris에 수도를 건설했고, 이집트 15대 16대 왕조를 형성하게 되었다. 셈족은 관개 시설을 확충하였고, 전차를 도입하기도 했다고 존 드레인은 말한다. 기원전 1650년~기원전 1540년경 힉소스인들이 이집트를 지배하던 이 시기가 요셉 이야기의 배경이라고 볼 수 있다. 이미 이집트의 왕조 자체가 외지인들이 와서 세운 것이다 보니 셈족인 이방인 파라오는 또 다른 셈족 이방인인 유대인 요셉을 등용하는 데 아무런 문제가 없었던 것이다. 그러다가 테베의 아흐모세에 의해서 다시 전통 이집트 민족이 정권을 잡게 되었다. 힉소스인들이 이집트인들에 의해서 몰려난 후에 힉소스인들과 결탁했던 이스라엘인들은 노예로 전락하게 된 것이다. 그래서 탄압받았던 이스라엘 민족은 이집트를 떠나기로 한 것이 성경「출애굽기」의 배경이라고 볼 수 있는데, 이때 등장한 인물이 '모세'다. 성경에 기록된 모세의 일생은 우리나라 아침 드라마의 단골 소재인 출생의 비밀 이야기 같고, 인생 스토리도 드라마틱하다. 『구약 성경』에 의하면 이집트의 파라오는 이스라엘 민족의 인구가 늘어나는 것을 우려하여 아들이 태어나면 모두 죽이라고 명령을 내렸다. 모세의 엄마는 아들인 모세를 바구니에 넣어서 나일강에 띄워 보냈고, 그 바구니를 주운 이집트 공주가 모세를 키우게 되었다. 모세는 이후 40년 정도를 이집트의 왕자로 살게 되었다. 그런데 이스라엘 동족을 위해서 살인을 저지르고 광야로 도망가 그곳에서 결혼해 장인어른의 양을 치면서 40년을 보내게 된다. 모세는 인생의 전반 40년 동안은 생물학적으로는 이스라엘 민족이지만 이집트식 교육을 받고 이집트식 종교를 체험했으며, 농업 경제 이집트 국가의 왕자로 살면서 각종 국가 통치 시스템과 건축을 경험했고, 이후 40년은 광야에서 유목 생활을 하며 떠돌이로 살았다. 그는 문화적 경제적으로 농업 문화와 유목 문화가 혼합된 인물이다.

이집트 신전과 모세의 성막

『구약 성경』「출애굽기」를 보면 모세가 이스라엘 민족을 이끌고 광야로 나온 다음 처음으로 한 일은 시내산으로 향한 것이다. 성경에는 모세가 시내산에서 여호와로부터 십계명을 받고 내려온 것으로 나온다. 시내산은 영험한 산으로 평가되는 곳이다. 이집트인들은 나일강 서안 평지에 산 모양으로 피라미드를 건축했다. 피라미드는 인공의 산이다. 이때 피라미드의 질량감과 존재감 자체가 권력의 상징이 된다. 왜냐하면 피라미드를 건축하는 데 필요한 돌의 운반, 제작, 축조는 엄청난 돈과 노력이 들어가는 일이기 때문이다. 피라미드를 만드는 것은 아무나 할 수 없는 일이고, 그것은 곧 파라오 권력의 상징이자 파라오가 대변하는 태양신의 상징이 된다. 태양신의 권위는 피라미드에 의해서 만들어진다고 봐야 한다. 그런데 광야에 나온 모세에게는 자신을 이끌어 준 여호와를 상징할 지구라트나 피라미드 같은 높은 건축물이 없었다. 자신의 말에 권위를 실어 줄 높은 건축물이 없었던 모세는 이스라엘 민족을 데리고 시내산으로 갔다. 모세가 올라간 시내산의 위치에 대해서는 두 군데를 놓고 의견이 분분하지만, 공통적으로 광야에 있는 돌산이라는 데는 이견이 없다. 피라미드같이 돌로 만든 높은 건축물을 만들 수 없었던 모세와 이스라엘인들은 성스러운 권위를 돌산에서 찾았던 것이다. 모세는 하나님을 만나기 위해서 혼자 시내산을 올라갔다. 메소포타미아에서는 높은 지구라트를 만들고 그 꼭대기에 신들이 사는 신전을 지어 놓고, 그 신전에는 신을 독대해서 만날 수 있는 제사장만 올라갔었다. 그렇게 올라갈 높은 지구라트가 없으니 신을 만나는 예식을 위해서 모세는 백성은 산 아래에 두고 혼자 높은 시내산에 올라간 것이다. 그리고 그는 그곳에서 십계명을 받는다. 십계명은 여러 가지 의미에서 특별하게 평가될 수 있다. 문화인류학자들은 집단의 규모가 커지면 성문법이 생겨난다고 말한다. 『구약 성경』에 따르면 십계명이 만들어진 출애굽 시기의 이스라엘은 남자 장정만 60만 명 규모였다고 한다. 그러니 전체 인구는 상당했을 것이다. 이 숫자가 과장되었다 하더라도 엄청나게 많은 수의 사람이었을 것이다. 이집트에서 살 때는 이집트의 사법 체계와 법률 체계가 이 인구의 조직을 유지했지만, 이집트에서 나온 다음에는 아무런 법이 없는 무정부 상태가 된다. 그래서 이스라엘 자체의 성문법 체계인 십계명이 무엇보다 먼저 필요했을 것이다. 그리고 그 성문법이 권위를 가지려면 종교적인 후광이 필요하다. 모세는 이를 위해서 '성스러운 건축 공간' 대행인 시내산에 올라간 것이다. 십계명은 함무라비 법전에 비해서 길이가 짧고 단순하다. 10개의 조항만 있으니 누구나 외울 수 있는 정도의 분량이다. 이는 인구수로는 농업 국가 규모지만, 삶의 양식은 이동하는 유목 사회였던 당시 이스라엘 민족이 외우고 실행하기 쉬운 성문법이었다.

모세가 40일간 시내산에 올라가서 십계명을 완성하는 동안 산 아래에서 일어난 사건이 '금송아지' 사건이다. 모세가 없는 사이 이스라엘 민족은 자신들을 인도할 신을 만들어 달라고 모세의 형 아론에게 요구한다. 왜냐하면 이들이 이집트에서 살 때 경험한 신은 항상 조각상이나 그림으로 형상화했기 때문이다. 이때 사람들은 자신들의 귀금속을 모아서 금으로 송아지 형태의 조각상을 만든다. 그리고 시내산에서 내려와 그 모습을 본 모세는 엄청나게 화를 낸다. 얼마나 화가 났는지 십계명 돌판을 던져서 깨뜨린다. 송아지 조각상과 십계명의 대결이라고 할 수 있는 이 사건은 이스라엘의 정체성을 보여 준다. 우선 이집트에서 나온 지 얼마 안 된 이스라엘 민족이 송아지를 만든 것은 자연스러운 일이다. 이집트에 들어갈 때는 70명이던 야곱 일가가 4백여 년 만에 대규모 집단이 되었다. 국가 규모의 인구가 정착해서 산다는 것은 농업 경제가 기반이 되지 않고서는 불가능한 일이다. 4백 년 동안 이스라엘 민족의 산업 구조는 유목에서 농업으로 전환된 것이다. 성경에 묘사된 것 중에 당시 이스라엘 민족이 광야 생활에서 불평하던 것 중 하나가 '부뚜막' 옆에서 '부추'를 먹지 못해서 기운이 없다는 것이었다. 왜 뜬금없이 부추였을까? 생각해 보면 그들의 식생활이 농업에 기반을 두었음을 엿볼 수 있다. 유목민은 부추를 먹지 않는다. 그들은 염소젖이나 고기가 주식이다. 보통 이민을 가면 3대째 가서야 비로소 식성이 그 지역 음식을 먹는 것으로 바뀐다고 한다. 부추가 없다고 불평하는 것만 보아도 당시 이스라엘 사람들이 농업 생활양식에 젖어 있었음을 알 수 있다. 부뚜막은 아궁이에 솥을 걸어놓는 곳의 주변 언저리를 말한다. 부뚜막 옆에서 먹던 시절이 그립다는 이야기는 다른 말로 부엌 시설이 있는 집에 정착해서 사는 삶이 그립다는 의미다. 4백 년간 이스라엘은 유목 사회에서 농업경제 사회로 생활 양식이 완전히 바뀐 것이다.

조각상 vs 텍스트

소를 숭배하는 사상은 인류 초기 구석기 문화 때부터 나타난다. 라스코 동굴에 그려진 그림의 주인공은 소다. 양정무 미술사 교수에 의하면 구석기 시대 사람들이 왜 소를 그렸는지 알아보려면 아직도 그들과 비슷하게 생활하는 아프리카의 부시먼에게 물어보는 것이 가장 좋은 방법이라고 말한다. 부시먼들도 소를 벽화로 그리는데, 소를 사냥해서가 아니라 기우제를 한 다음에 소를 그린다는 것이다. 소는 일종의 기원의 상징적 형태로 그려졌던 것이다. 이처럼 문명의 초창기였던 수렵 채집 시기부터 소는 항상 영험한 대상으로 투사되던 존재였다. 현재 튀르키예 아나톨리아고원에 위치한 차탈회위크에도 예배당 건물에 황소가 그려져 있다. 농업에 접어들어서 소는 더욱 영적인 대상으로 자리를 잡게 된 것이다.

농업에서 소출이 급작스럽게 늘어난 시점은 농사에 소를 이용하면서부터다. 수렵 채집 시기에 영험한 대상으로만 생각하던 소를 농사에 이용해 땅을 갈면서 소출이 급증하게 되었다. 소출이 급증하면 누군가는 식량을 저장하고, 재화를 저장한 세력은 권력을 갖게 된다. 그래서 기존의 부족보다 더 강력한 중앙 권력이 형성되고, 그 권력 체계는 '국가'를 만들게 된다. 이집트는 이러한 과정을 누구보다 먼저 경험한 국가다. 그래서 농업 국가에서도 수렵 채집 시기와 마찬가지로 소를 숭배한다. 소를 숭배하는 대표적인 문화는 인도에 있다. 문화인류학자들은 인도의 힌두교가 소를 숭배하는 실질적인 이유를 다음과 같이 설명한다. 보통 제사는 동물을 제물로 삼는데, 소를 잡아서 제사에 사용하면 농사에 쓸 소가 없어져 농업 소출이 줄어들게 된다. 그러면 민생이 힘들어지기 때문에 이를 방지하기 위해 소를 숭배의 대상으로 만들어서 도살을 금

영적인 대상으로 그린 라스코 동굴의 소 그림(위)과 소를 이용해 농사하는 모습을 그린 이집트 벽화

지했다는 것이다. 농업과 소 숭배는 그렇게 연결된다. 이집트에서는 특정한 외모의 소를 태양신의 현신으로 숭배해, 죽으면 미이라를 만들어 주기도 할 정도로 숭배하였다. 이스라엘 민족은 그런 이집트에서 4백 년간 살았기에 이스라엘 민족이 우상을 만들 때 당연히 소를 형상으로 만들려 했을 것이다. 우상은 흔하면 안 되고 만들기 어려워야 한다. 그러니 만드는 재료는 귀금속이면서도 용융점이 낮은 금을 이용해서 소를 만들었다. 그러나 이집트에서 노예 생활을 하던 이스라엘 민족이 금을 다 모아 봐야 큰 소는 만들 수가 없었을 것이고 작은 송아지 정도의 크기나 가능했을 것이다. 그래서 '금 소'가 아니라 '금송아지'가 만들어진 것이다.

금송아지 반대편에 위치한 것이 돌에 새긴 모세의 십계명이다. 십계명은 글이다. 이를 모세가 만들었다는 것이 특별하다. 모세는 이집트에서 생활하면서 문자 교육을 받았다. 그는 문맹이 아니었다. 문자로 만들어진 법을 통해서 이스라엘을 법치 국가로 만들려고 했던 모세의 이상을 엿볼 수 있다. 그리고 이러한 문자 중심의 종교성은 계속 이동하던 전통적인 이스라엘 유목 민족의 종교와도 잘 맞는다. 이동하는 유목 민족은 건축물이나 거대한 조각상을 들고 다닐 수 없다. 그래서 이스라엘의 종교 신앙은 눈에 보이는 건축물이나 조각상보다는 약속에 근거한다. 유대교는 여호와 하나님이 가나안 땅을 아브라함의 후손에게 주겠다는 말로 한 약속에 근거한다. 또한 아브라함의 신앙은 자손을 하늘의 별만큼 많이 만들어 주겠다는 하나님의 약속에 근거한다. 그런 구전의 약속이 글을 쓸 줄 아는 모세를 만나면서 '문자'화 된다. 그것이 십계명과 모세 5경이다. 모세 5경은 『구약 성경』 제일 앞의 다섯 권의 책 「창세기」, 「출애굽기」, 「레위기」, 「민수기」, 「신명기」를 말한다. 유대교의 근간을 이루는 초기 역사와 제사법과 규례 등이 기록된 글로, 모세가 썼다고 전해진다. 반면 이 책이 훗날 바빌론의 포로로 잡혀 있던 시기에 만들어진 책이라고 보는 역사학자들도 있다. 둘 중 어느 이야기가 맞든 이스라엘 민족이 씨족 사회에서 거대한 민족 집단으로 진화하는 과정에서 말로 만들어진 약속의 종교가 글로 적힌 경전의 종교로 바뀌게 되었다는 점이 중요하다. 십계명을 만든 의미는 이스라엘 민족이 대규모가 되면서 성병 방지와 자의적으로 하는 보복성 폭력을 방지하기 위한 법치 체계 구축에 있다. 모세의 금송아지 사건의 의미는 '농업 종교 vs 유목 종교', '조각상 vs 글'의 대결이라고 할 수 있다. 당시 광야를 떠돌던 이스라엘 민족은 이집트에서 습득한 농업 종교와 조각, 건축의 종교에서 탈피하여 이스라엘 고유의 유목 종교와 글의 종교로 옮겨 가는 과정 중에 있었다고 할 수 있다. 하지만 이들 역시 가나안 땅에 정착하게 되면서는 다시 농업 경제와 건축을 중요시하는 종교로 돌아가는 것을 볼 수 있다. 그 과정을 건축의 변화 과정을 통해서 차근차근 살펴보자.

텐트에서 건축물로

모세가 이스라엘을 통치하기 시작한 시기에 십계명 외에 구축한 또 하나의 큰 사회 시스템은 '성막'의 도입이다. 당시의 원시 종교는 대부분 동물의 희생을 통해서 복을 비는 제사 중심의 행위였다. 아브라함을 중심으로 하는 이스라엘도 마찬가지였다. 그리고 그런 제사를 드리는 곳이 성스러운 곳이 된다. 계속 이동하던 유목 사회 시절에 야곱은 벧엘이라는 곳에서 잠잘 때 베개로 쓰던 돌 하나에 기름을 붓고 하나님을 만난 곳이라는 표시를 하기도 했다. 건축물을 만들 수 없으니 돌덩어리 하나로 신전 건축을 대신한 것이다. 유목 사회에서는 어쩔 수 없는 선택이었다. 거대한 집단인 이스라엘 민족을 이끄는 모세는 새로운 건축적 발명을 한다. 바로 모세의 성막이다. 모세의 성막은 텐트로 세 겹의 벽을 만든 것이라고 보면 된다. 우선 직사각형 평면 주변으로 천으로 만든 높은 울타리를 만든다. 인류 최초의 건축물이라고 할 수 있는 '괴베클리 테페'도 벽을 세워서 그 안을 성스러운 구분된 공간을 만든 것이었다. 모세가 한 방식도 동일하게 벽을 세워서 성스러운 공간을 만들었다. 대신 계속해서 이동해야 했기에 돌로 만든 벽 대신 천으로 만든 벽을 이용한 것이다. 천막을 이용해서 만들면 이동할 때 접었다가 한곳에 잠시 정착하면 다시 건축하는 식으로 설치와 철거를 반복할 수 있기 때문이다. 직사각형의 울타리로 만든 안뜰은 구분이 된 성스러운 공간이지만, 일반 백성도 들

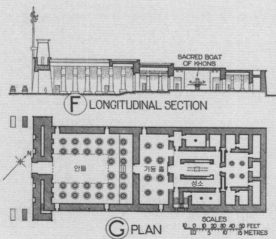

F LONGITUDINAL SECTION

SACRED BOAT
OF KHONS

N

안뜰

기둥 홀

성소

G PLAN

SCALES
10 0 10 20 30 40 50 FEET
10 5 10 15 METRES

이집트 콘스 신전과 평면도

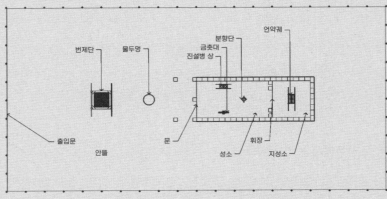

모세 성막과 평면도

어갈 수 있다. 그리고 울타리 안에는 또 다른 직사각형의 공간이 나오는데, 이번에는 지붕까지 있는 네모진 텐트를 만들었다. 이곳이 '성소'다. 텐트의 실내 공간인 성소는 제사장만 들어갈 수 있는 공간이다. 그리고 그 성소 안에는 천으로 된 벽을 하나 치고 그 안쪽을 '지성소'라고 불렀다. 그곳은 여호와 하나님이 기거하는 공간으로, 1년에 한 번 대제사장만 들어갈 수 있는 곳이다. 영화 〈인디아나 존스〉 1편에 나오는 성궤인 언약궤가 그 안에 안치되어 있다. 그 언약궤 안에는 십계명 돌판과 꽃이 핀 아론의 지팡이와 하늘에서 내려온 '만나'라는 양식이 들어 있다. 한마디로 성스러움의 끝판왕이다. 그것을 안치시키는 곳이 지성소다. 이처럼 최외곽의 울타리부터 시작해 성소와 지성소로 연속해서 점점 더 성스러운 공간으로 들어가는 공간 구조는 사실 이집트 신전의 공간 구조와 동일하다. 모세의 성막은 이집트 신전 건축을 재료만 돌에서 천막으로 바꾸어서 좀 작게 만든 것이라고 보면 된다. 이집트 왕자로 40년을 교육받은 사람이 광야에서 구할 수 있는 재료로 디자인한 건축물이라고 생각하면 당연한 결과다.

유목 사회에서 농업 사회로

이집트에서 탈출한 초기에 모세는 이스라엘 민족의 40년간 광야 생활을 이끈다. 이후에 가나안 땅으로 진입하게 되면서 이스라엘은 사회적으로 전환기를 맞이하게 된다. 모세는 태어난 후 첫 40년 동안은 이집트의 농경 사회에서 성장했고, 이후 40년 동안은 광야의 유목 사회에서 성장한 사람으로서 두 사회를 잘 이해할 수 있는 준비된 사람이다. 그랬기에 모세는 이스라엘 민족이 국가로 자리 잡기 이전에 광야에서 이스라엘을 관리하기 위한 혼합적인 통치 체계를 구축한 성공적인 지도자였다. 천막으로 만든 성전과 십계명이 그가 만든 대표적인 통치 시스템이다. 이후에 이스라엘 민족이 가나안 땅에 들어가게 되면 이번에는 유목 사회에서 농업 사회로의 전환이 이루어져야 한다. 이 시기에 민족 지도자는 모세의 오른팔이었던 여호수아 장군이다. 이 시기는 전쟁을 통해서 농업을 위한 영토를 확보하는 시기였다. 하나님이 아브라함에게 주겠다고 약속한 것은 대의명분이었고, 실제로는 전쟁으로 그곳에 사는 토착민을 죽이고 정복해야 하는 일이 남아 있었다. 이스라엘이 가나안 땅에 들어갈 때 가장 큰 적은 기존의 정착민인 블레셋 사람들이었다. 블레셋 사람들은 머리카락이 자라면 큰 힘을 쓴다는 삼손 이야기에도 많이 등장한다. 이 블레셋인들은 이미 농경 사회를 오랫동안 유지해 오던 사람들이었다. 농경 사회와 유목 사회의 가장 큰 차이점은 도구의 사용이다. 유목에 비해서 농업은 많은 기구가 필요하다. 쟁기며 호미며 각종 농기구는 쇠로 만들어야 한다. 당시 블레셋인들은 이미 철기를 사용하고 있었다. 그러니 농기구조차 없던 이스라엘 민족은 싸움 상대가 안 되었다. 농업 경제에 기반을 둔 블레셋 사람들은 정착민들이니 건축물도 많이 지었고, 우상도 만들어서 그 공간을 장식할 수 있었다. 이스라엘 민족의 영웅인 삼손 이야기의 마지막 장면은 삼손이 블레셋인들의 신전 기둥을 쓰러뜨려서 신전을 무너뜨리고 그 과정에서 많은 블레셋인들을 죽였다는 것이다. 이로 미루어 보아 블레셋인들은 이미 사회 구성원이 많이 모일 수 있는 큰 건축물도 만들었다는 것을 알 수 있다. 이 말은 브레셋 사회는 그러한 건축물을 지을 수 있는 조직화된 집단이었다는 의미다.

『구약 성경』에서 모세 5경 다음에 나오는 이야기는 「여호수아」와 「사사기」다. 여호수아나 삼손 같은 사람들은 모두 사사에 속한다. 사사라고 하는 직함은 하나님이 세운 지도자라는 의미인데, 사사는 천사도 만나고 하나님의 뜻을 직접 듣기도 하는 사람으로 종교 지도자와 정치 지도자 중간쯤의 모습을 띤다. 인류 초기의 수렵 채집 시기에는 모든 것이 공동 소유의 원시적 형태의 공산주의 사회였다. 이렇듯 경제력의 차이가 없는 사회에서 권력을 가지는 방법은 종교성을 이용한 권력의 창출이 유일하다. 그래서 역사 초기에는 종교와 정치적인 권력이 하나로 합쳐진 모습을 띤다. 이후에 농경 사회가 정착되면 부의 집중이 일어난다. 이쯤 되면 종교성을 종교 지도자에게 분리해서 넘겨줘도 경제력만을 가지고도 어느 정도 정치적 권력을 유지할 수 있게 된다. 이렇듯 종교와 정치가 분리된 모습은 농업 경제에 근간을 둔 사회 구조의 특징이다. 사사가 권력을 잡은 당시 이스라엘의 모습은 아직 농업 사회가 정착되지 않았다는 것을 뜻한다.

이스라엘 왕정 국가를 완성한 솔로몬 성전

생명의 진화를 살펴보면 어느 시점에서는 전체 신경계의 통솔 권한이 뇌에 넘겨지게 된다. 그렇게 되는 이유는 뇌가 컨트롤 타워가 되어야 일사불란하게 몸을 컨트롤할 수 있고, 그래야 생존 가능성이 높아지기 때문이다. 이러한 생명체의 모습은 인류 사회 진화의 모습에서도 똑같이 나타난다. 인류는 문명이 발전하는 단계가 높아질수록 집단의 크기가 커진다. 그리고 어느 시점이 되면 국가를 형성하고 그 국가는 왕을 가지게 된다. 인간 사회에서 나타나는 왕은 생명체 진화 과정에서 발생한 뇌와 비슷한 것이다. 왕은 그 사회의 컨트롤 타워다. 우리는 지금 이스라엘이라는 표본 집단을 통해서 인류 집단의 진화 과정을 살펴보는 중이다. 이스라엘은 한 가족에서 시작해 이집트에서 큰 집단으로 규모가 성장했고, 이집트에서 나와 광야에서 유목 생활을 했으며, 가나안 땅에 들어가 영토를 정복하면서 정착하게 되고 그러면서 농업 경제 기반의 집단으로 변하고 있는 중이었다. 삼손이 활동했던 시기가 사사의 시대인데, 이 시대를 지나고 나면 드디어 사울 왕을 시작으로 왕정이 시작된다. 비로소 국가라는 기틀이 잡히기 시작한 것이다. 그 과정에서 약간의 진통이 있었다. 이스라엘 민족의 마지막 사사는 사무엘이었다. 성경 속에서 사무엘은 하나님의 음성을 직접 듣는 사람으로 나오며, 하나님의 뜻을 백성에게 전달하면서 통치했다. 하지만 모든 절대 권력은 부패하는 법이다. 절대 권력을 나누어 받은 사무엘의 아들들의 부패가 심해지자 이스라엘 백성은 주변의 다른 민족들처럼 왕을 달라고 요구한다. 이런 요구에 사무엘은 화를 낸다. 내가 너희를 잘 통치하고 있는데 왜 왕을 구하느냐, 왕을 선출하면 너희의 자녀가 왕의 신하로 고생하고 세금으로 너희 재산을 빼앗아 갈 거라고 경고했다. 그럼에도 불구하고 이스라엘 민족은 자신들에게도 왕이 생겨 전쟁터에서 자신들을 이끌고 앞에 나가서 싸웠으면 좋겠다고 요구했다. 이에 사무엘은 아주 겸손하면서도 키가 크고 잘생긴 젊은이인 '사울'을 왕으로 삼아 머리에 기름을 붓는다. 이는 이스라엘이 왕정 국가가 된 사건이다. 농경 사회에서 왕정 국가로 형성되는 과정은 생명 진화의 과정에서 뇌를 세운 것 같은 작업이다. 인간의 사회는 항상 우두머리가 필요한데 처음에는 가장, 더 커지면 부족장, 더 커지면 왕이 되는 것이다. 이스라엘은 이집트에서 탈출한 이후 모세에서 시작해 종교·정치 지도자인 사사를 거쳐서 사울이라는 왕을 가진 왕정 국가가 되었다. 하지만 아직은 부족한 모습이다. 건축물을 매개체로 종교와 정치의 협력 체계가 완성된 모습이 아니었기 때문이다. 이는 사울이 폐위되는 사건에서 잘 드러난다. 사울은 왕이 되기 전 겸손하고 부모님의 말씀을 잘 듣는 사람이었다. 키도 크고 잘생긴 사람이어서 대중적인 인기를 끌기에도 좋았다. 그런데도 성격은 순종적이어서 사무엘이 보기에 자신이 컨트롤할 수 있는 적합한 인물로 여겼을 것이다. 그런데 사울이 왕이 되어 수십 년을 통치하는 과정 중에 한 사건이 발생했다. 보통 이스라엘은 전쟁에 나가기 전에 사무엘이 제사를 드리고 전쟁터에 나갔는데, 한번은 사무엘이 제사하는 장소에 며칠 늦게 나타났다. 교통과 통신이 부족하던 시절에 충분히 그럴 수 있는 일이다. 당시의 전쟁이라고 하는 것은 농사짓던 사람 수천 명이 들판에 모여서 싸우러 가는 식이었다. 그런데 출정을 위한 제사가 하루 이틀 늦어지면서 정식 군대가 아닌 사람들이 수군대고 흩어지기 시작한 것이다. 왕인 사울 입장에서는 전쟁을 시작도 못 해 보고 패전할 위기에 처한 것이다. 급한 마음에 사울은 직접 제사를 지내고 전쟁에서 승리한다. 그런데 문제는 이 사건이 정치 지도자 사울이 종교 지도자 사무엘의 권력을 무시한 일이 되었다는 것이다. 사무엘은 순종적인 청년 사울을 왕으로 세우면서 권력을 양분하는 일종의 협업이 되었다고 생각했을 것이다. 그런데 사울의 이러한 행동은 그동안 잘 지내 온 무언의 협약을 깨고 자신의 종교 권력을 넘보는 일이 되었다. 이에 크게 분노한 사무엘은 적국의 모든 생명을 진멸하라는 하나님의 명령을 어기고 제물을 드릴 동물을 살려 놓은 사울의 행동을 문제 삼아 폐위시킨다. 여호와 하나님이 노하셔서 왕의 자리에서 폐위시켰다는 것이다. 흥미로운 점은 사무엘이 그렇게 말을 했는데도 사울이 곧바로 왕위에서 내려오지 않았다는 점이다. 사무엘의 권력만으로는 사울 왕을 정치권력에서 내려오게 할 수 없었던 것이다. 대신 성경 속 이야기를 보면 사무엘이 다음 왕을 찾는 일화가 나온다. 사무엘은 어린 소년인 다윗의 머리에 기름을 부어서 왕으로 세운다. 그렇다고 다윗이 즉시 왕이 된 것은 아니다. 그 일이 있고 나서도 골리앗을 물리치고, 사울 밑에서 지내고, 사울의 딸과 결혼해서 살다가, 사울의 정치적 견제를 피해서 적국으로 피신을 가는 등 십여 년에 걸친 일련의 사건들이 지난 후에야 비로소 다윗은 이스라엘의 왕이 된다. 사실 왕정 국가가 된다는 것은 시스템이 갖추어져서 왕의 아들이 다음 왕위를 물려받을 때 비로소 왕정 국가라고 할 수 있을 것이다. 그런데 사울 왕의 경우에는 종교 지도자인 사무엘에게 찍혀서 그 아들 요나단이 왕이 되지 못하고 전혀 새로운 인물인 다윗이 왕이 되었다. 다윗이 왕이 된 다음에야 비로소 다윗의 아들인 솔로몬에게 왕위가 이어지게 된다. 그제야 이스라엘에도 왕국 체제가 구축되었다고 말할 수 있게 된 것이다. 이런 정치적 변화는 당시 이스라엘에 지어진 건축물에 그대로 드러난다.

솔로몬 성전

이스라엘 민족이 이집트에서 탈출한 뒤 모세가 만든 성전은 천막으로 지은 성전이었다. 그리고 하나님은 언약궤로 상징된다. 그렇게 인상적인 건축물 없이 계속 이어졌는데, 다윗은 성전을 짓고 싶어 했다. 하지만 그는 성전을 지을 수 있는 재료만 준비해 놓고 실제로 건축은 아들인 솔로몬 때에 실행된다. 솔로몬이 성전 건축물을 짓는 이야기를 하기 전에 솔로몬이 왕이 된 정치적 배경을 먼저 살펴보자. 솔로몬은 다윗의 첫째 아들이 아니다. 엄밀하게 말하면 첩의 아들이다. 다윗은 재위 기간 중에 큰 스캔들을 일으키는데, 다윗의 부하였던 우리야 장군의 아내인 밧세바와 간통을 한 사건이다. 다윗은 첫 번째 결혼을 사울의 딸 미갈과 하였다. 이후에도 몇 명의 부인이 있었지만, 왕이 된 후에 밧세바라는 유부녀에게 한눈에 반해서 잠자리를 같이하고 임신까지 하게 된다. 다윗은 이를 숨기기 위해서 권력을 이용해 밧세바의 남편인 우리아를 전쟁터에 내보내 죽게 하였다. 이 사건을 폭로한 사람이 당시 선지자였던 나단이라는 사람이다. 다윗은 종교 지도자인 나단에게 자신의 잘못을 인정하고 겸손한 모습을 보인다. 다윗의 정치적인 위기는 이때부터 시작되어서 자칫 큰아들인 압살롬의 반역으로 왕위를 빼앗길 뻔한다. 하지만 다윗은 기존의 군사 권력을 가진 장군들과 결탁하여 압살롬을 물리치고 왕위를 지켜 낸다. 이제 왕의 계승은 누가 될지 아무도 모르는 일이 되었다. 이 당시는 초대 왕인 사울 다음에 전혀 다른 가문의 다윗이 왕이 된 역사가 있었기에 다윗의 뒤를 이어서 다윗의 아들이 왕이 된다는 확신은 없었다. 이때 솔로몬의 이복형 아도니야가 군대의 유력한 장군과 협력하여 쿠데타를 도모한다. 그러나 그의 실수는 종교 지도자들과의 연합이 없었다는 점이다. 고대 국가는 종교와 정치의 조합으로 완성된다. 그런데 아도니야는 정치와 군사의 연합만으로 자신이 왕이 될 수 있다고 착각한 것이다. 이에 선지자 나단은 밧세바에게 가서 정황을 설명하고, 밧세바의 아들 솔로몬이 왕위를 계승받게끔 하라고 조언한다. 밧세바는 젊은 여자의 시중을 받고 있는 다윗에게로 나아가서 "왕이 전에 왕의 하나님 여호와를 가리켜 여종에게 맹세하시기를 네 아들 솔로몬이 반드시 나를 이어 왕이 되어 내 왕위에 앉으리라 하셨거늘"이라고 말하고, 이때 나단이 나타나 거든다. 이렇게 해서 솔로몬이 왕이 된다. 이후에 나단은 공로를 인정받아 두 아들이 솔로몬 정권의 중직에 임명된다. 솔로몬이 왕이 된 이후에 한 중요한 업적은 7년에 걸쳐서 성전을 건축한 것이다. 그 이전의 성전은 천막으로 만들어진 모세의 성막이었고 성전이 지어지기 전, 사무엘 때까지는 법궤를 모셔 뒀던 성막에서 제사를 지낼 수 없어 임시로 만든 산당(여호와의 제단)에서 제사를 드렸다. 그러다가 솔로몬에 이르러서야 솔로몬 성전이라고 하는 이스라엘 역사상 최초로 돌로 만들어진 종교 건축물이 만들어진다. 특이할 만한 사항은 솔로몬이 왕궁보다 성전을 먼저 완공했다는 점이다. 그가 만든 주요 건축물은 두 가지인데 성전은 7년에 걸쳐서 건축했고, 왕궁은 13년에 걸쳐서 건축했다. 건축 기간은 왕궁이 더 길었지만 건축 순서로는 성전을 먼저 지음으로써 선지자와 제사장을 필두로 하는 종교 권력을 높이 세워 줬다. 그러고 나서 이집트 공주인 아내와 함께 살 왕궁을 지었다. 대외적으로 이집트와 평화 동맹을 맺은 것이다. 솔로몬은 성전 건축을 통해서 정치와 종교가 상호 인증하는 시스템을 만듦으로써 비로소 국가로서의 기틀을 완성했다.

건축 vs 문자

앞서 말한 전 세계 종교 인구 통계표에서 흥미로운 부분은 기독교와 이슬람교의 인구를 합치면 약 46억 명으로, 전체 인류의 절반 이상이다. 두 종교 모두 아브라함이 공통 조상인 종교다. 어떻게 이 두 종교가 세계를 장악할 수 있었을까? 두 종교의 어떤 공통점이 그런 힘을 갖게 한 것일까? 다양한 이유가 있겠지만 나는 그것이 건축과 문자가 만들어 낸 공간적 차이 때문이라고 생각한다.

기독교와 이슬람교는 아브라함이라는 하나의 뿌리를 가지고 있다. 아브라함 가족은 유목을 하는 떠돌이 집안이지만, 그는 원래부터 유목민은 아니었다. 아브라함은 메소포타미아의 갈데아 우르에 살았던 도시민이다. 그의 집안은 우상을 조각하는 일을 했다. 그런 그가 도시를 떠난 이유는 약속의 땅을 받을 것이라는 하나님의 계시를 받았기 때문이다. 성경에 의하면 하나님은 앞으로 '지시할' 땅으로 가라고 명령하셨다. 엄밀히 말하면 어디로 가라고 말해 준 것도 아니다. 그냥 일단 떠나라는 것이다. 당시 전 지구의 인구 밀도를 생각해 보면 인구 몇 만 명 정도의 도시가 있던 시대이니 다른 지역에는 사람이 거의 없었음을 알 수 있다. 이는 차를 타고 고속도로로 이동하다가 휴게소에서 밥을 먹고 근처 모텔에 들어가서 자면 되는 요즘 시대식 여행이 아니다. 이동하면서 먹을 것을 자급자족해야 하고, 어디서 누구의 피습으로 죽을지 모르는 떠돌이 생활이었다. 기본적으로 유목민은 양과 염소 무리를 데리고 다니면서 우유와 고기로 먹고사는 사람들이다. 가끔 마을을 만나면 곡식 같은 생필품을 물물 교환으로 공급받았을 것이다. 유대교는 이런 '떠돌이' 생활을 하는 사람들의 종교라는 점이 중요한 특징이다. 성경을 보면 아브라함의 아들은 이삭이고 이삭의 아들은 야곱인데, 야곱이 외삼촌 집에서 일을 하다가 그 집 두 딸과 결혼하는 이야기가 나온다. 그렇다 두 딸과 결혼했다. 동생하고 결혼하고 싶었는데, 외삼촌이 야곱을 속이고 첫째 딸을 신혼방에 넣어서 억지로 결혼시켰다. 일주일이 지난 후에 동생 라헬과도 결혼하게 되어 결과적으로 자매와 동시에 결혼한 사람이 된 것이다. 그런데 그 둘째 딸이 아버지의 집에서 나올 때 '드라빔'이라는 것을 훔쳐서 나온다. 드라빔은 사람이나 짐승 모습을 한 조각상으로, 일종의 우상이다. 큰 것은 사람 몸집만 한 것부터 작은 것은 말 안장에 숨길 만한 크기다. 딸이 드라빔을 훔친 것을 알고 아버지가 그것을 찾으러 먼 길을 따라오는 이야기가 나온다. 이 이야기로 미루어 보면 당시 유목 민족들은 이동하면서도 종교적인 상징으로 드라빔을 모시고 살았음을 알 수 있다. 그런데 아브라함이 섬기는 하나님의 가장 큰 특징 중 하나는 우상을 만들지 말라는 계명을 내렸다는 것이다. 한마디로 어떠한 형태든 조각상을 만들지 말라는 것이다. 눈에 보이지 않는 하나님, 전지전능한 하나님을 지구상의 어떤 물건의 모양으로 만들어서 제한하지 말라고 지시한 것이다. 이는 종교상 엄청난 차이다. 이전의 모든 종교는 대부분 어떻게 해서든 모양을 가지려고 했다. 고대의 동굴에서는 벽화를 그렸고, 구석기 시대에는 다산의 상징인 뚱뚱한 여인의 모양을 한 조각상(빌렌도르프의 비너스)을 만들었고, 각종 동물 모양의 조각상도 만들었다. 농경 사회에서는 대체로 소를 숭배하기 때문에 소를 조각상으로 만들어 숭배하기도 했다. 그리고 이들은 자신들이 섬기는 신을 기리기 위해서 거대한 신전 건축물을 지었다. 그런데 아브라함의 종교는 유목 민족의 종교다. 그렇다 보니 건축물을 가질 수가 없다. 그렇다고 큰 조각상을 들고 다니기도 힘들다. 하지만 장점도 있다. 제사에 필요한 제물을 구하기 쉽다는 점이다. 당시 종교 행위는 제사를 중심으로 이루어진다. 무언가를 희생시켜서 복을 빈다는 개념은 전 문화권에 통용되는 개념이었다. 심지어 동아시아 끝에 위치한 우리나라의 『심청전』에도 인당수 바닷물에 심청이 몸을 던져서 시각 장애인 아버지가 눈을 뜨는 이야기가 있을 정도다. 이러한 '생명을 바쳐서 복을 얻는다'는 개념은 메소포타미아 지방부터 남미 마야나 잉카 문명까지 나타나는 공통점이다. 이러한 동물을 죽여서 흘리는 피를 바치는 종교적 행위는 수렵 채집 시대부터 유래된 개념이었을 것이다. 유목 생활은 동물을 가축화해서 데리고 다니면서 이동하는 삶의 형태다. 개념적으로 보면 유목 사회는 수렵 채집과 농경 사회의 중간쯤에 위치한다고 볼 수 있다. 가축을 데리고 다니기에 동물을 제물로 삼는 제사 의식을 하기에는 편리한 조건을 가지고 있다. 대신 건축물, 조각품, 벽화 등은 사용할 수 없었다. 그래서 유목 민족의 종교는 제사와 문서를 중심으로 발전하게 된다.

농업 사회는 건축물을 통해서 사회 시스템을 공고히 하고 규모를 키워서 기존의 수렵 채집 사회와 유목 사회를 압도할 수 있었다. 반면, 건축물에 지나치게 의존했던 농업 사회의 종교는 그 건축물에서 멀어질수록 그 힘이 약화된다. 하지만 건축물을 지을 수 없었던 유목 사회의 종교는 약속과 이야기를 적은 문서를 중심으로 발전하게 된다. 문서는 이동성이 뛰어나다. 번역이 되면 다른 문화권으로 전파도 쉽다. 그래서 농업 국가를 기반으로 건축에 의지하는 종교는 그 국가의 국경선을 넘지 못하는 반면, 유목 사회를 기반으로 하는 문서 중심의 종교는 국가의 영토를 넘어서 계속 전파된다. 그래서 유목 사회의 종교인 기독교와 이슬람교가 세계 인구의 절반이 믿는 거대한 종교가 된 것이다. 기독교는 성경을 가지고 있고, 이슬람교는 쿠란을 가지고 있다. 이 두 종교를 제외하고도 경전을 가지고 있는 종교들은 살아남았다. 불교도 대표적인 경전의 종교다. 경전과 같은 문자 체계에 기반을 둔 종교는 전파와 전승이 잘된다.

종교 건축물과 왕실 건축물

고대에 한 사회나 국가가 얼마나 성숙했는가를 평가하는 척도는 그 사회가 만든 건축물의 크기로 평가할 수 있다. 그중에서도 성숙한 고대 국가들은 종교 건축물과 왕실 건축물의 크기가 같다. 메소포타미아 문명의 경우, 지구라트라는 종교 건축물과 '공중정원'이라는 왕실의 건축물 둘 다 거대한 규모다. 이는 종교 권력과 정치권력이 상호 인증하는 시스템이 잘 만들어졌다는 것을 의미한다. 이집트 문명의 경우 종교 건축물로 거대한 신전이 있고, 동시에 정치 권력자인 왕의 무덤인 피라미드도 거대하게 건축되었다. 그 규모로 짐작해 보아도 사회 조직이 잘되었음을 알 수 있다. 건축적으로 피라미드는 죽음과 사후 세계를 다루는 종교 건축물이면서 동시에 왕의 무덤이기에 왕실의 건축물이기도 하다. 따라서 피라미드는 종교와 정치 두 조직의 융합을 볼 수 있는 건축물로 볼 수도 있다.

고대 원시 사회부터 메소포타미아와 이집트 문명까지의 거대한 건축물들은 모두 왕이나 제사장 같은 일부 정치·종교 권력자들의 건축물이었다. 실제로 건축물을 지은 사람들은 일반 시민이나 국민이었지만 그들을 위한 거대한 건축물은 없었다. 역사에서 일반 시민을 위한 거대한 건축물이 처음으로 등장한 사회는 고대 그리스 아테네다. 고대 그리스의 반원형 극장이나 아테네 판아테나이코스 올림픽 경기장은 일반인들을 위해 만들어진 첫 대형 건축물이다. 이로 미루어 보아 그리스 사회는 인류의 사회학적 관점에서 몇몇 최고위층의 권력이 일반인에게로 내려오기 시작한 큰 전환점이 된 사회라고 평가할 수 있다. 물론 고대 그리스도 여성과 노예들은 혜택을 받지 못하는 사회였지만, 그럼에도 불구하고 국가라는 체제하에서 더 많은 사람에게 권력이 분산되는 첫 단추가 끼워졌다는 점에는 반론의 여지가 없다. 다음 장에서는 고대 그리스의 반원형 극장이 어떻게 민주주의 사회를 완성하게 되었는지 살펴보자.

지중해가 만든 문명

인류 최초의 문명은 메소포타미아에서 일어난 수메르 문명이다. 그로부터 약 5백 년 후 이집트 문명이 발생하고, 문명은 북으로 이동해서 크레타섬에 이르러 미노아 문명이 발생했다. 당시 인류가 만들 수 있는 배는 초보적 수준이었다. 배 가운데에 직사각형의 돛을 달고 뒤에서 오는 바람을 이용해 전진했다. 하지만 마주쳐 오는 바람을 동력으로 바꿀 수 있는 기술은 없었다. 따라서 뒤에서 바람이 불지 않을 때는 사람이 노를 저어서 전진해야 했다. 그런 배로는 항해 길이가 짧을 수밖에 없기 때문에 대서양 같은 큰 바다는 건널 수 없었고, 지중해 같은 작은 바다에서 좁은 폭인 남북 방향으로만 건널 수 있었다. 그나마 그것도 중간중간에 섬을 거쳐서 건널 수 있는 정도였다. 그렇다 보니 중간 기착지로 사용되는 크레타섬이 해상 이동의 중심지가 되었다. 덕분에 기원전 3000년경~기원전 2500년경에 크레타섬에서 미노아 문명(미노스 문명)이 발생했다. 우리가 어렸을 적에 즐겨 듣던 멸망한 고대 문명인 아틀란티스섬이 크레타섬의 미노아 문명일 것이라는 추측이 지배적이다. 실제로 기원전 1500년~기원전 1450년에 크레타섬 북쪽에 있는 미노아 테라섬의 화산 폭발과 쓰나미 그리고 급격한 기후 변화로 미노아 문명은 멸망했다. 대신 기원전 2000년경부터 구축한 미케네 문명이 크레타 문명(미노아 문명)을 받아들이면서 활발한 해상 활동을 전개하며 번성하다가 15세기에서 13세기까지 절정에 달했다. 그러나 미케네 문명은 기원전 1200년~기원전 1100년경 붕괴되었고, 시간이 흘러 기원전 8세기 중엽부터 미케네 문명을 계승하는 그리스 문명이 발흥했다.

서양 사람들은 자신들 문명의 뿌리는 메소포타미아나 이집트가 아닌 그리스 문명이라고 생각한다. 메소포타미아는 중동 지역에 있고, 이집트는 아프리카 대륙에 있지만, 그리스는 유럽 대륙에 위치해서 그렇게 생각할 수도 있다. 하지만 그보다는 그리스 문명은 합리적 사고와 인간 중심의 사고에 기초한 문명이기 때문일 것이다. 그리고 또 다른 이유는 그리스 문명은 두 선배 문화와는 다른 혁신이 있었는데, 다름 아닌 민주주의 개념의 도입이다. 민주주의라는 것은 인간 한 사람 한 사람이 신이나 왕만큼 중요한 존재라고 여겨질 때 만들어질 수 있는 개념이다. 그리스인이 가지고 있었던 인간 존엄에 대한 생각은 그리스 신화를 보면 알 수 있다. 그리스 신화는 다른 신화와는 다르게 신과 인간이 크게 다르지 않다. 인간과 신 모두 질투하고 사랑하고 실수한다. 모양과 크기도 같다. 심지어 신과 인간이 사랑을 해서 아이도 낳는다. 그리스인들은 이렇듯 인간의 존엄을 동물보다는 훨씬 높고 신보다는 조금 낮은 수준으로 보았다. 이전의 대표적 문명인 이집트를 보면 반인 반수의 그림이 많이 나온다. 과거에는 강한 인간이 되려면 동물과 인간의 중간이어야 한다고 믿었던 것이다. 이 같은 생각은 그 이전의 선사 시대 때 강한 동물을 동경하던 토템 문화의 잔재다. 그러나 그리스 시대에 들어서 신은 완전한 인간의 모습을 가진다. 부정적인 캐릭터들만 동물과 접한 이미지들로 묘사된다. 뱀의 머리를 가진 메두사, 소의 머리와 인간의 몸을 가진 미노타우로스, 상반신은 인간이고 하반신은 말인 켄타우로스는 모두 부정적인 캐릭터다. 인류사에서 인간에게 완전한 존엄성을 부여하기 시작한 중요한 변화가 시작된 것이다. 그리스는 어떻게 이렇듯 한 사람 한 사람이 중요한 사회가 될 수 있었을까?

그리스는 선배 문화와는 다른 기후적 환경에서 만들어졌다. 최초의 문명은 전염병 전파가 어려운 건조 기후대에서 발생했다. 수메르와 이집트 문명은 건조한 기후에서 농업으로 부흥한 문명이다. 건조 기후대에서 농사하려면 많은 관개 수로 공사가 필요하다. 그러한 토목 공사를 수행하려면 강력한 중앙 집권식 권력이 필요하다. 그래서 건조 기후대에 처음 나타난 집단의 특징은 강력한 왕이 지배하는 중앙 집권적 구조였다. 그런데 지중해를 건너면서 건조 기후대를 벗어나게 된다. 온대 기후에서는 관개 수로가 필요 없다. 대형 토목 공사가 필요 없어진 것이다. 대신 그리스인은 대부분 해안 지방에 살면서 물고기를 잡거나 무역을 했다. 어업이나 해상 무역을 하려면 작은 배를 소유해야 한다. 자연스럽게 소규모 자영업자가 많은 경제 구조의 사회가 만들어진다. 장사를 하는 이들은 상명하복의 명령 체계가 아닌, 동등한 두 사람이 협상과 흥정을 통해서 거래한다. 관개수로 농업을 하는 사회가 수직적 사회라면 상업 중심의 사회는 좀 더 수평적 사회다. 그렇다 보니 개개인의 의견을 존중하는 분위기가 나오고, 개인의 투표권이 중요한 민주주의가 등장하게 된다. 한 사회에서 농업 비중이 줄어들고 상업 비중이 늘어날수록 개인의 자유는 증가한다. 상업이 늘어날수록 화폐량이 늘어나고, 화폐는 토지나 농업 소출물보다 이동과 분배가 쉽고 빠르다. 땅을 물려받아서 소유하지 않아도 부를 가질 수 있는 방법이 많아진다. 이런 경제 구조에서는 부의 이동과 재분배가 늘어난다. 그리고 해외 무역을 통해서 국내 시장을 벗어날수록 다른 문화와 생각에 열린 마음을 가지게 되고 사고는 더욱 유연해진다. 대한민국도 1970년대 이후 수출 주도형 상업이 발달하면서 민주주의가 자리를 잡을 수 있었다. 이러한 지리적, 사회적 환경을 배경으로 그리스 문화는 진화했다. 수메르와 이집트 문명은 강 하구의 비옥한 토지가 만들었다면, 그리스 문명은 지중해가 만들었기에 앞선 문화와는 성격이 달랐다.

그리스의 지리적 특징

그리스는 지리적으로 땅의 모양을 보면 산맥이 바다로 들어가는 형세를 띠고 있다. 따라서 땅은 여러 개의 계곡으로 나뉘어 있었고, 여러 지역으로 분리되어서 하나의 거대한 국가가 형성되기보다는 도시 규모의 폴리스가 형성되었다. 메소포타미아 지역에도 도시 중심으로 사회가 형성되었는데, 메소포타미아 지역과 그리스 지역의 차이는 메소포타미아는 평지에 도시가 형성되어 도시와 도시 사이에 육로를 통해서 수평적인 연결이 가능했다면, 그리스의 경우에는 지형적으로 깊은 골짜기나 산으로 나누어져 있어서 육로를 통해서는 연결이 어려웠고, 바닷길을 통한 연결이 더 수월했다는 차이가 있다. 다행히 그리스 주변에는 섬이 많아서 당시의 작은 배를 통해서도 섬을 중간 기착지로 삼아서 오갈 수 있었다. 지형적으로 나누어져 있던 도시국가들은 서로 다른 특징을 가지도록 독자적으로 발전했고, 이후에 해상로를 통해서 연결되면서 다양한 성격의 도시국가들이 융합되며 진화된 그리스 사회를 만들었다.

이전의 두 선배 문명에는 없던 그리스에서 발생한 독특한 건축 양식은 반원형 극장이다. 일찍이 문명이 발생했던 메소포타미아와 이집트에서는 왜 극장이라는 공간이 만들어지지 않았을까? 아마도 지형적인 이유가 컸을 것이다. 메소포타미아나 이집트는 강 하구에 발달한 농업 국가다. 이들은 지리적으로 광활한 평지에 위치한다. 평지에 경사진 극장을 짓는 것은 엄청난 노력이 들어가는 일이다. 대신에 이들 문명에서는 위로 갈수록 좁아지는 산 모양의 지구라트 신전이나 피라미드를 건축했다. 구조적으로 만들기 가장 쉽고 안정적인 디자인이기 때문이다. 그래서 이런 피라미드 디자인은 마야, 잉카, 중국 등 전 세계에서 발생했다. 메소포타미아나 이집트의 지형과는 다르게 그리스는 계곡과 언덕이 많은 지형에 만들어졌다. 계곡에는 자연스럽게 좌우로 언덕이 있고 그곳에 앉으면 마주 보게 된다. 그리고 모든 계곡은 낮은 쪽 방향으로 기울어져 있는데, 경사진 땅에 앉다 보면 사람의 몸은 자연스럽게 낮은 쪽을 향해서 앉게 된다. 그렇게 낮은 쪽 방향으로 시선이 모이면서 계곡 아래쪽에 천연의 무대가 형성된다. 이렇게 사람의 시선을 한곳으로 모을 수 있는 극장 형식의 공간이 자연에 만들어진다. 만약에 이러한 계곡에 나무가 울창했다면 시선이 차단되었겠지만, 당시에 사람들의 모습을 상상해 보면 집을 짓거나 땔나무를 구하기 위해서 나무를 베어 갔을 거고, 마을 근처에 나무가 없는 빈 언덕이 만들어지면 자연스럽게 모이기에 편리한 극장이 됐을 것으로 보인다. 이는 마치 연세대학교 신촌캠퍼스에 있는 노천극장과도 비슷하다. 연세대학교의 캠퍼스는 주로 평지로 되어 있는

데, 뒤에는 산이 자리 잡고 있다. 평지 캠퍼스가 끝나고 산이 시작되는 지점에 언덕이 있는데, 그곳에 자연스럽게 흙바닥으로 된 노천극장이 있었다. 지금은 돈을 들여서 돌로 의자를 만들고 그리스 반원형 극장과 비슷한 노천극장을 만들어 놓았다. 연세대학교 노천극장의 형성 과정을 보면 그리스 반원형 극장이 만들어진 과정을 상상해 볼 수 있다.

그리스 건축 디자인의 특징

그리스의 '파르테논 신전'과 이전 신전의 차이를 하나 찾아본다면 지붕의 모양이다. 지구라트 신전은 그냥 벽돌로 쌓은 언덕처럼 생겼고, 실내 공간이라고 할 만한 것이 거의 없는 신전이다. 이집트 신전은 거기서 좀 더 발전해서 비로소 인공적으로 만든 실내 공간이 등장한다. 그런데 이집트는 비가 적게 내리는 지역이다 보니 이집트 신전들은 지붕이 없거나 평평한 모양의 지붕을 가지고 있다. 그런데 이집트보다 위도가 높은 그리스는 비가 내리는 기후다. 따라서 파르테논 신전은 빗물을 흐르게 하기 위해서 경사진 지붕을 가지고 있다. 이렇듯 그리스 신전의 상부를 보면 지붕이 'ㅅ(시옷)'자 모양으로 되어 있다. 건축 용어로 박공지붕이라고 부르는 모양이다. 여기서 흥미로운 것은 그리스의 복잡한 건축 요소 중에 덴틸Dentil이라고 부는 부분이다. 덴틸이라는 단어는 치과를 뜻하는 덴탈(Dental)과 철자가 비슷하다. 같은 어원을 가지고 있기 때문이다. 덴틸은 삼각형 지붕 아래에 있는데, 마치 치아처럼 가지런히 부재가 톡톡 튀어나와 있다. 모양으로 치면 우리나라 전통 건축의 서까래와 거의 비슷한 모양이다. 대리석으로 만든 신전 건축에 왜 이런 서까래 모양의 디자인이 있을까? 이유는 과거로부터 이어지는 관성 때문이다.

최초의 문명 지역인 메소포타미아 지역에는 건조한 기후대여서 숲이 없었다. 흔히 구할 수 있는 재료는 강가의 진흙뿐이어서 진흙을 구워 벽돌을 만들어 건축 재료로 사용하였다. 그런데 건조 기후대를 벗어나 그리스 지역에 도달하게 되면 강수량이 늘기 때문에 주변에 숲이 있다. 숲 가까이 사는 사람이 쉽게 구할 수 있는 건축 재료는 나무다. 자연스럽게 그리스 지역의 집은 처음에는 나무를 이용해서 지어졌다. 나무로 집을 짓고 비를 피하고자 지붕을 만들면 자연스럽게 서까래가 필요하다. 이는 동서고금을 막론하고 구조적으로 나올 수밖에 없는 필연적인 건축 요소다. 하지만 신전 건축은 영구적으로 지속되어야 하니 잘 썩는 재료인 나무 대신 반영구적인 돌을 사용했다. 그런데 고대 그리스인들은 그때까지도 나무를 사용한 디자인에 익숙했다. 그렇다 보니 돌로 건축할 때도 나무로 건축할 때 사용하던 디자인 양식을 그대로 따오게 되었다. 그래서 나타난 현상이 덴틸 같은 건축 요소다. 실제로 지붕을 만들 때 나무 서까래의 모양일 필요가 없음에도 불구하고 목재

서까래 끝부분 모양으로 돌을 깎아서 지붕 아래에 끼워 넣었다. 이러한 현상은 어느 문화권에서나 나타나는 현상이다. 예를 들어서 이집트의 경우에도 돌로 만든 신전 기둥들의 꼭대기를 보면 야자수 잎 같은 것들이 장식으로 남아 있는 것을 볼 수 있다. 과거 야자수 나무를 그대로 이용해서 기둥을 세우다가 기둥이 돌로 바뀌는 과정에서 남게 된 디자인 양식이다. 처음에는 구하기 쉬운 목재를 사용하다가 사회가 더 커지면서 건축을 제대로 하기 위해서 만들기는 어렵지만 반영구적으로 지속 가능한 재료인 석재를 사용하게 되는데, 이때 디자인은 이전에 사용하던 목재와 비슷한 형태를 흉내 내서 만들게 된 것이다. 우리나라도 불국사에 가면 기단부가 나무 기둥과 보처럼 생긴 긴 석재를 조립하여 만든 가구架構식 석축이라는 형태를 띠고 있다. 이 역시 돌로 만든 기단은 굳이 기둥과 보가 있는 모양을 띨 필요가 없는데도 힘들게 돌을 깎아서 기둥과 보 모양을 만들어서 석축 기단부를 쌓은 것이다. 모두 목재를 사용하다가 돌로 재료를 바꾸게 되면서 나타난 현상들이다.

아크로폴리스의 위치

아테네에서 관심 있게 봐야 하는 점은 아크로폴리스의 위치다. '파르테논 신전'이 있는 아크로폴리스는 아테네에서 가장 높은 산의 꼭대기에 자리 잡고 있다. 아크로폴리스Acropolis는 '가장 높은 곳'을 의미하는 아크로스(acros)와 도시를 뜻하는 폴리스(polis)가 합쳐진 단어로, 말 그대로 '가장 높은 곳에 있는 도시'란 뜻이다. 가장 높은 곳은 모든 것을 내려다보는 시선을 가질 수 있는 곳으로, 최고 권력자의 공간이다. 그래서 평지에서 발생한 메소포타미아 수메르 문명의 도시 우루크에서는 벽돌을 쌓아서 지구라트라는 높은 신전 건축물을 짓고, 그 위에 제사장이 올라갔다. 이집트에서 탈출한 이스라엘 민족은 광야를 떠돌아다녀야 해서 건축을 할 수 없었다. 그래서 모세는 높은 신전 대신 시내산 꼭대기에 올라갔다. 이처럼 권력의 공간은 높은 곳에 있어야 한다. 그리스 아테네에서는 가장 높은 산꼭대기 아크로폴리스에 신전들을 건축했다. 사회 집단의 규모가 작았던 아테네는 피라미드나 지구라트 같은 대형 건축 공사를 할 능력이 안 되었다. 대신 높은 산 위에 건축함으로써 높이를 확보하는 전략을 사용했다. 우리나라도 '엠파이어 스테이트 빌딩' 같은 높은 건축물을 짓지 못할 때 남산 꼭대기에 '남산타워'를 짓고 남산 높이까지 포함해서 엄청 높은 랜드마크라고 주장한 것과 비슷하다. 그리스 문명보다 수백 년 후 형성된 로마 제국 시대에는 '판테온' 같은 신전이 평지에 있고, 가장 높은 곳인 팔라티노 언덕에는 궁전이 건축되어 있다. 가장 높은 곳에는 항상 신전이 자리 잡고 있다가 로마 제국부터는 왕의 건축물이 들어가게 된 것이다. 이는 사회의 최고 권력이 종교에서 정치로 바뀌었다는 것을 보여 주는 증표다. 물론 그 이후 중세 시대에 들어서는 다시 종교의 힘이 강해져서 각종 도시에서 가장 높은 건축물은 대성당의 돔이었으니 로마 시대 이후로 정치권력이 종교 권력을 완전히 뛰어넘었다고 판단하기에는 무리가 있다.

반원형 극장: 권력 배분기

그리스 문명에서 처음 나타나는 건축 양식인 반원형 극장은 자연이 만든 경사 대지를 이용해서 객석을 만들고, 아래쪽에 무대를 배치한 형태다. 아테네에서 반원형 극장은 연극 공연뿐 아니라 선거 투표장으로도 쓰였다. 아크로폴리스 남쪽에 위치한 디오니소스 극장은 1만 7천 명 수용이 가능한 곳인데, 투표의 기능을 해야 하다 보니 극장의 규모는 보통 그 도시의 성인 남성이 다 들어갈 만한 크기로 만들어졌다. 따라서 극장의 규모로 그 도시의 인구를 미루어 짐작할 수 있다. 영어로 극장을 뜻하는 단어 'Theater(시어터)'는 '지켜보는 장소' 또는 '보기 위한 좌석'이라는 뜻의 단어 'Theatron(테아트론)'에서 왔다. 어원에서 드러나듯 극장은 보는 행위가 가장 중요한 장소다. 앞선 장에서 우리는 지구라트 건축을 통해 공간과 권력의 두 가지 원칙을 배웠다. 첫째, 무언가를 내려다보는 자리는 권력자의 자리다. 둘째, 바라보는 시선이 모이는 곳에 위치한 사람은 권력을 얻는다. 일상에서 사례를 찾는다면 학교 교실의 공간이다. 교실에서 선생님의 권위가 생기는 이유는 첫째, 교단이 높아서다. 선생님은 교단에 서서 앞에 낮은 곳에 앉아 있는 학생들을 내려다본다. 둘째, 교실의 모든 의자가 교단을 향해서 놓여 있기 때문이다. 모든 학생의 시선을 한 몸에 받는 선생님은 권력이 생긴다. 게다가 의자에 앉은 학생들은 주변 학생들이 모두 앞을 바라보고 있기 때문에 별다른 지시가 없어도 집단을 따라 앞을 바라봐야 할 것 같은 압박감을 느낀다. 내가 다른 사람과 같은 곳을 쳐다보지 않으면 대열에서 이탈하는 행동이 되고, 그런 행동을 하면 집단에서 배척받을 수 있다는 불안감을 준다. 인간 사회가 다른 동물을 압도할 수 있었던 것은 약한 몸을 가지고 있으면서도 집단으로 행동했기 때문이다. 그렇게 큰 집단에 속해서 순응하는 사람들이 살아남았고, 우리는 그런 사람들의 후손이다. 그렇기에 본능적으로 우리는 집단을 따라서 행동한다. 건축 공간은 그런 집단행동을 유도하는 장치다.

그리스의 반원형 극장이 특별한 이유는 이 두 가지 원리를 이용하여 민주적인 공간을 만들었기 때문이다. 그리스 반원형 극장의 평면도를 보면 객석은 반원형 모양으로 되어 있고, 무대를 내려다보게 단면이 디자인되어 있다. 관객의 시선은 자연스럽게 무대로 모여든다. 이때 시선이 모이는 무대 위는 권력을 갖는 공간이 된다. 그런데 그 무대는 객석보다 높이가 낮다. 무대에 있는 사람은 관객을 올려다봐야 한다. 올려다보는 시선은 권력 위계상 낮은 사람의 시선이다. 그러니 그리스 반원형 극장에서는 시선 높이의 관점에서 보면 무대 위의 사람이 권력 위계가 낮은 사람이 된다. 하지

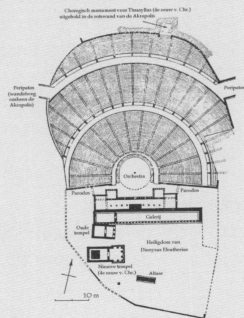

Choregisch monument voor Thrasyllus (4e eeuw v. Chr.)
uitgehold in de rotswand van de Akropolis

Peripatos
(wandelweg
omheen de
Akropolis)

Peripatos

Orchestra

Parodos   Parodos

Oude   Galerij
tempel

                           Heiligdom van
                           Dionysus Eleutherius

Nieuwe tempel
(4e eeuw v. Chr.)   Altaar

10 m

고대 그리스 아테네의
아크로폴리스에 위치한
'디오니소스 반원형 극장
(Theater of Dionysos)'(위)과
평면도

만 시선 집중의 측면에서 보면 무대 위에 있는 사람은 시선을 받아서 권력자가 된다. 반대로 객석에 앉은 관객은 시선 집중의 측면에서 보면 권력 위계가 낮지만, 시선 높이 측면에서 보면 내려다보기 때문에 권력자가 된다. 무대 위의 사람과 관객은 서로 한 번씩 권력을 주고받으면서 두 사람의 권력 위계가 동등해진다. 그리고 또 하나 특이한 점은 그 무대 위에는 시민이라면 누구나 올라갈 수 있다는 점이다. 제사장만 올라갈 수 있었던 수메르의 지구라트 신전과 달리 그리스 반원형 극장의 무대에는 누구나 올라갈 수 있었다. 따라서 관객과 무대 위 사람의 입장은 언제든지 뒤바뀔 수 있게 되어 더욱더 평등한 위계를 만든다. 반원형 극장은 공간적으로 권력을 시민에게 동등하게 나누어 주는 '권력 배분기'였다. 그리스 사회는 인간을 신과 비슷한 수준의 존엄성을 가진 존재로 이해하면서 그리스 신화를 창조했고, 같은 가치관에 근거해 존엄한 인간들은 서로 동등하다는 생각으로 반원형 극장을 만들었다. 그렇게 만들어진 반원형 극장 공간은 민주적인 생각을 더욱 공고하게 하는 장치가 되었다. 그리스의 반원형 극장은 그리스 민주주의를 완성한 건축 장치다.

누구나 앉는 의자를 가진 건축

그리스 반원형 극장에서 또 하나 우리가 주목해야 할 점은 반원형 극장은 누구나 앉을 수 있는 의자가 있는 건축이라는 점이다. 과거에 '의자'는 누구나 가질 수 있는 장치가 아니었다. 선사 시대 때는 수십 명 정도의 무리가 계속 이동하면서 생활했다. 이동이 많았기 때문에 세간살이는 최소한이어야 했고 따라서 가구는 없었다. 의자가 있어 봐야 계속 들고 다니기 힘들었을 테니 말이다. 하지만 농경 사회가 되고 한 장소에 머물러 살 수 있게 되자 집과 가구가 생겨났다. 그중에서도 의자는 그 당시 '노동하지 않는 자'에게만 필요한 물건이다. 농경 사회에서 빈부 격차가 생겨나면서 다양한 직업과 사회 계급이 생겨났다. 새로 생겨난 직업 중에는 소출물의 양을 기록하는 서기가 있었다. 인류 최초의 화이트칼라 직업이다. 문자를 이용해서 소출과 세금을 숫자로 기록하는 일이 서기의 주요 업무다. 그들은 아마도 의자에 앉아서 일했을 것이다. 왕이나 왕비도 의자에 앉았다. 고대 이집트 벽화를 보면 왕이나 왕비만 의자에 앉아 있고, 신하들과 노예는 주변에 서 있는 것을 볼 수 있다. 집에서 주인은 의자에 앉고, 노예는 서서 일했을 것이다. 집에서 의자에 앉아 있었다는 것은 일을 하지 않는다는 것을 의미한다. 그리고 그것은 곧 권력자라는 것을 보여 준다. 그래서 왕이나 귀족은 행차할 때도 가마 의자에 앉아서 이동했다. 이처럼 의자는 권력자만 사용하는 물건이었다. 그런데 그런 의자가 그리스 시대에 와서는 반원형 극장에 객석으로 만들어졌다. 그것도 모든 시민이 언제든 앉을 수 있게끔 말이다. 과거에는 사람들이 군집할 때는 왕이나 종교 지도자만 앉았고 시민들은 서 있었다. 지구라트 신전 주변에 모인 사람들은 모두 서 있어야 했다. 그런데 똑같이 사람이 모여 있는 공간인데도 그리스 반원형 극장에서는 객석 의자에 모두 다 앉는다. 오히려 무대에 있는 사람이 서 있다. 이는 권력이 일반인에게 분산되어 내려왔다는 것을 의미한다. 공짜로 누구나 앉을 수 있는 의자가 많은 사회는 그렇지 않은 사회보다 더 민주화된 사회다. 현대 사회에서도 이러한 원리는 그대로 적용된다. 길거리에 벤치가 많은 사회가 그렇지 않은 사회보다 더 민주적인 사회라 할 수 있다.

신전 vs 극장

지구라트와 피라미드의 건축 재료를 비교하면서 재료의 단위 크기가 크고 규칙적일수록 권력이 큰 사람의 건물이라고 설명한 바 있다. 따라서 '파르테논 신전'을 구성하는 돌의 크기와 반원형 극장을 구성하는 돌의 크기를 보면 종교와 시민 중 어느 조직이 더 큰 힘을 가지고 있었는지 살펴볼 수 있다. 우선 '파르테논 신전'을 구성하는 기둥 돌 하나하나의 단면은 둥근 원 모양이고 높이가 높고 크다. 단면이 원 모양인 기둥과 단면이 사각형 모양인 기둥 중 어느 것이 더 비쌀까? 답은 원기둥이다. 사각형은 채석장에서 떼어 온 모양에서 조금만 깎아 내면 만들 수 있지만, 원기둥을 만들기 위해서는 동그랗게 돌아가면서 돌을 많이 깎아 내야 하기 때문이다. 기둥이 얼마나 많은 무게를 지탱할 수 있느냐는 기둥

단면의 면적이 결정한다. 사각형이든 원형이든 단면의 면적이 같으면 같은 무게를 지탱한다. 그런데 돌을 깎아서 원기둥을 만들려면 같은 단면적을 만들기 위해서 더 큰 재료를 가져와야 한다. 한마디로 돌로 기둥을 만들 때는 원기둥이 사각기둥보다 건축비가 많이 든다. 비싼 건축물은 권력자만 만들 수 있다. 그러니 원기둥을 가진 '파르테논 신전'은 기둥 모양만으로도 과시가 되는 건축이다. 아마도 실용만 생각했다면 사각기둥을 사용했을 것이다. 비용이 들어감에도 불구하고 원기둥을 고집한 이유는 인류가 기둥 구조를 나무줄기에서 처음 배운 이유도 있을 것이다. 사각형의 나무줄기는 없다. 집을 지을 때 둥근 원기둥 형태의 나무줄기를 기둥으로 사용했던 인간은 건축 재료가 돌로 바뀌었어도 기둥의 모양은 둥근 형태를 유지해 왔다. 이집트의 신전 기둥들도 모두 원기둥이다. 앞서 돌로 기둥을 만들 때는 원기둥이 사각기둥보다 비싸다고 했다. 하지만 나무로 기둥을 만들 때는 반대로 사각기둥이 원기둥보다 더 비싸다. 이유는 돌은 채석장에서 직사각형의 형태로 떼어 와서 만들기 때문에 원형을 만들 때 많이 깎아 내지만, 나무의 경우에는 애초에 숲에서 원형으로 생산되기 때문에 오히려 사각기둥을 만들 때 더 많이 깎아 낸다. 그러니 나무로 지은 집을 볼 때 직선으로 잘 깎인 사각형의 기둥이나 보, 서까래를 가지고 있는 건축물이 더 비싼 건축물이다.

큰 재료를 많이 깎아 내서 원기둥으로 만든 '파르테논 신전'과 달리 반원형 극장은 큰 크기의 돌로 만들어지지 않았다. '파르테논 신전'의 기둥과 보에 사용된 돌의 크기를 보면 반원형 극장에 사용된 것들보다 훨씬 더 크다. 그리스 아테네 건물들의 배치를 보면 가장 높은 산꼭대기에 아크로폴리스를 만들고 그곳에 '파르테논 신전'을 지었다. 여기까지 돌을 가지고 올라갔다는 것 자체가 대단히 힘든 일이다. 건물을 짓는다는 것은 돌 위에 돌을 올려서 쌓아야 하는 중력을 거스르는 일이다. 그래서 힘이 든다. 동서고금을 막론하고 이 자연의 원칙은 바뀌지 않는다. 그래서 권력자만 무거운 것을 위에 올려 건축물을 지을 수 있었다. 우리나라도 가난한 사람은 지붕을 만들 때 가벼운 짚이나 갈대를 올려서 초가집을 짓고, 부자들은 지붕에 무거운 기와를 올려서 기와집을 지었다. 무게와 높이는 위치에너지를 만들고, 그것은 부와 권력의 척도가 된다. 그런데 '파르테논 신전'은 산꼭대기에 지었다. 신전이 가장 높은 위치에 지어졌다는 것은 그 사회의 권력 구조에서 종교가 가장 높은 위치에 있었다는 것을 보여 준다. 그보다 아래에 있는 것이 반원형 극장이다. 반원형 극장은 모든 시민이 공연을 볼 때 모이는 공간이다. 그리고 그 아래로 내려와 산기슭에 도로와 만나는 지점에 경제, 예술, 정치 활동이 이루어졌던 '아고라agora'가 있다. 이곳에는 각종 공공시설이 배치되어 있고, 광장도 위치한다. 이곳은 그리스인들의 일상을 담는 공간이었다. 맨 꼭대기의 신전은 일 년에 몇 번 갔을 것이고, 반원형 극장은 그보다는 자주 갔을 것이고, 아고라는 더 자주 방문했을 것이다. 일상과 관련된 공간일수록 더 낮은 곳에 위치하는 법이다. 고인돌, '괴베클리 테페', 수메르의 지구라트, 이집트 신전까지 당대의 가장 거대한 건축물은 종교 건축물이었다. 그리스 역시 아직은 종교 건축물이 일반 건축물보다 더 높고 더 크게 만들어졌다. 이로 미루어 보아 그리스 시대까지는 아직 종교의 권력이 가장 큰 사회였다는 것을 알 수 있다.

또 하나 흥미로운 점은 신전 — 극장 — 광장을 구성하는 공간의 성격이다. '파르테논 신전'은 1687년 오스만 제국이 그리스를 점령하고 있던 시절에 화약고로 사용하던 중 베네치아의 포격으로 인해 폭발해 지붕이 대부분 소실되었다. 하지만 원래의 디자인은 지붕이 덮여 있는 실내 공간이었고, 내부의 모습은 마치 모세의 성막처럼 어두컴컴한 곳에 횃불이 켜 있고, 그 뒤에 아테네 신상이 놓인 모습이었다. 한마디로 사람이 모이는 공간이 아니라 제사상이 들어가서 제사를 드리는 공간이었다. 일반 시민들이 다 모이는 장소는 신전이 아니라 그 아래에 있는 반원형 극장이었다. 그런데 반원형 극장은 지붕 없고 바닥에 의자만 만들어진 공간이다. 그곳에서 사람들은 앉아서 공연을 감상했다. 반원형 극장보다 더 아래에 내려가면 시장으로 사용되던 아고라 광장이 나온다. 이 광장은 선형으로 된 회랑으로 둘러싸인 외부 공간과 몇몇 건축물로 구성된 공간인데, 대부분의 행위는 그냥 빈 땅에 서 있는 상태에서 이루어진다. 신전보다는 극장이 더 저렴하게 만들어졌고, 극장보다는 시장이 더 저렴하게 만들어졌다. 지붕까지 만들어야 하는 실내 공간은 비용이 더 들어간다. '파르테논 신전'이 실내 공간의 비율이 가장 높았던 것으로 미루어 보아 역시 종교의 권력이 가장 센 사회였다는 것을 알 수 있다. 사회가 발전하면 기술이 발달하고 경제적 여유도 생긴다. 따라서 건축에서는 공공의 공간들이 실내화되는 경향이 생겨난다. 그리스 다음에 나타난 로마 제국의 건축물들이 그렇다. 그리스 반원형 극장은 지붕이 없지만, 로마 '콜로세움'은 천막으로 된 지붕이 있었다. 그리스인들의 시장인 아고라는 주로 노천 광장이었지만, 로마는 바실리카라는 거대한 건축물의 실내 공간에서 상거래와 재판을 했다. 우리도 그냥 노천 시장에서 장을 보다가 잘살게 되면서 비를 맞던 재래식 시장에 지붕을 덮었고, 더 잘살게 되자 주차장까지 있는 마트에 가서 장을 보게 된 것과 마찬가지다.

시대와 지역이 바뀌어도 변하지 않는 원칙이 있다. 도시의 대형 종교 건축물 앞에는 시장이 위치한다는 점이다. 일본의 신사를 가도 신사에 들어가는 입구에 가게들이 즐비하게 줄지어 있고, '밀라노 대성당Duomo di Milano' 앞 광장 주변으로 상업 시설이 들어서 있다. 대형 건축물은 공사 기간이 길다. 그렇다 보니 공사장 주변에는 공사장에서 일하는 사람들을 위한 식당 등의 상업 공간이 생겨난다. 자연스럽게 대형 종교 건축물 앞에 시장이 형성되는 것이다. 건물이 완성된 후에도 종교 건축물에 방문하는 사람이 많다 보니 그 시설은 유지된다. 아테네의 시장 아고라가 신전과 극장 근처에 있는 것은 당연한 일이다.

국민 드라마 〈모래시계〉와 그리스 비극 〈안티고네〉

언어가 발달하지 않았던 시절에 인류는 동굴 벽에 그린 그림으로 소통하면서 이야기를 완성했다. 그들은 벽화를 통해서 공통의 신화를 믿었고, 공동체 의식을 만들고 집단의 규모를 키웠다. 언어가 발달하자 좀 더 복잡한 이야기와 감정의 소통이 가능해졌다. 대표적인 예로 수메르 문명의 영웅 신화인 『길가메시 서사시』를 들 수 있다. 인류는 감정을 담은 이야기를 연극으로 만들었고, 그렇게 만들어진 연극을 담을 수 있는 새로운 공간인 극장을 만들었다. 극장 덕분에 한 집단은 동시에 같은 연극을 볼 수 있게 되었다. 같은 장소에서 같은 연극을 본다는 것은 관객 모두가 같은 감정 상태가 된다는 것을 의미한다. 같은 감정을 가지게 되면 서로 이해하기 쉬워지고 집단의 결속력이 강해진다. 우리나라의 경우 1995년에 〈모래시계〉라는 드라마가 최고 시청률 65퍼센트에 달했었고, 드라마 마지막 회에서 주인공 최민수가 죽었을 때 모든 국민이 자기 친구가 죽은 것처럼 슬퍼했다. 덕분에 온 국민은 하나가 되었다. 우리나라의 1990년대에 송지나 작가의 비극 〈모래시계〉가 있었다면, 고대 그리스에는 소포클레스 작가의 비극 〈안티고네Antigone〉가 있다. 반원형 극장에서 공연되던 고대 그리스의 비극은 그리스의 국민 드라마였다. 모두 같은 이야기를 보면서 같은 감정 상태가 됐을 거고, 그렇게 아테네가 결속될 수 있었다. 대한민국의 국민 드라마는 집마다 TV가 없었다면 만들어질수 없었을 것이다. 마찬가지로 고대 그리스의 국민 드라마 4대 비극은 반원형 극장이 없었다면 불가능했다. 문학 연구가 브라이언 보이드는 "이야기는 사회에 대한 친밀감을 유도하고, 사회의 규모를 확장한다."라고 말했다. 반원형 극장은 이야기를 동시에 듣고 느낄 수 있게 해 주는 건축물이다. 해 질 녘에 아크로폴리스 아래 언덕에 만들어진 극장에 앉으면 자신들이 사는 도시가 무대 배경으로 보인다. 이곳에서 같은 드라마를 보면서 울고 웃으며 아테네 시민들은 하나가 되었다. 우리가 저녁 시간에 방영하는 공중파 TV 속 드라마를 보면서 한마음이 된 것과 별반 다르지 않다. 수메르 문명이 지구라트 신전으로 한마음이 되었다면, 아테네 시민은 '파르테논 신전'과 반원형 극장이라는 두 가지 공간의 도구를 가지고 있었기에 하나 되고, 새로운 시대를 열 수 있었다. 그중에서도 반원형 극장은 민주주의 시민 사회를 완성한 건축물이다.

09 도서관: 시공간을 초월시켜 주는 건축

세상의 모든 책을 한 건물에

기원전 4세기 무렵에 알렉산더 대왕은 유럽과 아시아에 걸쳐서 제국을 만들었다. 하지만 알렉산더 대왕이 젊은 나이에 죽자 제국은 여러 조각으로 나뉘었다. 그중 이집트 지역은 프톨레마이오스 왕조가 이어서 통치하였다. 그리고 수도를 옮겼는데, 그곳이 나일강 하구 지중해 연안에 위치한 알렉산드리아다. 프톨레마이오스 왕조는 그리스인 왕들이 통치했는데, 이들이 기원전 3세기경에 알렉산드리아 도서관을 만들었다. 알렉산드리아는 인구 약 50만 명의 항구 도시였다. 이곳은 아프리카와 파로스섬을 연결하는 항로가 있었으며, 지중해를 동서로 이동하는 배도 많았기 때문에 교통량이 많던 항구 도시였다. 이곳에서 프톨레마이오스 1세 왕은 상상하기 힘들 정도로 많은 책을 구입했을 뿐 아니라, 알렉산드리아에 입항하는 모든 배를 강제로 수색해서 책을 찾아낸 후 파피루스에 필사본을 만든 후 원본은 가지고 복사본을 돌려주면서까지 책을 수집했다. 이렇게 세계의 모든 책이 알렉산드리아 도서관에

'알렉산드리아 도서관' 내부 상상도 (오 폰 코르벤O. Von Corven, 19세기)

모이게 되었다. '세상의 모든 책을 한곳에 모은다'라는 것은 무슨 의미가 있는 것일까? 그 의미는 다음 사건이 잘 보여 준다.

어느 날 '알렉산드리아 도서관'의 도서관장이었던 에라토스테네스Eratostehnes는 파피루스로 만들어진 책에서 다음과 같은 내용의 글을 읽었다. '남쪽 변방 시에네 지방에서는 1년 중 낮의 길이가 가장 긴 하지인 6월 21일 정오에 막대기를 세워 놓아도 그림자가 안 생기고, 우물 속을 들여다보면 수면 위로 태양이 비춰 보인다.' 시에네는 지금의 이집트 아스완이다. 보통 사람 같으면 이 사실을 그냥 넘겼겠지만, 그는 6월 21일에 알렉산드리아에서 정오에 막대기를 세우고 그림자 길이를 재 본다. 그리고 그는 알렉산드리아와 시에네 두 지역의 그림자 길이가 다르다는 것으로 지구가 평평하지 않고 구처럼 휘어 있다는 것을 추론한다. 그리고 막대기 길이와 그림자 길이를 통해서 알렉산드리아에서는 햇빛과 막대기 사이의 각도가 7.2도라는 것을 측정했다. 이는 '두 평행선을 가로지르는 직선이 만드는 두 내각은 서로 같다'라는 기하학의 명제에 따라서 지구 중심부에서 보았을 때 시에네와 알렉산드리아가 떨어진 각도가 7.2도라는 결론에 도달한다. 7.2도는 360도 원의 50분의 1이다. 따라서 지구의 길이가 시에네와 알렉산드리아 사이 길이의 50배라는 것을 알게 된다. 그는 시에네와 알렉산드리아 사이의 길이가 925킬로미터 떨어져 있다는 것을 보폭으로 재어 보고, 지구의 길이가 그것의 50배인 46,250킬로미터일 것이라고 예상했다. 이 값은 현대 기술로 측정한 지구 둘레 값인 40,120킬로미터와 별로 차이가 나지 않는다.

칼 세이건의 저서 『코스모스』(홍승수 옮김, 사이언스북스)에 나와 있는 에라토스테네스가 지구의 크기를 계산한 이 이야기는 도서관의 힘을 잘 보여 주는 사건이다. 에라토스테네스는 기하학을 유클리드의 기하학 책에서 배웠다. 유클리드는 에라토스테네스보다 한 세대 전에 알렉산드리아에 살았던 사람이다. 그리고 그는 시에네의 관찰 기록을 파피루스 책을 통해서 배웠다. 에라토스테네스는 이미 죽었기에 만나 본 적 없는 그리스 기하학자의 지식과 저 멀리 시에네의 어느 누군가가 관찰한 지식에 '지구가 둥글다'라는 상상력을 합쳐서 지구의 둘레를 계산해 냈다. 책이란 이렇게 다른 시간과 공간에 있는 지성들을 하나로 연결하는 도구다. 이것이 책이 만드는 창의적 시너지 효과다. 책이 없던 고대 시대 사람은 평생 동안 지식을 얻고, 생각하고 그렇게 해서 만들어진 정보가 머릿속에 남는다. 이런 시대에는 나이가 많은 사람일수록 더 많은 정보를 가지게 된다. 그래서 마을의 최고령자가 가장 존경받았다. 그런데 그런 시대에는 한 인간이 죽으면 그가 가지고 있던 지식과 정보가 사라진다. 구전을 통해서 전승시키는 지식이 있지만, 구전은 정보 전달에 한계가 있다. 그러다 문자가 발명되었다.

문자는 정보를 책에 기록하고, 책은 정보의 수명 한계를 연장해 주었다. 이제 인간이 죽으면서 유기체인 뇌와 함께 중요한 정보가 사라지는 일은 없어졌다. 한 사람의 머릿속에 담긴 중요한 정보는 파피루스 문서에 문자로 기록되어 후대의 사람들에게 책이라는 매체를 통해서 전달되게 되었다. 책을 통해 독자는 다른 지역, 다른 시간대에 있는 사람과 문자를 통해서 소통하게 된다. 저자와 독자의 뇌가 링크되는 것이다. 그리고 다양한 정보들이 모이면 시너지 효과를 통해 스파크처럼 새로운 정보가 만들어진다. 그런데 책이 한곳에 모여 있지 않으면 사람들은 책을 구하기 위해서 여기저기 다녀야 한다. 그만큼 시간이 소모되고, 평생의 시간 동안 얻을 수 있는 정보의 양은 제한된다. 이는 책을 통해서 만날 수 있는 사람들의 숫자가 줄어드는 것이다. 그만큼 인류의 발전은 늦어졌을 것이다. 하지만 인간은 책을 만든 후에 도서관도 만들었다. 많은 책을 한곳에 모아 놓았고, 덕분에 도서관에 들어가는 사람은 짧은 시간에 수많은 저자와 연결될 수 있었으며, 정보와 지식은 계속해서 재생산되고 발전하게 되었다. 자연의 동식물은 수컷과 암컷 두 개의 성을 가지고 있는 경우가 대부분이다. 자연이 진화의 과정에서 두 개의 다른 성(性)을 만든 이유는 암수 다른 유전자의 우연한 조합을 통해서 더 다양한 유전자를 만들고, 이를 통해 생존 확률을 높이기 위해서였다. 서로 다른 유전자를 섞기 위한 방법이 수정 혹은 교미다. 책을 읽는 것은 교미와 비슷하다. 책에는 저자의 뇌가 만든 각기 다른 종류의 정보들이 담겨 있다. 책 속 정보는 저자의 '생각의 유전자'라고 할 수 있다. 책을 읽으면 그 생각의 유전자들이 우리의 머릿속에 들어와 섞여서 새로운 변종 정보를 만들어 낸다. 도서관은 이렇게 독자와 저자의 머릿속에 있는 정보라는 유전자의 조합과 재생산을 가속하는 건축물이다.

문자, 책, 도서관

앞선 4장에서 인간은 도시에서 다양한 사람과 언어로 소통하면 뇌들이 병렬로 연결되는 효과가 생겨서 더 창의적이 된다고 했다. 하지만 언어는 같은 시간, 같은 장소에 있는 사람하고만 연결된다는 한계가 있다. 이를 극복하기 위해서 인류는 문자를 발명했다. 문자는 다른 장소, 다른 시간대의 사람과 연결해 주는 케이블이다. 내가 플라톤의 책을 읽으면 서울에서 9천 킬로미터 떨어진 그리스 지방에 2천5백 년 전에 살았던 아주 똑똑한 사람과 뇌가 연결되는 효과가 생긴다. 문자 덕분에 인류는 시간과 공간의 제약을 뛰어넘어 많은 사람의 뇌를 병렬로 연결할 수 있게 되었다. 우리가 책으로 12년간 정규 교육을 받으면 인류 문명사 5천 년 동안 가장 똑똑한 사람들의 뇌와 병렬로 연결되는 효과가 생기는 것이다.

최초의 문자는 메소포타미아의 두꺼운 점토판에서 시작되었지만, 기술이 발달하면서 파피루스라는 식물로 만든 얇은 종이에 적게 되었다. 점토판보다 얇은 종이에 기록된 덕분에 작은 공간에 더 많은 지식과 정보를 담을 수 있게 되었다. 그러나 파피루스는 시간이 지나면 부서지는 문제가 있었다. 인간은 정보를 더 오랫동안 보존하기 위해서 양피지에 기록했다. 그리고 인간은 그런 책들을 한곳에 모아 놓는 도서관을 만들었다. 도서관은 다른 장소, 다른 시간대 사람들의 지식을 좁은 공간에 밀도 높게 담는 공간적 장치다. 도서관이 만들어지면서 이제 사람들은 힘들게 다른 마을로 현인을 찾아가 구전으로 지식을 전수받을 필요가 없게 되었다. 그저 도서관에 가서 책을 찾아서 읽으면 됐다. 그리고 그 책 바로 옆에 꽂힌 책을 읽으면 다른 나라, 다른 시대의 사람으로부터 가르침을 받는 효과가 생겼다. 물론 그렇게 되기 위해서는 글을 읽고 쓸 수 있는 능력을 겸비해야 한다. 수메르 문명의 기록을 보면 자녀로 하여금 글자를 읽고 쓸 수 있는 서기라는 직업을 갖게 하려고 공부시키는 부모의 이야기가 나온다. 더 좋은 대학에 자녀를 입학시키기 위해서 어려서부터 공부를 시키는 것은 수메르 문명 때부터 시작된 것이다. 수렵 채집 시기에는 사냥 잘하는 자들이 권력자였고, 농업 이후에는 땅을 많이 소유한 자가 권력자였다면, 도서관이라는 시설이 나오면서 이제는 정보를 잘 습득하고 다룰 줄 아는 자가 권력을 가질 수 있게 되었다. 대표적인 직업이 수도사다. 당시 책들은 손으로 옮겨 적어서 만들어야 했다. 보통 글을 읽고 쓸 수 있는 수도사들이 필사하는 일을 하였다. 그러다 보니 수도원이 출판사와 도서관의 기능을 하게 되었고, 정보를 생산하고 독점한 수도원이 권력을 잡을 수 있었다. 시간이 지나서 수도원은 대학이 되었고, 대학은 이 시대에 정보가 생산되고 전파되는 중심지가 되었다.

근대에 들어서 출판은 책을 발행하는 출판과 일간지 등을 발행하는 언론사로 나누어지게 되었다. 책은 반영구적으로 보존되지만, 신문은 하루가 지나면 쓰레기통에 버려진다. 오래 보존되는 책은 학문적인 권위를 가지게 되었고, 휘발성이 있는 정보를 제공하는 신문은 실질적인 권력을 가지게 되었다. 이유는 책보다 신문이 더 많이 동시에 발행되고, 판매되기 때문이다. 아무리 베스트셀러여도 십만 권의 책이 발행되려면 몇 달이 걸리지만, 신문은 하룻밤에 몇 십만 부를 발행해 판매한다. 그렇게 신문지상의 정보가 더 빠르고 파급력을 갖게 되었고, 현대에는 일간지보다 더 빠르게 정보가 복사되고 퍼지는 인터넷 포털 사이트가 더 큰 권력을 가진다. 구글이나 네이버 같은 포털 사이트는 실제 공간에 위치하지 않고 가상공간에 있다. 가상공간은 시공간의 제약을 훌쩍 뛰어넘기 때문에 더 큰 힘을 발휘한다.

인류 최초의 문자는 수메르 문명에서 발견된 쐐기 문자로, 곡물을 저장하고 수량을 기록하는 용도로 사용되었다. 회계 장부를 만들기 위해서 문자가 발명된 것이다. 그러다가 문자 체계는 점점 더 발달해서 그리스에 와서는 연극 극본을 쓸 정도로 인간의 감성을 글로 남기는 수준으로까지 발전했다. 기원전 10세기 아테네에서는 남성의 10퍼센트가 읽고 쓸 수 있었다. 많은 책이 만들어지고, 책을 보관하는 건축물인 도서관이 만들어졌다. 최초로 체계적으로 조직된 도서관은 기원전 7세기에 아시리아의 왕 아슈르바니팔이 수도 니네베에 건립한 대규모 도서관이다. 이후 기원전 6세기경 그리스에도 공공도서관이 세워졌다. 그리스가 문명의 꽃을 피운 이유는 이전과는 다른 새로운 표음문자가 발전했기 때문이다. 매리언 울프의 저서 『프루스트와 오징어』에 따르면 수메르의 쐐기문자를 읽고 쓰려면 9백 자의 글자를 공부해야 했고, 이집트의 상형문자인 신성문자를 읽기 위해서는 수천 개의 글자를 익혀야 했다고 한다. 단순히 읽고 쓰는 서기가 되기 위해서 그들은 수년간 훈련을 받아야 했다. 마치 우리 시대에 컴퓨터 소프트웨어를 짜기 위해서 오랜 세월 공부하며 익혀야 하는 것과 비슷하다. 그러다가 그리스 시대에 들어서 표음문자인 알파벳은 26개 글자만 익혀도 글을 읽을 수 있었다. 그리스 시대 사람들은 수메르인이나 이집트인보다 훨씬 더 어린 나이에 빠르고 쉽게 책을 이용할 수 있게 된 것이다. 놀랍게도 이러한 문자의 혜택을 소크라테스는 싫어했다. 그는 책을 싫어하고 구술로 지식을 전달하는 것을 선호했다. 책은 되받아 말하지 못하고, 기억을 파괴하고, 너무 많은 지식이 피상적이게 된다고 생각했기 때문이었다. 하지만 그의 제자 플라톤은 그의 구술을 책으로 남겼고, 플라톤의 제자 아리스토텔레스는 엄청난 양의 책을 소장했다. 아리스토텔레스가 가지고 있었던 방대한 양의 책은 그 시대의 대학 도서관이라고 할 수 있다. 이후 기원전 288년경 이집트의 알렉산드리아에 약 70만 권을 소장한 '알렉산드리아 도서관'이 건립되었다. 서기 640년 무렵에 '알렉산드리아 도서관'이 이슬람에게 점령당했다는 이야기가 있는데, 과거에는 이슬람이 '알렉산드리아 도서관'을 점령하고 모든 책을 불태웠다고 생각했으나, 최근 들어서는 이 추측은 틀렸다고 평가된다. 오히려 이슬람이 알렉산드리아의 지식을 습득했다고 보는 것이 맞다. 이슬람의 과학이 급작스럽게 발달하고, 전 세계에 대한 지식이 많아지며 지식 면에서 유럽을 압도하는 국가로 성장한 배경에는 '알렉산드리아 도서관' 정복이 큰 영향을 주었다고 볼 수 있다. 당시 중세 시대 유럽은 종교에 의해서 압도당한 암울한 사회인 반면, '알렉산드리아 도서관'을 손에 넣은 이슬람 국가는 그리스 문화 지식의 계승자가 된 것이다.

도서관이라는 건축물은 기원전 7세기에 시작해서 21세기에도 존재하고 있는 건축 양식이다. 어떤 건축 양식이 약 2천7백 년간 지속되었다는 것은 그만큼 그 건축물이 사회와 밀접한 관련을 맺고

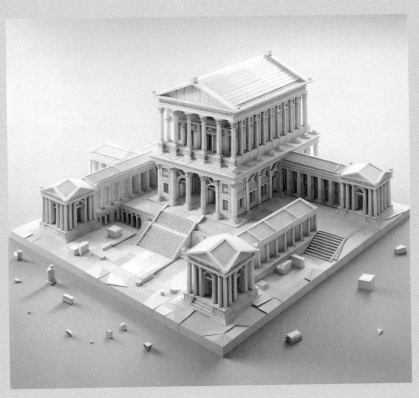

'알렉산드리아 도서관' 상상 모형도

있다는 증거다. 지금은 정보의 저장소라는 도서관의 기능은 인터넷 공간 속으로 이전되었다. 하지만 인터넷상에 있는 정보는 컴퓨터와 전기가 없으면 볼 수 없다. 마이크로필름에 아무리 많은 정보가 있어도 읽어 내는 장치가 없으면 볼 수가 없다. 하지만 책은 언제 어디서 누구나 어떠한 장치의 도움 없이도 볼 수 있는 가장 근본적인 정보 저장 매체다. 따라서 도서관은 앞으로도 남아 있을 가능성이 높다. 아니, 살아남는 것이 인류 문명의 보전을 위해서 필요하다. 과거 대부분의 사람이 문맹이었던 중세 때는 일부 성직자들만 글을 읽고 쓸 수 있었다. 이 당시에는 필사본으로 책을 만들던 시절이어서 책의 양도 적었다. 책을 보관하는 서고는 어두운 방이었고, 책을 읽는 사람들은 몇 명 안 됐기 때문에 창가에 몇 개의 책상만 있던 시절이었다. 금속 활자가 발명되고 책의 대량 생산이 가능해지면서 가격이 대폭 줄어들고 성경 책이 보급되면서 종교개혁이 일어났고, 문맹률이 떨어지면서 인문학도 발생했다. 도서관은 점점 더 많은 사람이 앉을 자리가 필요해졌고, 지금의 도서관 디자인 양식이 되었다. 지금은 대부분의 사람이 글을 읽을 수 있고, 누구나 도서관에 가서 책을 읽을 수 있다. 넘쳐나는 세상의 모든 정보는 이제 하나의 도서관에 담을 수 없고, 대신 인터넷 공간으로 이동하였다. 우리는 지금 그 어느 때보다도 정보가 넘쳐나는 세상에 살고 있다. 20세기에 발생한 제3의 물결이라는 정보화 사회는 기원전 7세기에 도서관이 만들어지면서부터 시작된 것이다.

10 아퀴덕트:
나일강 없이 제국을 만든 건축

BC 300년경~1세기

BC 312년~ 로마 아퀴덕트
80년 콜로세움

강을 대체하는 건축물

메소포타미아와 이집트에 문명이 만들어질 수 있었던 이유 중 하나는 큰 강이 있어서 물 공급이 충분했기 때문이다. 문명이 발생하려면 도시가 만들어져야 하는데, 도시가 만들어지기 위해서는 물 공급이 필수적이다. 그래서 초기 문명 발생지는 모두 강을 끼고 있다. 이집트의 경우 나일강의 충분한 물 공급 덕분에 많은 사람이 농사를 짓고, 강가에 도시를 만들어 모여 살 수 있었고, 나아가 제국을 건설할 수 있었다. 북위 33도의 건조한 기후는 전염병 전파의 가능성도 줄여 줘서 메소포타미아의 바빌론은 인구 15만 명까지 성장할 수 있었다. 문명은 이후 그리스를 거쳐 로마까지 전파되었다. 그런데 로마는 건조한 기후대가 아닌 북위 42도의 온대기후다. 일반적으로 건조하지 않은 지역에서는 전염병 때문에 거대한 도시를 구축하기 어렵다. 그런데 로마 제국은 인류 역사상 처음으로 인구 100만 명을 넘는 거대 도시 로마를 구축했다. 『로마인 이야기』(김석희 옮김, 한길사)의 저자 시오노 나나미는 기원전 5세기경 고대 아테네의 인구가 시민과 노예를 합쳐서 13만 명이었을 것으로 추정한다. 그런데 몇백 년 후 로마시 인구가 100만명이 되었으니 짧은 시간에 거의 여덟 배 가까운 인구 성장이 일어난 것이다. 로마가 대단한 것은 단순하게 인구만 늘어난 것이아니라, 100만 명의 인구가 좁은 공간에 살 수 있었다는 데 있다. 고대 로마인들은 우선 5층에서 7층 정도 되는 '인술라insula'라는 주상 복합 형태의 주거 건물을 개발했다. 1층에는 가게가 있었고, 2층 이상에는 주거가 있었다. 건물 하부는 벽돌로 짓고 전체의 높이도 20미터를 넘지 못하게 규제했는데, 당시 건축 기술로는 그이상은 붕괴 위험이 있었기 때문이다. 이후 네로 황제 때는 법적허용 최고 높이를 16미터로 낮추었다. 당시 평범한 시민들은 이런 아파트 같은 형태의 집에서 살았고, 원로원 같은 고위 귀족들은 '도무스domus'라 불리는 개인 주택에 살았다. 로마는 이처럼 도시의 주택 문제를 고층 주상 복합으로 해결했다. 하지만 이 많은 인구가 사용할 물의 공급이 문제였다. 인구 100만 명의 로마 시민이 살려면, 100만 명에게 물을 공급해 줄 강이 필요했다. 그러나로마에는 나일강 같은 큰 강은 없었고 조그마한 테베레강만 있을뿐이었다. 그 한계를 극복하기 위해 로마인들은 나일강을 대신할인공의 강을 만들었다. 바로 아퀴덕트다.

아퀴덕트는 번역하면 '수도교'다. 수도교란 물을 공급하는 상수도 다리라는 뜻이다. 로마는 이집트의 나일강 같은 큰 강이 없었기 때문에 20~30킬로미터 멀리 떨어진 여러 지방에서 물을 끌어다 쓰는 방법을 고안해 냈다. 인공의 강을 만든 것이다. 당시에는 펌프가 없어서 중력과 경사만 이용해서 물을 흐르게 해 가져와야 했다. 중간에 계곡이 있으면 물이 내려가서 다시 올라오지 못하니 계곡 같은 낮은 지대에는 아퀴덕트라는 다리를 만들어 물을 완만하게 흘려서 로마까지 끌고 왔다. 계곡뿐 아니라 수로의 기울기를 유지하기 위해 평지에도 아퀴덕트가 건설됐다. 그런데 물이 있는 티볼리 같은 지방과 로마와의 거리는 20~30킬로미터인데, 해발 고도 차이는 20~30미터밖에 되지 않는다. 그러니 수로의 기울기는 1,000분의 1정도 밖에 되지 않았다는 얘기다. 지금 우리가 쓰는 화장실 바닥에서 물이 하수도 배수 구멍으로 들어가게 기울인 바닥의 기울기가 100분의 1이다. 로마는 그보다 10배 더 완만한 기울기를 만들 수 있는 건축 기술을 가지고 있었다. 그뿐만이 아니다. 건축적으로 이러한 수도교를 지방에서 로마까지 만들려면 엄청나게 많은 다리를 건축해야 한다. 우리나라에서 조선 시대 때 건축된 가장 긴 다리는 돌로 만든 살곶이 다리다. 이 다리의 교각 높이는 1.2미터고, 교각 사이의 간격이 수 미터밖에 되지 않는다. 이 정도 규모가 돌로 다리를 건축했을 때 갖게 되는 일반적인 기술적 한계다. 그런데 아퀴덕트는 계곡에서 두 언덕을 연결하는 높이의 다리로 만들어졌다. 다리의 높이가 38미터 정도 되는 것도 있다. 요즘으로 치면 10층짜리 사무용 건물 높이다. 그 높이까지 교각을 만들려면 건축 재료의 물량만 하더라도 엄청난 규모가 된다. 돌벽을 쌓아서 만들었다면 경제성이 없어서 건축이 불가능했을 일이다. 그런데 로마인들은 어떻게 이런 일을 가능케 할 수 있었을까? 답은 아치 구조에 있다. 아치라고 하는 것은 기둥과 기둥 사이의 간격을 넓힐 수 있는 가장 효과적인 건축 기술이다. 다리 교각 전체를 벽으로 세워 만들기에는 건축 재료 물량이 너무 많이 들어간다. 벽보다 적은 재료로 높게 건축하는 방법은 기둥을 세우고 그사이에 보를 두면 된다. 그런데 기둥과 기둥 사이의 간격이 점점 넓어지면 보는 점점 더 두꺼워져야 한다. 그러면 보가 점점 더 무거워져서 그 보를 받치는 기둥 역시 더 굵어져야 한다. 그러면 공사비가 더 올라간다. 보의 두께를 얇게 유지하면서 기둥의 간격을 넓히기 위해서 고대인들은 '시옷(ㅅ)' 자 형태의 보를 만들었었다. '시옷(ㅅ)' 자 형태의 보는 두 개의 긴 돌로 만들어진다. 그런데 이 역시 보를 위해서 긴 돌이 필요하고 그 긴 돌을 높이 올리기는 힘들다. 이를 해결하기 위해서 작은 돌을 둥그런 아치 모양으로 쌓아서 올리는 기술을 발명했다. 이제 작은 건축 부재로 기둥 간격을 더 넓게 벌릴 수 있게 되었다. 위로부터 내려오는 하중을 우아하게 반원형 곡면으로 좌우로 나누어 돌려서 기둥으로 분산시키고 하중을 땅으로 내려보내는 방법이 '아치'다. 이때 사용하는 작은 돌은 건축 현장까지 옮기기도 수월하고 위로 올리기도

로마의 아퀴덕트

수월하다. 이러한 기술을 적용한 덕분에 건축 자재의 양을 혁신적으로 줄일 수 있었고, 기둥 사이의 간격도 넓힐 수 있었으며, 아치를 몇 개 층으로 높게 쌓아서 수십 미터 높이의 아퀴덕트 다리를 만들 수 있었다.

아퀴덕트를 보면 아래쪽의 아치는 크고 위로 올라갈수록 폭과 높이가 작은 아치를 여러 개 두는 식으로 만들어진다. 그 이유는 위로 올라갈수록 지진이 났을 때 흔들림이 많기 때문이다. 우리가 '젠가'라는 게임을 할 때를 생각해 보자. 나무토막을 빼내거나 쌓을 때 책상이 조금만 흔들려도 맨 위 나무토막이 가장 크게 흔들리는 것을 경험해 보았을 것이다. 지진이 발생하면 지진파는 P파와 S파 두 종류로 나뉘어서 온다. P파는 좌우로 움직이는 지진파고, 속도가 빠르다. S파는 말 그대로 S자로 물결치듯이 오는 지진파다. 속도 면에서 P파가 S파보다 빨라서 먼저 도달한다. 지진이 나면 P파가 일차적으로 피해를 주고 난 후에 S파가 도착해서 건물에 이차적 피해를 준다. 그런데 고층 건물의 경우에는 상하 움직임보다 좌우 움직임이 더 골칫거리다. 젠가 게임의 경우처럼 좌우로 움직일 때 건축물의 상부로 갈수록 충격의 폭이 커진다. 이 문제를 해결하기 위해 아퀴덕트를 건축할 때 아래로 갈수록 아치기둥의 폭이 넓어지고 상부로 갈수록 작은 아치를 여러 개 두어서 안정적인 구조로 충격에 견딜 수 있게 만들었다. 로마는 아퀴덕트라는 인공의 물길을 만들어서 로마로 향하게 하였고, 나일강 같은 큰 강 없이도 충분한 물을 공급받아 인구 100만 명의 고밀화된 도시를 만들 수 있었다. 이렇게 배송된 물은 분수대를 통해 로마 시민에게 공짜로 공급해 주었다. 지금도 분수대에 가면 SPQR이라는 글자가 적혀 있는데 이는 Senatus Populusque Romanus의 약자로, 번역하면 '로마 원로원과 시민'이라는 뜻이다. 지금으로 치면 '대한민국 정부' 같은 느낌이다. 분수대마다 정부가 공급하는 깨끗한 물이라고 자랑하는 셈이다.

역사학자들은 로마인들이 아퀴덕트 같은 수로 시스템을 아시리아인들로부터 배운 것으로 본다. 아시리아는 니네베의 정원을 만들 때 먼 지방에서부터 터널을 뚫어서 방수 처리된 수로를 통해 물을 끌어와 공급했다고 한다. 이 기술이 로마까지 전파되어 아퀴덕트 시스템이 된 것이다. 같은 시스템이지만 둘 사이에는 차이점이 있다. 아시리아의 수도관은 왕의 정원을 꾸미기 위한 상수도였고, 로마의 아퀴덕트는 시민을 위한 상수도였다. 유럽은 그리스 시대를 거치면서 시민 사회가 만들어졌고, 이는 로마 시민들이 권력을 가지는 사회로까지 이어지게 되었다. 그리고 그 권력에 걸맞게 수로의 물을 사용할 수 있는 특권을 나누어 갖게 된 것이다. 그런 배경에서 아퀴덕트와 분수 같은 시설들이 왕실의 전유물이 아니라 로마 시민들이 사용하는 시설이 된 것이다.

전염병을 예방하는 목욕탕

앞서 메소포타미아와 이집트 같은 건조한 기후대는 비가 적게 내려서 바이러스 전파가 잘 안 되고 박테리아 증식도 잘 안 돼서 전염병에 강하다고 말했다. 그런데 로마는 온대 기후라서 비가 오는 곳이다. 이런 기후대에서 100만 명이 모여 살면 전염병 문제가 생긴다. 로마는 이를 해결하기 위해서 목욕탕을 건축했다. 고대 로마에는 목욕탕이 9백여 개 있었다. 그중에서도 대표적인 것이 '카라칼라 목욕탕'이라는 공중목욕탕이다. 로마 시민은 목욕탕에서 목욕함으로써 위생적인 환경을 만들었고, 인구 100만 명의 대도시를 유지할 수 있었다. 우리나라도 1970년대에 도시로 인구가 이동해서 도시 인구가 폭증했을 때 동네마다 공중목욕탕이 생겨서 도시 위생을 해결했던 것과 마찬가지다. 목욕탕은 전염병 문제만 해결한 것이 아니라 같이 목욕하는 공동체를 구축해서 로마 공동체를 공고히 하고 나아가서 로마 제국을 건설할 수 있었다. 요즘도 사회에서 가장 인기 있는 사교 행위는 골프인데, 골프 자체도 좋지만 운동 후 옷을 벗고 온탕에 같이 들어가는 행위가 특별하기 때문이기도 하다. 하지만 로마의 목욕 문화에 문제도 있었다. 당시 로마의 목욕탕은 지금처럼 위생적인 목욕탕은 아니어서 목욕탕에서 성병이나 페스트가 옮기도 했다고 한다. 그럼에도 불구하고 목욕을 하지 않던 도시보다는 목욕하는 로마가 훨씬 더 위생적인 환경이었다고 할 수 있다.

서기 537년 동고트족 군대가 수도교를 차단하자 로마로 공급되던 급수가 정지되었고, 이후 로마의 인구는 3만 명으로 축소됐다고 한다. 이를 보면 인구 100만 명의 로마를 만들고 지탱한 것이 아퀴덕트 수도교였다는 것을 알 수 있다. 벤 윌슨의 저서 『메트로 폴리스』(박수철 옮김, 매일경제신문사)에 의하면 3세기에 로마에는 황실 목욕탕 11개, 사설 목욕탕 9백 개가 있었고, 4세기 로마인은 한 번에 6만 명이 목욕할 수 있었다고 한다. 뭐 그리 놀랄만한 일은 아니다. 지금 대한민국 서울에는 993만 넘는 인구가 사는데, 대략 410만여 가구가 있으니 집집이 하나씩의 샤워 시설이 있다고 보면 서울에는 목욕탕이 410만 개가 있는 것이고, 동시에 410만 명이 목욕하는 게 가능하다고 볼 수 있다. 그렇게 인구 1000만 명 가까운 도시 서울은 전염병을 피하고 유지되는 것이다.

제국을 완성하는 도로망

제국의 구심점이 되는 거대 도시는 아퀴덕트 같은 상수도 시스템이 만들지만, 제국을 완성하는 것은 도로망이다. 도로망은 넓은 영토를 통치하기 위해서 꼭 필요한 시스템이다. 도로망은 양면성을 가진다. 강력한 국가의 입장에서 도로망은 다른 나라를 침략하거나 세금을 징수하는 방편으로 사용된다. 하지만 약소국의 경우에는 도로를 통해서 외부 침략 세력이 들어오기 때문에 도로는 가급적이면 놓지 않으려고 했다. 우리나라의 경우 조선 시대 강릉의 어느 부자가 보부상을 위해서 강릉에서 태백산맥을 넘는 도로를 사비를 털어서 뚫었다고 한다. 그런데 임진왜란 때 그 길을 통해서 침략이 이루어져서 전란 이후 반역죄로 처벌받았다는 일화가 있다. 이처럼 자국의 도로나 지도 같은 지리 정보는 양면성을 갖는다. 이런 이유로 주변국에 비해서 약소국일수록 도로나 지도의 발전이 장려되지 않고 폐쇄적인 국가로 바뀌게 된다. 하지만 페르시아나 로마 같은 제국은 다르다. 강대국은 도로를 장려한다. 도로의 중요성을 처음으로 깨달은 사람은 페르시아 제국의 다리우스 1세다. 그는 아시아와 유럽을 잇는 거대한 제국의 통치를 위해서 '왕의 길Royal Road'을 구축했다. 브리태니커 백과사전에 의하면 왕의 길은 2,400킬로미터가 넘는 길이의 도로인데, 일정 거리마다 역참이 설치되어 과거에는 3개월이 걸리던 2천 킬로미터 넘는 여행길을 9일 만에 갈 수 있게 만들었다. 이 도로 덕분에 왕은 각종 소식을 열흘 안에 듣기도 하고 명령을 하달할 수도 있었다. '왕의 길' 도로망이 페르시아 제국의 통합을 이룬 것이다. 로마에는 '모든 길은 로마로 통한다'라는 말이 있을 정도로 도로망 구축에 공을 들였다. 당시 로마가 만든 도로 아피아 가도Appia街道의 표준 디자인을 보면 가운데에는 커다란 돌로 포장된 폭 4미터의 왕복 2차선 도로가 있고, 그 좌우로 폭 3미터의 인도가 있다. 가운데 마찻길 도로와 인도 사이에는 배수로가 만들어져 있다. 전 유럽에 로마의 도로가 깔리면서 언제든지 신속하게 군대를 파병할 수 있었고, 세금을 징수할 수 있게 되면서 로마 제국은 오랫동안 유지될 수 있었다. 로마 가도는 총 길이 8만 킬로미터에 이르며 영국, 북아프리카, 중동 지역까지 뻗어 있다. 20세기에 독일은 이를 흉내 내서 고속도로인 아우토반을 깔았다. 아우토반이 만드는 유통망은 독일을 세계 대전을 일으킬 정도의 강국으로 만들어 주었다. 제2차 세계 대전 중 유럽 총사령관으로 있던 아이젠하워 장군은 군대와 물류 이동에 혁신적이었던 독일의 아우토반을 보고 감명받았다. 전쟁이 끝나고 미국 대통령이 된 아이젠하워는 미국 전체에 고속도로망을 구축했다. 지금은 미국 어디를 가나 고속도로가 있고, 휴게소마다 모텔과 맥도날드가 있다. '고속도로 + 모텔 + 맥도날드'가 20세기에 만들어진 '왕의 길'이고, 미국을 제국으로 완성한 시스템이다.

'콜로세움'의 비밀

로마 '콜로세움'은 베스파시아누스 황제가 기원후 70년~72년에 공사를 시작해서 아들인 티투스 황제가 기원후 80년에 완성하였다. 길이 188미터, 너비 156미터, 높이 48.5미터의 규모를 가지고 있다. 평민 출신으로 황제가 된 베스파시아누스는 대중의 환심을 사기 위해 네로 황제의 별장 '황금궁전'에 딸린 인공 호수가 있던 자리에 시민을 위한 경기장인 '콜로세움'을 지었다.

그리스 반원형 극장은 로마 제국으로 수입된 후 세 가지 진화를 하게 된다. 첫째, 360도로 빙 둘러서 객석이 배치되었다. 그리스 반원형 극장은 원형이 아니다. 그리스 반원형 극장의 객석은 전체 원의 절반쯤인 180도 정도만 객석으로 되어 있다. 나머지 한쪽은 무대다. 반면 로마 '콜로세움'은 좌석이 360도 전체에 둘러 있는 구조다. 그리스 반원형 극장은 한쪽에 무대가 있고, 반대쪽에 좌석이 있는 형식이라면 '콜로세움'은 무대가 가운데 있고, 주변으로 빙 둘러서 구경하는 구조라는 차이점이 있다. 이렇게 다른 이유는 무대에서 행해지는 프로그램이 달랐기 때문이다. 그리스 반원형 극장은 연극같이 한쪽 방향으로 보여 주면서 대사를 하는 공연이 상연됐다면, 원형 경기장에서는 검투사의 싸움같이 사방에서 볼 수 있는 이벤트를 제공했다. '콜로세움'에서는 경기장 바닥에 물을 담아서 로마의 해상 전투를 재현하는 등 엄청난 규모의 볼거리를 제공하기도 했다. 로마 건축은 그리스 건축물을 모방하면서 시작했다. 우선 '아테네 판아테나이코스 올림픽 경기장' 같은 긴 스타디움 스타일을 흉내 내서 대전차 경주장을 만들었다. 영화 〈벤허〉(1959)에 나오는 말 네 마리가 끄는 마차들이 경기하는 곳이다. '콜로세움'은 그리스의 반원형 극장과 판아테나이코스 올림픽 경기장을 섞은 복합 타원형 평면의 경기장 디자인이다.

그리스 반원형 극장과 '콜로세움'의 두 번째 차이점은 실내 공간

천막 지붕이 있는 '콜로세움' 가상도(위)와 공중에서 촬영한 '콜로세움'

의 도입이다. 그리스 반원형 극장은 전체가 야외극장이지만 '콜로세움'은 지붕의 절반 정도가 천으로 덮여서 햇볕을 가려 줘 약간은 실내 공간의 성격을 가진다는 차이점이 있다. 건축은 발전할수록 실내화가 진행된다. 그리스의 반원형 극장은 야외였고, 6세기에 건립된 '성 소피아 성당Hagia Sophia'은 거대한 실내 공간의 건축물이다. 가변형 캐노피를 가진 '콜로세움'은 그 중간 과정에 해당한다. 세 번째 차이점은 '콜로세움'은 복층 구조라는 점이다. 경기장이 있는 1층의 아래층에는 각종 부대 시설이 있다. 건축 프로그램적으로 '콜로세움'은 최초의 도심형 복합공간이라 할 수 있다. 과거의 거대한 주요 건축물들은 주로 한 층으로 되어 있다. 수메르의 지구라트, 이집트의 신전, 그리스의 '파르테논 신전'이나 반원형 극장 등은 그 높이와 크기는 다르지만 실제로 사람이 사용하는 공간은 모두 한 층으로 연결된 건축물이다. 지구라트 신전이 50미터 높이지만, 실제 사람이 들어가서 사용하는 신전 부분은 꼭대기의 한 층뿐이었다. 하지만 '콜로세움'은 1층 경기장에서 검투사 경기나 공연이 펼쳐질 때 사용하고, 아래층에는 검투사들이 쉬는 곳, 경기에 사용하기 위한 맹수를 가두어 두는 우리, 무대 효과에 필요한 특수 장치 등 지원 시설이 있었다. 이렇듯 '콜로세움'은 복층으로 나누어진 공간이 하나의 목적으로 기능하는 복합 구조다. 이러한 복합 구조가 가능했던 것은 당시 로마인들이 기능에 초점을 두고 새로운 것을 만드는 합리적인 사고를 가지고 건축 디자인을 했기 때문이다. 마치 19세기 시카고에서 철근콘크리트와 엘리베이터, 수량이 많아진 상품들이 합쳐져서 최초로 백화점이라는 건축 양식이 만들어진 것과 비슷하다. '콜로세움'이 지어진 대지의 특징도 이러한 복합 구조를 만드는 데 유리한 조건을 제공했다. '콜로세움'이 지어진 대지는 네로 황제 별장의 인공 호수가 있던 곳이다. 인공 호수를 만들기 위해서 땅을 파냈을 것이다. 그자리에 물을 빼고 건물을 지으니 자연스럽게 시작부터 지하층이 만들어지게 되었다. 과거와 같은 사고방식에 사로잡힌 건축가였다면 이곳에 흙을 쌓아서 대지를 평평하게 만든 후 경기장을 만들었을 것이다. 하지만 창의적인 '콜로세움' 건축가는 푹 꺼진 땅이라는 점을 이용해서 지하층을 서비스 공간으로 만들었다. 그렇게 새로운 복합 건축물이 탄생한 것이다. 시대를 막론하고 좋은 건축가는 대지의 제약 조건을 장점으로 승화시켜 사용한다.

'콜로세움'은 5만 명의 인원을 수용할 수 있는 규모에 비해서 엄청나게 짧은 공사 기간인 8년 만에 완공했다. 현재의 기술로도 2만 2천여 명 들어가는 '아레나 극장(경기장)'을 짓는 데 3년은 걸린다. 그것을 고려하면 2천여 년 전에 4배 규모의 건축물인데도 8년여 만에 완공했다는 건 엄청 빠르게 지은 것이다. 참고로 밑변 길이 230미터, 높이 147미터 크기의 기자의 피라미드는 20년 정도가 걸렸다. '콜로세움'의 건축 기간은 피라미드의 절반도 안 된다. 규모의 차이도 큰 이유지만, 또 다른 이유가 있다. 첫째, 피라미드는 속이 꽉 차게 돌을 쌓은 것이라면 '콜로세움'은 안이 비어 있어서다. 고대에는 거대한 건축물을 만들 때 내부 공간을 사용하기 위해서 만든 것이 아니었다. 그저 만들기 힘든 무거운 건축물을 만들어서 자신의 힘을 과시하기 위한 것이다. 수메르 문명의 지구라트 신전도 그렇고 중남미 마야 잉카 문명의 많은 피라미드도 대부분이 돌을 쌓아서 만든 덩어리로, 내부 공간은 거의 없다. 그런데 그리스 시대부터 달라지기 시작했다. 그리스의 반원형 극장은 대부분이 사람이 앉을 수 있는 공간이다. 과거의 거대 건축물은 한 명을 위해서 만들어진 거대한 돌무더기였다면, 그리스 시대부터는 1만 6천 ~1만 7천 명의 사람이 사용하는 공간을 만들기 위해서 건축을 한 것이다. '콜로세움'은 더 많은 5만 명 정도의 사람이 들어가 앉을 수 있는 공간을 만든 것이다. 건축은 점점 더 많은 사람이 사용할 수 있는 공간으로 진화해 왔다. 사람을 위한 빈 공간이 많았기 때문에 돌의 양은 더 적게 들어갔고, 덕분에 큰 건축물임에도 빠르게 지을 수 있었다.

두 번째 이유는 건축 기술의 발전이다. '콜로세움'을 그렇게 적은 건축 재료로 빨리 지을 수 있었던 비결은 아치와 벽돌에 있다. 아치 구조의 경제성은 앞서 아퀴덕트 때 설명했다. 적은 양의 건축 재료로 기둥의 간격을 넓힐 수 있었고, 아치 덕분에 두꺼운 보를 피할 수 있었으며, 덕분에 기둥의 굵기를 줄일 수 있었다. 기둥이 가늘어지니 같은 재료를 가지고도 더 넓은 실내 공간을 확보할 수 있었다. 이집트의 신전을 보면 모두 거대한 돌로 만들어져 있다. 아치 대신 무거운 보를 기둥 위에 올리다 보니 기둥이 엄청나게 굵어진다. 그래서 실제 만들어진 공간을 보면 사용할 수 있는 공간은 별로 없고 평면상에서 기둥이 자리를 다 차지하고 있다. 이러한 이집트의 신전과 비교해 로마의 건축물은 아치 덕분에 같은 재료로 훨씬 더 많은 실내 공간을 만들 수 있었다. 이는 공사비와 공사 기간의 단축으로 이어진다. 로마 건축의 또 다른 비결은 '벽돌'에 있다. 로마의 건축 디자인 양식은 그리스에서 따와서 만들었다. 그런데 문제는 그리스 건축물은 백색 대리석으로 만들어졌다는 것이다. 전 유럽을 정복하다 보면 대리석을 구할 수 없는 지역이 있다. 그런데 로마는 기후와 지역이 달라져도 제국을 대표하는 통일감 있는 건축물이 필요했다. 그래서 선택한 것이 벽돌이라는 재료다. 벽돌은 주변에 나무나 돌이 없었던 메소포타미아 수메르 문명에서 많이 사용하던 재료다. 로마는 수메르의 벽돌 기술을 자신의 건축 디자인에 적용했다. 결과는 성공적이었다. 어디서나 구할 수 있는 흙으로 만든 벽돌을 이용해 그리스 건축 양식으로 지은 덕분에 로마 제국은 유럽 어디를 가든지 같은 디자인과 같은 재료로 통일감 있는 건축물을 만들 수 있었다. 벽돌로 지을 때의 또 다른 이점은, 벽돌은 단위 모듈이 작아서 한 장 한 장 운반하기 쉽고 건축할 때도 쉽다는 점이다. 게다가 벽돌은 대량 생산도 수월하고, 공사 중 중간에 보수할 일이 있으면 깨진 벽돌만 부분적으로 교체하면 된다. 표준 모듈화와 대량 생산이 가능하고 운반이 쉬운 재료가 벽돌이다. 조선은 정조 때 수원성을 2년 만에 완성했다. 그렇게 큰 수원성을 그렇게 빠르게 완성할 수 있었던 것은 주재료로 벽돌을 사용했기 때문이다. 같은 크기의 성을 쌓을 때 거대한 돌 수천 개로 만드는 것보다 작은 벽돌 수백만 장으로 만드는 것이 더 수월하다. 큰 돌은 수십 명이 힘을 합쳐서 한 번에 움직여야 하지만, 벽돌은 혼자서도 수십 장을 손쉽게 옮길 수 있다. 공사의 난이도로 생각한다면 큰 돌로만 만들어진 피라미드보다 많은 부분이 벽돌로 만들어진 '콜로세움'이 건축하기에 훨씬 더 수월하다. '콜로세움'은 외관의 주요 구조체에는 석재를 사용했지만, 지하층과 내부의 많은 부분을 벽돌로 만들어서 비용과 공사기간을 줄일 수 있었다. 재료적 측면에서도 돌보다는 벽돌로 건축하는 것이 훨씬 더 효율적이다. 로마는 벽돌의 이런 합리적 효율성을 잘 이용했다. 로마는 벽돌 덕분에 로마 제국의 브랜드를 보여 줄 수 있는 통일감 있는 건축을 했을 뿐 아니라 빠르고 저렴하게 지을 수 있었다.

로마는 아우구스투스 황제 때 라인강과 다뉴브강까지 국경을 확장한 후에 2백 년 가까이 팍스 로마나를 구축했다. 로마가 유럽을 정복할 때 사용한 전략이 두 개 있다. 첫째, 로마가 작은 도시국가 시절에 만든 법률을 다양한 문화와 민족을 다스리기 위해 재정립하여 넓은 지역에 동일하게 적용했다. 둘째, 수호신을 모신 신전, 원형 경기장, 전쟁 승리의 상징인 개선문 같은 제국을 상징하는 건축물을 정복지마다 통일감 있게 만들었다. 건축물을 통해서 로마 제국의 위대함을 느끼게 하고, 정복지 원주민에게 로마에 대한 경외심과 로마 제국의 일원이 되었다는 자부심을 끌어냈다. 미국도 자국 영토는 북아메리카의 일부 지역이지만, 미국의 영향력은 20세기에 시작해서 지금까지도 가장 넓은 영역에 미친다. 팍스 로마나에 견줄 만한 팍스 아메리카나는 강력한 미국의 군대와 함께 미국의 의식주 문화에 바탕을 둔다. 우선 청바지로 대변되는 의문화, 콜라와 햄버거로 대표되는 식문화, 엘리베이터를 이용한 고층 건물로 대변되는 건축 문화를 통해서 미국 문화는 20세기 이후 지구상의 모든 사람에게 영향력을 끼쳤다. 이외에도 아이언맨과 캡틴 아메리카가 지키는 할리우드 영화를 통해서 만들어진 미국의 이미지를 통해 팍스 아메리카나를 구축하고 있다. 물류가 지금처럼 발달하지 않았던 2천 년 전에는 지역에 따라 기후가 바뀌면 먹는 것과 입는 것은 통일되기 어려웠을 것이다. 하지만 건축은 통일시킬 수 있었다. 건축은 말이 통하지 않을 때도 원주민들에게 무언의 압력을 행사할 수 있는 커뮤니케이션 도구다. 그래서 문맹률도 높고 텔레커뮤니케이션이 발달하지 않았던 과거에

도 건축은 존재감을 드러내는 데 큰 힘이 되었다. 그래서 제대로
된 건축 문화를 가지지 못한 제국은 제국을 오랫동안 유지하기가
힘들었다. 대표적인 사례가 원나라 몽골 제국의 경우다. 원나라는
말을 타고 중국과 그 너머의 광활한 지역을 순식간에 정복했음에
도 150년 만에 멸망하고 말았다. 몽골족은 텐트만 치던 유목 민족
이어서 건축을 이용한 문화 통합이 어려웠기 때문이다. 건축 문화
가 약하면 정복지의 다른 민족을 장기간 통치하기 어렵다. 로마는
제국의 정체성을 수메르 건축과 그리스 건축의 하이브리드를 통
해 '벽돌 아치'라는 신기술을 만듦으로써 유럽을 통일시킬 수 있
었다. 벽돌과 아치가 있었기에 로마 제국이 가능했다.

11 교회:
새로운 권력 장치

537년

성 소피아 성당

역사상 최고의 M&A

미국 사회학자 로드니 스타크는 그의 저서 『기독교의 발흥』(손현선 옮김, 좋은씨앗)에서 기독교가 1세기부터 4세기까지 10년당 40퍼센트 정도의 성장률로 확장했으리라 추정했다. 또 다른 자료에 의하면 310년에는 전체 로마 인구의 4분의 1이 기독교인이 되어 있었다고 한다. 콘스탄티누스 황제는 313년 밀라노 칙령을 통해 박해 시대 때 몰수됐던 교회의 재산을 환수하도록 조처했고, 기독교인을 속박하던 법률도 모두 폐지했다. 그 대가로 교회는 콘스탄티누스 황제의 권위를 인정했다. 이는 전체 인구의 25퍼센트나 되는 지지를 얻는 일이 되는 것이다. 흔히 이야기하는 콘크리트 지지층이 형성된 것이다. 이는 역사상 최고의 합병M&A이라 할 만하다. 두 거대한 조직의 연합이며 상호 인증이다. 지금으로 치면 구글과 테슬라가 합병한 것과 마찬가지라고 할까? 이 연합은 너무나 강력해서 그 이후로도 1천 년 지속하게 된다. 아시아에서도 이와 비슷한 일이 중국에서 일어났다. 탄압당하던 불교는 지방 중심으로 성장하여 서기 500년경에는 상당히 많은 수의 불교도가 있었다. 이때 남조 양무제는 불교와 불교 축제를 후원하였다. 양무제는 동물 살생을 금지했고, 경전 수집을 위해 인도로 사신을 파견하기도 했다(불교를 이용해 백성들을 우롱하고 재산을 수탈했다고 보는 역사학자들도 있다). 이에 불교계는 양무제를 인정했고, 그는 보살황제로 불렸다. 양무제를 지지하는 상당수의 콘크리트 지지층이 생겨난 것이다. 현재에도 비슷한 일이 일어나고 있다. 2024년 미국 대선 후보자였던 도널드 트럼프는 비트코인을 공식 인정하고, 미국을 비트코인을 주도하는 나라로 만들겠다는 공약을 선포했다. 그는 2024년 비트코인 콘퍼런스에서 같은 내용을 한 번 더 힘주어 선포했다. 비트코인 현상은 종교적 현상과 유사하다. 종교는 구원을 이야기한다. 내가 믿는 신이 나의 미래를 책임져 주고 구원해 줘서 천국으로 이끌어 줄 것으로 기대한다. 비트코인을 구매하는 사람들도 비트코인이 미래에 나의 경제적 구원을 가져다줄 것으로 믿는다. 이들에게 비트코인은 메시아 같은 존재다. 비트코인 현상은 경제 현상이지만, 동시에 일종의 종교 현상이기도 하다. 그러한 비트코인 구매자가 2023년 기준으로 전 미국인의 16퍼센트나 된다. 그러니 비트코인을 반대하는 민주당과 반대로 트럼프가 비트코인을 지지하면 16퍼센트의 국민에게서 호감을 얻게 된다. 종교의 지지를 받아야 정치권력을 얻는 것은 고대부터 현대까지 적용되는 정치 공학이다.

종교는 기본적으로 스토리다. 종교를 믿는 사람들은 그 종교의 세계관을 받아들이게 된다. 종교의 영향력이 줄어든 현대 사회에서는 줄어든 종교의 세계관을 대신해 게임과 영화의 세계관 그리고 자본주의 만능 시대에 맞게 각종 암호화폐 세계관으로 충족시키고 있다. 종교를 가지고 종교 지도자를 따르는 사람들은 그들이 주는 스토리를 거부감 없이 받아들인다. 언론과 대중 매체가 발달하지 않았던 시절에 종교 지도자가 하는 이야기는 현시대에서 뉴스와 네이버 메인 화면에 나오는 것과 마찬가지로 진실이라고 믿게 되는 효과가 있었을 것이다. 더욱이 문맹률이 높았던 시대에 종교 지도자의 힘은 막강했다. 책에 문자로 기록된 글은 권위를 가진다. 글을 읽을 줄 모르는 일반인들은 경전 속 글로 전달되어 내려오는 종교의 오래된 이야기를 믿을 수밖에 없었다. 그래서 예나 지금이나 정치가들은 종교 지도자의 호감을 사려고 노력한다. 우리나라도 대통령 선거 운동이 시작되면 후보자들은 불교, 기독교, 천주교 할 것 없이 찾아가서 만나고, 웃으며 함께 사진을 찍어 남기려고 노력한다. 어느 시대건 10퍼센트 정도의 콘크리트 지지층이 있으면 웬만해서는 무너지지 않는다. 현재 우리나라 사회도 마찬가지다. 이 콘크리트 지지층을 얻기 위해서 정치가들은 특정 지지층이나 종교 단체의 눈치를 보는 것이다. 「현대불교」 신문에 따르면 중국 북위는 불교를 신봉해 사찰이 약 3만 개, 승려가 약 300만 명이었다고 한다. 유럽에서는 콘스탄티누스 1세가 기독교를 로마의 공식 종교로 만들었다. 이 같은 연합은 고대 이집트에서도 있었고, 이스라엘의 솔로몬 시대에도 있었던 전형적인 종교와 정치의 상호 인증 시스템이다. 이때 건축은 중간 매개체의 역할을 하기도 하고, 새로운 사회를 더욱 공고히 하기 위해서 새로운 건축으로 사람을 움직이는 공간 구조를 만들기도 한다. 오래전 유럽에서는 '교회'라는 새로운 건축 공간을 만들었다. 이 공간 시스템은 아주 성공적이어서 2천 년 가까이 살아 있다.

교회가 유럽 사회를 얼마나 장악했는지는 교회가 유럽 경제에서 차지하는 비중을 살펴보면 알 수 있다. 토마 피케티의 저서 『자본과 이데올로기』(안준범 옮김, 문학동네)에 의하면 17세기부터 18세기 무렵 유럽의 기독교 교회는 유럽 전체 토지, 부동산, 금융 자산의 4분의 1에서 3분의 1 정도를 차지했다고 한다. 당시 국가나 어느 귀족 집안보다도 교회의 경제력이 압도적으로 우위였다. 삼성전자 주식이 2020년 초 최고가를 경신했을 때 우리나라 주가 총액의 3분의 1을 차지했었다. 그런데 이 경우에는 주식 시장의 3분의 1일뿐이다. 삼성전자가 부동산의 3분의 1까지 차지한 것은 아니다. 어떤 단체가 우리나라의 금융, 주식, 부동산 전체의 3분의 1을 차지하고 있다면 그 단체는 무소불위의 권력을 가지고 있을 것이다. 지금의 중국 공산당이 그 정도의 경제력을 가지고 있다고 한다. 그래서 그런 독재 권력을 갖게 된 것이다. 과연 17~18세기 교회는 어떻게 이런 영향력 있는 집단이 될 수 있었을까? 이번 장에서는 교회 건축을 통해서 만들어진 교회의 권력에 대해 살펴보자.

인간과 개미의 공통점

유발 하라리에 따르면 사피엔스의 성공은 집단의 규모가 크다는 데 있다. 인간과 비슷한 수준으로 많은 개체 수의 집단을 유지하는 종은 개미나 벌이 있다. 인간이 100만 명이 사는 도시를 가지고 있듯이 개미는 100만 개체 수가 모여 사는 개미집을 가지고 있다. 유일하게 곤충들만이 인간 사회 정도 규모의 집단을 형성하고 있다. 작은 곤충이 지구 생태계에서 살아남은 이유는 많은 개체 수와 그 사회의 집단성 때문이기도 하다. 특이하게도 개미와 사람의 공통점은 농사를 짓는다는 점이다. 중남미 열대 지방에 있는 잎꾼개미들은 버섯을 키워 먹는 농업을 한다. 이들은 이파리를 잘게 잘라서 효소 성분이 있는 배설물과 섞어서 버섯 균류를 재배한다. 버섯 균류는 잎꾼개미의 주 식량원이다. 잎꾼개미는 6500만 년 동안 농사를 지어 왔으니 인간보다 6499만 년 앞서서 농사 기술을 터득한 셈이다. 여기서 배울 수 있는 것은 농업은 개체 수를 늘리는 데 효과적인 방법이라는 점이다. 물론 모든 개미 종이 농사를 짓는 것은 아니다. 따라서 농업이 개체 수를 늘리는 유일한 방법이라고 말할 수는 없다. 최재천 교수에 따르면 개미나 벌 같은 곤충이 개체 수를 늘리는 데 가장 큰 도움을 준 것은 '식물과의 연합'이라고 한다. 그럼에도 불구하고 인간과 잎꾼개미 둘 다 농사를 짓는다는 점은 참으로 흥미로운 일이다. 개미, 벌, 인간의 또 다른 공통점은 개미집, 벌집, 도시 같은 거대한 개체 수가 함께 모여 살 수 있는 공간을 만들어 산다는 점이다. 인간은 여기서 더 나아가 단순히 모여 사는 것뿐만 아니라 그 도시 내에 특별한 건축 공간을 만들어서 집단을 규합하고 결속력을 높이고 있다. 앞서 살펴본 지구라트, 그리스 반원형 극장, '콜로세움' 같은 것들이 그 예다. 교회도 그중 하나다. 하라리 교수가 이야기하는 '공통의 이야기'가 인간 사회를 규합하는 소프트웨어라면 모일 수 있는 건축 공간은 그 집단의 결속을 더욱 단단하게 만들어 주는 하드웨어의 기능을 한다.

모닥불에서 교회까지

인간은 강력한 공동체를 만들기 위해서 건축 공간을 이용했다. 사람들은 하나의 공간에 함께 들어가 있을 때 공동체 개념이 형성되고 강화된다. 공동체 의식을 가지려면 같은 공간에 있다는 생각이 들어야 한다. 최초의 모닥불은 열기와 빛이 닿는 곳까지가 '우리'의 영역이라는 보이지 않는 경계를 만들면서 '모닥불 공동체'를 만들었다. 오랜 세월이 흐르고 난 후 인간은 기원전 10000년에서 기원전 8500년 사이에 장례식을 치르기 위한 공간인 '괴베클리 테페'를 만들었다. '괴베클리 테페'의 공간 구성은 평면상 둥근 모양의 벽을 만들어서 외부를 차단하는 것이다. 벽을 세움으로써 외부의 경치를 차단하였고, 이를 통해서 내부와 외부를 나누었다. 과거에 모닥불은 불빛이나 열기가 닿는 곳까지가 영역의 경계였기에 그 경계는 모호했다. 하지만 '괴베클리 테페'의 벽은 확실하게 경계를 나누어서 그 안에 들어가는 사람과 아닌 사람의 구분을 더욱 명확하게 만들었다. 시간이 흘러서 그리스인들은 반원형 극장을 만들었다. 반원형 평면에 경사진 단면으로 된 반원형 극장 안에 들어가면 주변의 경관이 안 보이고 무대만 보인다. 경사진 극장 좌석들이 벽의 기능을 하기 때문이다. 반원형 극장 공간 구조의 특이한 점은 '괴베클리 테페'가 가졌던 분리된 공간이라는 기능을 수행하면서 동시에 모닥불이 가지고 있었던 한 곳을 쳐다보게 하는 기능도 가졌다는 점이다. 이는 대단한 공간적 발명이다. 모든 객석은 무대를 향해서 놓여 있어서 객석에 앉은 사람들은 하나의 이벤트를 보게 된다. 모닥불에서 그 이벤트가 움직이는 불이었다면, 그리스 반원형 극장에서는 공연되는 연극이었다. 그 외에 반원형 극장은 모닥불이 가진 한계를 극복하고 더 진화한 부분이 하나 더 있다. 모닥불을 켜면 모닥불을 중심으로 사람들이 둥그렇게 둘러앉게 된다. 모두가 같은 모닥불을 보면서 공동체 의식을 키운다. 그러나 문제점은 둥그렇게 모인 사람들의 뒷줄에 앉은 사람은 모닥불이 잘 안 보인다는 점이다. 세 번째, 네 번째 뒷줄로 갈수록 앞사람에 가려서 모닥불이 거의 안 보인다. 그래서 모닥불의 경우에는 불을 중심으로 사람들이 한두 줄 정도 모이게 되어서 모이는 공동체의 숫자가 제한적이다. 우리가 하는 캠프파이어를 생각해 보라. 불을 아무리 크게 해도 백 명 정도 될 것이다. 모이는 사람 숫자 면에서 모닥불이 가지는 한계를 반원형 극장이 해결했다. 반원형 극장에서는 객석이 한 줄 뒤 칸으로 물러나면 높이가 한 칸 올라간다. 덕분에 앞사람의 머리 위로 무대가 보인다. 반원형 극장은 맨 앞줄 사람 뒤로도 수십 줄 정도가 같은 무대 위의 이야기를 본다. 모닥불을 같이 보는 사람이 최대 100명이라면 반원형 극장은 16,000~17,000명이 동시에 연극을 본다. 무대에서 공연되는 같은 연극 이야기를 더 많은 사람이 볼 수 있다는 것은 같은 공동체 의식을 가진 집단의 규모가 더 커질 수 있다는 것을 뜻한다. 16,000~17,000명이 들어가는 아테네의 디오니소스 반원형 극장에서 소포클레스가 쓴 비극 〈안티고네〉를 같이 보며 같은 아테네 정서를 만들고 공동체 의식을 가지게 되었다. 그리고 로마 시대에 와서는 50,000명을 한 번에 수용할 수 있는 '콜로세움'이 만들어졌다. '콜로세움'은 그리스 반원형 극장에서 건축적으로 한 단계 더 진화해서 객석 윗부분은 햇빛을 가리기 위해 천막으로 반쯤 덮었다. 벽이나 기울어진 객석만으로 구획되던 공간 구조에서 천장까지 막히게 됨으로써 더욱더 몰입감 있는 공간이 만들어졌고, 공동체 의식은 더욱 강화되었다. 하지만 이때 '콜로세움'에 설치된 햇빛 가리개 천막은 아직은 완전한 지붕이라고 보기는 어렵다. 천막 지붕은 소리가 새어 나가고 비가 올 때는 사용하기 어렵다. 이런 문제를 해결하기 위한 지붕으로 완전히 덮인 대형 집회 장소는 수백 년의 시간이 흘러서 교회 건축에서 완성되었다. 이제는 지붕으로 완전히 덮인 교회라는 거대한 실내 공간에서 몰입감 있는 예배를 드림으로써 강력한 공동체가 완성되었다. 그리고 더욱 강력한 것은 이러한 교회는 대성당부터 작은 동네 교회까지 다양한 크기로 만들어졌지만, 동일한 양식으로 만들어졌다는 점이다. 그뿐 아니라 매주 같은 시간에 같은 양식으로 예배를 드림으로써 교회는 단순한 건축을 넘어서 시공간의 거미줄을 가진 '네트워크' 플랫폼이 되었다. 이러한 시공간 네트워크는 국경을 넘어서 유럽을 하나로 엮는 중요한 공간 체계를 구축했다.

제사에서 예배로

과거에 종교 집회 진행 방식은 제사였다. 제사는 기본적으로 동물을 잡아서 피를 흘리고 고기를 태우는 형식이었다. 아브라함과 모세 시대 때 그랬고, 로마 시대에도 제사는 항상 동물을 잡고 태우는 형식이었다. 건축에서 최초의 종교 공간은 동굴이었다. 동굴의 단면을 보면 벽과 지붕이 하나로 되어 있는 둥그런 형태의 공간감을 가지고 있다. 여기에 벽화를 그려서 공간을 성스럽게 만들었다. 시간이 지난 후 기원전 1350년~기원전 1250년경 고대 그리스의 미케네에 지어진 '아트레우스의 보고Treasury of Atreus'라는 무덤 건축물에 동굴의 천장 같은 둥그런 천장을 가진 최초의 돔 공간이 만들어졌다. 이 건물의 평면은 동그란 모양이고, 단면상으로는 약간은 뾰족한 원뿔 모양이다. 이 기술은 더욱 발전해서 로마의 판테온 신전에 와서는 기하학적으로 완벽한 원 모양의 평면도에 완전한 반원형 천장 돔을 가진 공간이 완성되었다. 이렇게 돔은 서양에서 종교 공간의 전형이 되었다. '판(Pan)'은 전체, 모두라는 뜻이고 그리스어 '테오(Theo)'는 신이고, '테온(Theon)은 신전이라는 뜻이다. 이 두 단어가 합쳐져서 '모든 신을 위한 신전'이라는 뜻의 이름 '판테온'이 만들어졌다. 우리나라에도 판테온이 있다. 바로 경주 불국사의 '석굴암'이다. 판테온보다 약 600년 후에 만들어진 석굴암도 원형 평면에 반원형 단면 천장을 가지고 있다. 공간의 모양은 같지만 다른 점이 있는데, 석굴암 가운데에는 불상이 들어가 있지만 판테온의 가운데에는 조각상이 들어 있지 않고 텅 비어 있으며 돔의 꼭대기에 구멍을 뚫어서 빛이 들어오게 했다. 이 구멍의 주요 기능은 무엇이었을까? 추측해 보면 조명 기능 외에도 판테온 내부에서 제사를 지내면서 고기를 태울 때 나는 연기가 빠져나갈 수 있게 만든 구멍이라는 생각이 든다. 당시 제사는 항상 동물 제물을 불에 태웠는데, 그 행위를 잘 구현하기 위한 기능적인 디자인이다. 그리스 '파르테논 신전'도 그렇고 '판테온'도 그렇고 종교 건축은 제사장이 제사를 지내는 공간이었기 때문에 그렇게 큰 공간이 필요하지는 않았다. 그러다가 서양의 종교 건축에 중요한 변곡

점이 생겨난다. 다름 아닌 기독교의 등장이다. 거대한 실내 공간을 가진 교회 건축이 생겨난 것은 중요한 기독교 교리 때문이다.

기독교는 예수를 기점으로 예수가 태어나기 전의 구약과 예수가 태어난 후의 신약으로 나뉜다. 신구약 전체가 기독교 경전이지만, 보통 구약은 유대교의 시대고, 신약부터가 본격적인 기독교의 역사라고 볼 수 있다. 구약 시대의 중요한 종교적 행위는 제사였다. 기독교의 경전인 성경에서 죄 사함을 받기 위해서는 죄 없는 동물의 생명이 희생되어야 한다는 개념은 에덴동산에서 처음 나타난다. 에덴동산에서 아담과 하와는 선악과를 따먹은 다음 눈이 밝아져서 자신이 벗은 몸이라는 것을 의식하게 된다. 이에 신은 선악과를 따먹는 죄를 범한 둘을 에덴동산에서 쫓아낼 때 가죽옷을 입혀서 내보낸다고 성경에 나와 있다. 가죽옷을 만들었다는 것은 어떤 동물을 죽였다는 것을 의미한다. 따라서 신학자들은 죄를 가리기 위해 생명의 희생이 필요하다는 개념은 이 사건에서 시작되었다고 설명한다. 이후 아담의 작은아들인 아벨도 동물을 태우는 제사를 드렸고, 노아가 방주에서 나온 후에도 동물을 제물로 삼는 제사를 드렸다. 노아가 드린 제사에 제물로 쓰인 그 동물은 방주를 타고 홍수에서 힘들게 살아남은 다음에 결국 제사의 제물로 죽은 거다. 이후 아브라함도 신에게 동물로 제물을 삼아서 제사를 드렸다. 그러던 종교 행위가 예수 이후에 바뀐다. 기독교는 예수가 십자가에서 피를 흘리며 죽은 사건으로 동물의 피 흘리는 제식 행위를 대체한다고 말한다. 죄 없는 예수가 제사 의식에 희생되는 양과 같은 제물이 되었다는 개념이다. 따라서 예수의 십자가 사건 이후에 제사는 필요 없어졌다. 그러자 종교 행위가 제사에서 말씀 듣는 것이 중심인 예배로 바뀌게 되었다. 행위가 바뀌면 그것을 담는 공간의 디자인도 바뀌게 된다. 그렇게 서양의 종교 건축은 큰 변화를 맞이하게 되었다. `

부활 신앙과 카타콤

교회 건축을 이해하려면 건축이 담고 있는 소프트웨어인 기독교에 대한 이해가 필요하다. 예수의 일생에서 가장 중요한 일은 두 가지다. 하나님의 아들인 예수가 인간으로 태어나 십자가에서 인류의 죄를 대신해 제물이 되어 죽었다는 것과 죽은 지 3일 만에 무덤에서 부활해서 하늘로 올라갔다는 이야기다. 이 두 가지를 믿는 것이 기독교의 핵심이다. 여기서 나오는 부활의 개념은 역사상 처음 나타나는 이야기는 아니다. 부활 신앙의 원조는 이집트 파라오의 미라라고 할 수 있다. 이집트인들은 파라오가 언젠가 부활한다고 믿었다. 그래서 몸을 보존하기 위해서 육체가 썩지 않도록 미라를 만든 것이다. 부활 개념이 전 인류로 확산된 계기는 기독교가 시작한 것이라 할 수 있다. 이제는 모든 사람이 믿기만 하면 하나님의 구원을 받고, 마지막 날에 부활한다는 교리가 정립되었다. 과거 한 국가의 최고 수장인 파라오와 귀족만 한다고 여기 던 부활을 이제 믿는 사람은 누구나 할 수 있는 부활의 대중화가 일어난 것이다. 일종의 부활의 민주화다. 만 년이 넘는 인류 역사 에서 찾을 수 있는 하나의 큰 흐름은 정치건 종교건 '민주화' 혹은 '포퓰리즘'이다. 농업 이후 인류의 역사를 살펴보면, 과거에는 소 수의 특정인만 하던 것을 근대로 올수록 모두가 할 수 있는 흐름 으로 변화해 왔다. 기독교가 기존의 오래된 종교보다 폭발적인 인 기를 누린 이유 중 사회의 다수를 차지하는 하층민에게 어필했다 는 것도 무시할 수 없는 큰 요인이다. 농업은 사회 계급을 피라미 드 구조로 만들었다. 기독교는 사회 계급 피라미드의 하부를 받치 고 있는 엄청난 수의 인간들에게도 부활을 약속했다. 초기 기독교 인들은 여성이나 노예 같은 사회 하층민이 많았다. 우리나라에 들 어왔을 때도 주류인 한양의 양반보다는 두 번째 도시인 평양에 더 많은 기독교 인구가 있었고, 특히 여성들에게 전파가 빨랐다. 누 구나 부활할 수 있다는 개념은 사회적 약자에게 큰 위로였을 것 이다. 기존 중동의 장례 풍습은 시체를 그대로 동굴 무덤에 안치 하는 것이었다. 부활을 믿는 기독교인들도 시체를 안치했다. 로마 도 이와 비슷하게 시체를 그대로 안치했는데, 인구가 많은 대도시 였던 로마는 지하에 굴을 파고 시체를 안치했다. 이 지하 무덤이 카타콤이다. 그러다가 카타콤은 로마 제국의 기독교 박해가 심할 때 예배 장소로 사용되었다. 소수의 사람이 비밀리에 모여서 예배를 드리기에는 사람들이 가기 싫어하는 공동묘지 카타콤이 가장 안전했다. 로마의 지하 무덤 카타콤은 죽음과 부활을 가장 가깝게 느낄 수 있는 좁은 동굴 같은 공간, 공동체의 느낌이 드는 실내 공간, 그러면서도 숨어서 예배를 드릴 수 있었던 최적의 공간이었다.

바실리카 + 판테온 = 교회

그러다가 기독교가 공인되면서 기독교 인구는 급격하게 늘어나게 된다. 더 이상 숨어서 예배를 드릴 필요도 없어졌다. 동시에 많은 사람이 모여서 예배드릴 수 있는 공간이 갑작스럽게 필요해졌다. 필요한 건축물이 없자 이들은 당시로는 가장 넓은 실내 공간을 제공할 수 있는 바실리카라는 건물에 모여서 예배를 드렸다. 바실리카는 로마인들이 재판과 상거래를 하던 넓은 박공지붕의 건물이다. 시간이 지나자 이들은 자신들의 종교에 어울리는 건축 공간이 필요해졌다. 그 건물은 많은 사람이 모일 수 있으면서도 종교성을 가져야 했다. 그래서 이들은 바실리카의 평면 구조에 지붕으로는 판테온의 돔을 얹는 디자인을 생각해 냈다. '교회 = 바실리카 + 판테온'이다. 그것이 우리가 보는 교회의 전형적인 모습이다. 이 디자인 공식은 너무나 효과적이어서 서양에서는 이후로도 천 년 넘게 줄곧 이 디자인을 사용해 왔다. 경우에 따라서 돈이 부족한 경우 돔 대신에 경사 지붕만 사용하기도 했지만, 도시를 대표하는 성당은 돔을 가진 '두오모' 성당들이었다.

바실리카 위에 '판테온'의 돔을 얹은 '성 베드로 대성당'

돔은 기술적으로 가장 만들기 어렵고, 가장 돈이 많이 들어가는 건축 양식이다. 과거에는 피라미드나 지구라트같이 속이 건축 재료로 꽉 찬 거석문화로 권력을 상징했다. 더 많은 돌을 쌓을수록 더 큰 권력을 과시하는 식이었다. 그러나 이제는 높은 돔을 만들어서 비어 있는 공간을 얼마나 크게 만드느냐의 경쟁으로 바뀌었다. 도시국가로 경쟁하던 시대에는 도시마다 더 크고 높은 돔을 만들기 위해서 경쟁했다. 그 흔적은 지금 로마, 피렌체, 베네치아에 가면 볼 수 있다. 지금 도시마다 더 높은 초고층 건축을 하려는 경쟁과 비슷하다. 판테온 신전처럼 돔 공간을 통해서 사람들의 경외심을 이끌어 내고 바실리카의 평면도처럼 효율적으로 넓은 공간을 만든 것이 교회 디자인이다.

초기 인류는 각종 자연 현상과 죽음에 공포를 느꼈다. 수만 년 전부터 각 지역에서는 각종 사제들이 종교적 세계관으로 죽음과 자연 현상을 설명하면서 종교가 발생했을 것이다. 제국의 영토가 넓어지게 되면 각 지역마다 있는 다양한 토착 종교가 제국 내에 모이게 된다. 제국을 하나로 통일하기 위해서는 통일된 종교가 필요하다. 공통의 이야기를 믿을 때 더 하나되기 때문이다. 로마는 기독교로 종교를 통합하고, 로마 공동체를 하나로 만들어서 제국을 효과적으로 통치할 수 있게 되었다. 과거 로마에 다양한 종교가 있을 때는 모든 신을 섬기는 하나의 건축물인 '판테온'을 지어서 사회를 통합하려고 했다. 그런 시도는 기독교를 국교화함으로써 완성되었고, 그 사건의 공간적 결정체는 교회 건축이었다. 그리고 그 교회 건축은 전 유럽으로 복제되어 퍼져 나갔다.

과거에는 종교가 사람들의 생각을 통합하는 원리였지만, 지금은 과학이 그 역할을 한다. 모든 학생은 학교에서 기초 과학을 배우면서 그것이 세상이 돌아가는 기본 원리라고 배운다. 번개가 치는 것은 하늘이 노여워서 그런 것이 아니라 구름 내부에 분리 축적된 음전하와 양전하 사이에서 일어나는 방전 현상으로 이해한다. 그런 면에서 과학은 현대 사회의 종교라고 해도 무방할 듯하다. 과학을 전파하는 곳은 학교다. 그런 측면에서 중세의 교회와 현대의 학교는 비슷한 일을 하는 공간이라고 볼 수 있다.

시공간을 구별하는 장치

교회는 건축 공간으로 공동체를 구성하기에 효과적인 장치다. 이를 위해서 두 가지를 컨트롤하는데, 하나는 시간이고 다른 하나는 공간이다. 교회에서 드리는 예배는 다른 어느 종교 예식보다도 시간 조절이 정확하다. 예배는 시작할 때 예배의 시작을 선포하고 마지막에는 인도자의 축도로 마친다. 이처럼 예배는 처음과 끝이 명확하다. 또한 교회의 예배는 일주일에 한 번 정한 시간에 정한 장소인 예배당에 모여서 드린다. 보통 인류에게 정확한 시간을 맞추는 삶은 산업 혁명 때부터 시작됐다고 알려져 있다. 공장의 출근 시간이나 기차 시간표가 그 시작이다. 그래서 당시 건축물에는 시계가 달려 있다. 하지만 기차역이나 시계탑의 시계 이전에 예배당의 종탑이 있었다. 도시에 사는 사람은 예배당의 종소리를 듣고 교회로 모였다. 누군가가 시간에 맞춰서 사는 것을 강요하는 사람이 있다면 그 사람이 권력자다. 학교, 직장, 예배당의 공통점은 시간표에 맞는 삶을 요구하는 건축 공간이라는 점이다.

교회는 시간을 규제하는 건축물이기도 하면서 공간적인 규제가 명확한 건축물이다. 예배는 벽으로 둘러싸인 예배당 내부 공간에서 행해진다. 불교는 집단으로 모이는 행사보다는 법당에서 혼자 절을 하는 개인적인 행위가 많다. 그에 비해 기독교는 교회라는 내부와 외부가 명확히 구분된 단일 실내 공간에서 모든 사람이 같은 시간에 모여서 집단으로 예배를 행하기 때문에 공동체의 결속력이 향상된다. 또한 예배당 내의 모든 의자는 제단을 향해서 배치되어 있다. 이렇게 모든 시선이 예배 인도자에게 집중되는 공간 구조로 설계되어 있어서 종교 지도자에게 강한 권력을 만들어 준다. 이처럼 교회 예배당은 시간과 공간을 확실하게 구분하는 장치로 작동한다. 이러한 구분은 그 예식을 인도하는 사람에게 권위를 부여해 주고, 없던 권력도 만들어 주는 장치가 된다. 실내 공간에서 하는 예식이 많은 종교는 그렇지 않은 종교보다 공간이 만들어

내는 권위와 권력이 더 많다.

고해 성사실: 정보 권력을 만드는 공간 장치

21세기에 우리는 정보화 시대에 살고 있다. '구글신은 모든 것을 알고 있다'라는 말이 있을 정도다. 우리가 인터넷상에서 검색하는 것, '좋아요'를 누르는 것, 인터넷 서핑을 하는 것, 유튜브에서 보는 동영상 등 내 행동의 모든 것을 알고 있다. 어쩌면 구글은 나보다 나를 더 잘 알 수도 있다. 현대 범죄 수사에서 가장 핵심은 모바일 포렌식 기술이다. 거의 모든 커뮤니케이션을 스마트폰으로 하는 시대에 내 스마트폰이 노출되면 나의 모든 약점이 노출되는 것이다. 스마트폰 포렌식과 비슷한 것이 중세 유럽 사회에도 있었다. 바로 '고해 성사실'이다. 왜 중세의 교회는 자신의 죄를 하나님께 직접 회개하지 않고 모든 것을 고해 성사실에 들어가서 신부에게 말하게 했을까? 심리학적으로는 심리 상담사에게 이야기하는 것은 자신의 이야기를 객관화시키게 되고 문제로부터 자유로워지고 치유되는 장점이 있다. 고해 성사실에서 신부에게 자신의 죄를 고하는 것도 그와 비슷한 효과를 볼 것이다. 하지만 오직 그런 좋은 뜻만 있는 것일까? 고해 성사를 통해서 부가적으로 발생하는 것은 신부가 내담자의 모든 치부를 알게 된다는 점이다. 이를 통해서 교회는 사회 전체의 엄청난 비밀을 알게 되고, 그것은 오롯이 교회 조직의 권력이 된다. 쉽게 말해서 중세 시대의 교회는 우리나라 1970년대에 개인을 감청할 수 있었던 안기부와 같다고 볼 수 있다. 만약에 순수하게 죄 사함의 선한 의도만 가지고 있었다면 고해 성사실에서 내담자의 익명성을 보호해 주어야 했다. 그런데 일반적인 고해 성사실을 보면 신부는 내담자를 식별할 수 있고, 내담자는 신부를 알기 어려운 공간 구조를 띠고 있다. 고해 성사실의 빛의 조건을 보자. 과거에는 고해 성사실 신부 쪽 방은 어둡고 내담자의 방은 밝았다. 그 사이는 망과 같은 칸막이가 쳐져 있다. 이런 경우 밝은 쪽에서 바라보는 사람은 어두운 쪽이 안 보이지만, 반대로 어두운 쪽에 있는 사람은 밝은 쪽의 사람이 보인다. 권력의 위계가 만들어지는 것이다. 그리고 오가는 대화는 보통 내담자의 치부를 드러내는 것이다. 우리도 가장 비밀스러운 이야기를 털어놓은 사람이 가장 절친이 된다. 교회에 꾸준하게 자신의 비밀을 털어놓은 사람은 교회를 옹호하는 세력이 된다. 그뿐 아니라 교회 내의 고해 성사실은 작은 방일 뿐이지만, 과거 유럽 사회 전체의 정보를 수집하는 장치여서 교회가 정보를 장악하고 권력을 유지하는 데 엄청난 도움을 준 공간적 장치다. 이 작은 방을 중심으로 유럽 사회의 정보망이 구축되었다고 해도 과언이 아니다. 정보 통신망이 없던 시대에도 교회는 고해 성사실 덕분에 당대의 안기부, KGB, FBI, CIA가 될 수 있었다. 교회가 막강한 힘을 가진 중세 시대가 천 년 넘게 유지될 수 있었던 것은 정보를 장악했기 때문이다. 21세기에 중국은 중세 시대 교회처럼 모든 정보를 장악하고 감시하고 있으며, 국가 전체 자산의 3분의 1을 소유하고 있다. 현대 사회 속 중세 사회라고 할 수 있다.

교회 건축이 만든 유럽 사회

1180년에서 1270년 사이 90년 동안 프랑스에서는 총 80채의 성당과 500채의 수도원이 지어졌으며, 규모가 작은 교구 교회는 수천 채 이상 지어졌다. 이 과정을 통해서 100만 세제곱미터의 석재가 사용됐을 것으로 추정된다. 이 정도 석재의 양은 이집트 피라미드를 능가하는 수준이라고 한다. 피라미드는 20년 만에 지은 것이고, 프랑스의 건축물들은 90년 걸려 지어진 것이니 기간과 물량으로만 보면 여전히 이집트의 승리다. 하지만 단기간에 이렇게 많은 단일 기관의 건축물이 이렇게 집중적으로 지어진 것은 역사상 드문 일이다. 결정적으로 피라미드와 교회 건축의 차이점은 '집중'이냐 '네트워크'냐다. 피라미드는 집중형의 건축물이다. 반면에 비슷한 양식으로 통일된 교회는 점조직처럼 흩어져 있어서 네트워크의 힘을 가진다. 유럽 사회는 다량의 교회 공간을 만들어서 네트워크화시켰고, 덕분에 유럽 전역을 하나의 정신으로 교육하고 통합시키고 운영할 수 있었다. 교회가 유럽 사회를 만들었다고 해도 과언이 아니다. 게다가 교회 앞에는 항상 광장이 위치한다. 유럽 건축의 주재료는 돌이다. 돌로 건축하려면 채석장에서 옮겨 온 돌을 현장에서 다듬어야 한다. 자연스럽게 돌을 다들을 작업장이 교회 건축물 앞에 자리 잡는다. 교회는 보통 뒤쪽인 재단 쪽부터 짓기 시작해서 정면으로 이동해 온다. 마지막 완공까지 길게는 2백 년 가까이 교회 앞은 돌을 가공하는 작업장이 된다. 자연스럽게 주변으로 공사 인부들을 위한 각종 시설이 들어가게 될 것이다. 교회가 완성되면 작업장은 비워지게 되고 광장이 된다. 이 광장은 새롭게 건물이 들어서지 않고 보통 계속 비워진 상태로 유지된다. 이유는 교회의 운영 방식 때문이다. 교회는 일주일에 한 번씩 사람들이 모였다가 예배를 드리고 예배가 끝나면 건물에서 한꺼번에 쏟아져 나온다. 이때 쏟아져 나오는 사람을 받아 줄 큰 공간이 필요한데, 그 기능을 광장이 맡아서 하고 있다. 그래서 유럽의 많은 성당은 그 앞에 성당 평면도의 길이와 비슷한 길이의 광장이 자리 잡고 있다. 대표적인 사례가 '밀라노 대성당'과 그 앞 광장이다. 이렇듯 유럽은 교회를 건축하고 그 앞의 광장은 다양한 도시 생태계가 이루어지는 장소로 작동하며 주요 도시 공간이 된다. 광장에서 바라본 랜드마크 성당의 위용은 더욱 돋보이게 된다. '교회 + 광장'은 유럽 도시 공간의 공식이 되었다. 유럽 사회는 교회 건축을 통해서 사회를 구성하였고, 건축하는 과정에서 건설 산업 생태계가 만들어졌을 것이고, 그것을 통해서 경제를 구축하였다. 오랜 시간이 흐르면서 교회 건축은 진화를 거듭했다. 교회는 미디어를 통해서도 한 번 더 업그레이드되었다.

조각과 그림

인간 사회는 공통의 이야기를 믿으면서 조직화되었다. 이들은 그 조직을 더 공고히 만들기 위해서 상징을 만든다. 대표적 사례가 국기다. 국가라는 개념은 우리 머릿속에 들어가 있는 형상이 없는 개념이지만, 국기를 만듦으로써 눈에 보이는 상징물로 변환시켰다. 그래서 우리는 같은 공간이라 하더라도 국기가 걸려 있는 공간은 우리가 공통으로 믿는 '국가'가 지배하는 공간이라고 느낀다. 대표적인 예가 해외 대사관일 것이다. 실제로 해외에 있는 태극기가 걸려 있는 대한민국 대사관의 영내는 공식적으로 대한민국 영토로 취급받는다. 일상의 공간에서는 학교가 있다. 학교에 가면 국기가 걸려 있다. 이를 미루어 보아 학교는 국가와 밀접한 연관성을 가진 기관임을 알 수 있다. 국가 간 축구 시합을 할 때는 국기뿐 아니라 국가도 나온다. 보는 것과 듣는 것을 통해서 공간을 바꾸는 방식이다. 이처럼 시각적인 상징은 공간의 의미를 바꾼다. 경우에 따라서 특정한 목적과 목표를 가진 시각적 상징이 공간에 적용되기도 한다. 가장 오래된 사례는 동굴 벽화다. 깊은 동굴 속에 그려진 소를 비롯한 각종 상징을 그림으로써 동굴이라는 평범한 공간은 구분되고 성스러운 공간으로 전환된다. 시대가 발달해서 동굴 벽화는 이집트 건축물의 그림과 부조 조각이 되었고, 조각품도 나오고 벽에 걸 수 있는 초상화도 만들어졌다. 이들 조각과 그림은 살아 있는 권력이 시간과 공간의 제약을 넘어서 동시에 여러 군데 존재하고 싶어 하는 본능을 드러내는 장치들이다. 각종 조각과 초상화는 그 공간을 권력자가 장악할 수 있게 해 주는 상징 장치다. 그래서 관공서에는 대통령의 초상화가 걸려 있다. 독재자일수록 더 많은 초상화를 건다. 우리나라에는 관공서나 학교 교무실 같은 데만 대통령의 사진이 있지만, 북한에는 집마다 김씨 일가 초상화가 있고, 그것도 모자라서 초상화 배지를 만들어 가슴에 붙이고 다닌다. 김일성이나 스탈린은 생존에 자신의 동상을 도시 곳곳에 세웠다. 이렇듯 인간은 수천 년 동안 알타미라 동굴의 그림부터, 이집트 시대의 벽화, 그리스 시대의 조각상을 거쳐서 각종 그림과 조각 같은 상징을 통해서 공간을 채색하고 규정하는 능력을 키워 왔다.

교회를 건축하는 사람들은 교회 공간 속 사람들의 마음을 더 움직이게 만들고 싶었다. 그래서 이들은 많은 상징물을 도입했다. 성경 이야기로 만든 각종 조각과 그림들이 그것이다. 이들 미디어는 공간에 이야기를 덧입혔고, 그 공간 안에서 더욱더 많은 사람이 성경 이야기 속으로 빠져들었다. 기술이 더욱 발달해서 인간은 유리를 만들고 다룰 수 있게 되었고, 유리를 이용해서 스테인드글라스가 등장하였다. 과거에 인간은 동굴 벽에 그림을 그리고 그 그림을 보기 위해서 동굴 벽화에 횃불을 들이댔다면, 스테인드글라스는 빛을 뒤에서 비출 수 있었다. 광원을 건물 밖에 둠으로 더욱더 극적인 서라운드 효과를 가질 수 있게 된 것이다. 이는 투명한 건축 재료인 유리의 등장 덕분이다. 당시 유럽인들은 대부분 글을 읽거나 쓸 줄 모르는 문맹이었다. 금속 활자가 발명되기 전에는 문자의 보급이 제한적일 수밖에 없었다. 손으로 직접 필사를 해야만 책을 만들 수 있던 시절의 성경 책 한 개 가격은 어마어마 했다. 일부 왕들과 성직자들 외에는 성경 책에 접근할 수 없었던 시절이다. 예배도 라틴어로 드려서 일반인들은 알아들을 수 없었다. 성경 속의 이야기들을 머릿속으로 상상할 수밖에 없던 시절에 교회 공간에 있는 조각품과 그림의 시청각 효과가 어느 정도였을지 상상해 보라. 바티칸의 '시스니타 성당Sistine Chapel' 천장에 그려진 미켈란젤로의 천장화는 지금 보아도 대단한 감동을 자아낸다. 현대에 TV와 아이맥스 극장에 익숙해진 우리의 눈에도 그 정도인데, 하물며 평생 TV 드라마나 극장 영화를 한 번도 본 적 없는 사람이 '시스티나 성당'의 천장화와 '생트샤펠Sainte-Chpelle 성당'의 스테인드글라스를 보면서 느꼈을 감동은 어땠을지 상상이 가지 않는다. 고딕 성당의 스테인드글라스는 인류 최초의 총천연색 영화를 상영한 극장이라고 할 수 있다. 스테인드글라스로 만들어진 성당의 공간은 스테인드글라스의 그림이 주는 정보로 만들어진 공간이다. LED 광고판으로 둘러싸인 현대의 뉴욕 타임스 스퀘어와 비슷하다. 인류 역사 초기 알타미라 동굴부터 미디어는 건축 공간에 도입되었다. 그렇게 수천 년 동안 미디어와 건축의 연합이 계속되어 오다가 고딕 성당에서 정점을 이루게 된다. 고딕 성당은 건축이라기보다는 미디어 장치에 가깝다.

스테인드글라스 구축 장치

건축은 두 가지 면에서 자연과 투쟁한다. 첫째는 중력이다. 모든 건축물은 중력을 이겨야 땅 위에 서 있을 수 있다. 둘째는 빛이다. 벽을 세우고 건축하면 외부의 태양광이 실내로 들어오는 것을 막아서 내부가 어두워지는 문제가 생긴다. 그래서 인간은 창문이라는 장치를 만들어 빛이 들어오게 함으로써 문제를 해결했다. 창문은 인간이 움집을 짓기 시작한 이후 건축에서 나타난 가장 창의적인 발명이다. 그런데 벽에 창문을 뚫을 때 문제가 생긴다. 구멍을 크게 뚫으면 지붕을 받치고 있는 벽이 약해져서 지붕을 못 받치고 무너져 내린다. 그래서 창문을 크게 만들고 싶을 때는 구조에 무리가 가지 않게 세로로 길게 뚫었다. 이때 창문의 폭에는 제약이 많았다. 벽이 지붕을 받쳐야 하기 때문이다. 그래서 생각해 낸 것이 '플라잉 버트레스'라는 시스템이다. 이는 벽이 받치고 있던 지붕의 하중을 옆으로 빼내서 다른 기둥으로 전달시켜 주는 일종의 사선으로 나와 있는 '보' 구조체다. 그렇게 함으로써 창문을 잡는 벽체는 구조로부터 자유로워져서 창문을 더 크게 뚫을 수 있게 되었다. 크기가 커진 창문에는 색이 들어간 유리를 이용해서 스테인드글라스를 만들었다. 당시에는 넓고 투명한 판유리를 만들 기술이 없었다. 유리를 만든다는 기술 자체가 특급 비밀이던 시절이다. 유리를 만드는 기술자들을 섬에 가두고 못 나가게 유배시키기도 했다. 지금도 베네치아에 가면 유리 공장은 베네치아 본섬에서 떨어진 무라노섬에 있다. 초기에 유리는 작은 조각으로만 만들 수 있었고, 만들어진 유리 조각도 불순물이 들어가서 그리 투명하지 못했다. 예를 들어서 철분이 많이 들어간 유리는 녹색을 띤다. 따라서 색깔이 들쑥날쑥한 조각 유리를 밀랍으로 연결해 붙여서 큰 판유리를 만들었고, 이때 색깔을 더 입혀서 총천연색 그림을 만든 것이 스테인드글라스다. 스테인드글라스는 주로 성경 이야기를 재현해서 그렸으며, 글을 읽을 수 없었던 일반 백성들은 스테인드글라스의 위용에 감동해서 교회의 권위에 더욱 순종했을 것이다. 알 수 없는 미래에 대해서 누군가가 확신에 찬 스토리를 제시하면 대중은 따르고 믿게 된다. 지금은 뇌과학자나 의사들이 그 역할을 한다. 우리는 신문이나 TV에 어느 의사가 어떤 음식이 고혈압에 안 좋다고 이야기하면 믿는다. "어느 뇌과학자가 말했다."라고 하면 그 내용이 무엇이든 상관없이 신뢰도가 높아진다는 연구 결과도 있다. 과학자도 의사도 없던 시절에 세상을 설명하던 사람들은 종교 지도자였다. 세상은 이렇게 만들어졌고, 그들의 미래에는 심판이 있다. 그리고 그 내용을 친절하게 그림과 조각으로 교회 공간 안에 만들어 놓았다. 햇볕을 통해서 빛나는 그림을 보면서 이들의 믿음은 더욱 공고해졌고, 이는 유럽 사회를 받치고 작동하게 하는 시스템이 되었다. 이 시스템은 너무 공고해서 교회가 중동 예루살렘에서 이슬람과 십자군 전쟁을 치러야 한다고 했을 때도 아무도 명령을 거역할 수 없는 통치력이 있었다. 그게 어떻게 가능했는지 의심이 든다면 마블 영화들을 생각해 보라. 번개 망치를 든 신, 시공간을 넘나드는 마법사, 거미 인간 등이 나오는 허무맹랑한 이야기가 어두운 극장에서 하이테크 기술로 만든 현실감 있는 영상으로 내 눈앞에 보이면 그 세계관을 받아들이게 된다. 마블 영화 행사에 참석하기 위해서 코믹콘에 가거나 코스프레 축제에 적극 참여하고 열광하는 수많은 팬이 그 증거다. 중세 때 당대 최고의 하이테크로 만들어진 공간 속에서 깊은 지식이 없었던 대부분의 사람들은 교회가 주는 세계관을 더욱 쉽게 받아들였을 것이다.

고딕 성당에서 미디어와 건축 공간의 완벽한 융합이 완성되었다. 그런데 이러한 '미디어 × 건축 공간'에서 미디어를 분리해 놓은 장치가 있다. 다름 아닌 금속 활자다. 건축가이자 이론가인 피터 아이젠먼Peter Eisenman은 미디어와 연합해 강력한 힘을 가졌던 건축에서 미디어를 분리해 낸 것은 요하네스 구텐베르크Johannes Gutenberg의 금속 활자라고 말했다. 금속 활자는 건축 속에서 이야기를 뽑아내 책으로 만들었다. 책의 가격이 내려간 덕분에 문맹률이 낮아졌고, 사람들은 더 이상 이야기를 건축 공간에서 찾지 않고 책에서 찾게 되었다. 문자라는 기호 체계에 기반을 둔 책이라는 미디어는 20세기에 와서는 영상 정보에 기반을 둔 TV로 바뀌었고, 지금은 스마트폰으로 바뀌게 되었다. 스마트폰은 문자와 영상의 정보를 둘 다 효과적으로 전달하는 장치라는 점이 큰 특징이다. 게다가 정보를 습득하는 사람이 자신의 속도에 맞게 정보를 취득할 수 있다. 자신의 속도에 맞게 정보를 얻는 방식은 책에서는 가능했으나 라디오나 TV에서는 불가능했던 점이다. 스마트폰은 영상을 선택할 뿐 아니라, 멈출 수도, 다시 돌려볼 수도, 내가 원하는 속도로 보거나 읽을 수도 있다. 정보를 취득하는 '시간'을 사용자가 조절할 수 있게 된 것이다. 그런 스마트폰의 특징이 기존의 미디어보다 크게 진화한 부분이다.

유럽은 집중호우가 내리지 않는 기후적인 조건에 석회암질 지반이어서 배수도 잘됐고, 난방도 온돌이 아니어서 예부터 고층으로 주거를 지을 수 있었다. 덕분에 로마 제국 때 이미 7층 높이의 주상 복합 아파트 인슐라가 있었다. 주거가 이미 고밀화된 상태에서 교회 건축은 도심 속에 대규모의 사람들이 모일 수 있는 공간을 제공했다. 교회는 조각, 그림, 스테인드글라스 같은 각종 미디어를 제공해 글을 읽지 못하는 사람도 기독교 이야기를 배울 수 있는 교육 시스템이 되기도 했다. 이 같은 교육은 세대를 통해서 전승되었다. 넓은 실내 공간은 음악 같은 청각적인 미디어도 활성화하기에 적합한 공간 구조다. 로마 가톨릭교회의「그레고리오 성가」가 있었고, 바흐 같은 특출한 작곡가들에 의해서 교회 음악은 획기적으로 발전하게 되었다. 현대 이전까지 2천 년 가까이 유럽에서 교회는 끊임없는 공간의 진화를 통해서 유럽 사회를 하나로 만들고 이끌 수 있었다.

한국 교회의 건축적 특징

우리나라는 역사적으로도 기독교의 보급과 성장이 아주 빠른 사례에 속한다. 이러한 배경에는 건축적인 이유도 한몫한다. 우선 건축적으로 한국 교회는 '상가 교회'라는 독특한 건축 양식을 가지고 있다. 우리나라는 온돌이라는 난방 시스템 때문에 주거는 단층이었고, 단군 이래로 1970년대까지 고밀화된 도시를 만들지 못했다. 그러다가 보일러, 철근콘크리트, 엘리베이터의 보급으로 급속도로 고밀화된 주거 양식인 아파트 단지를 갖게 되었다. 그리고 이는 배후에 '상가'라는 독특한 상업 시설을 만들었다. 기존에 '시장'은 땅바닥에 깔린 상업 시설이었다면, '상가'는 2~4층 정도의 건물에 필요한 가게들이 들어간 형식이다. 이는 한반도 최초의 고층 상업 건물이다. 지금도 해외 건축가들이 와서 우리나라 도시를 보면서 희한하게 생각하는 부분은 간판이 2층 이상에도 있다는 점이다. 뉴욕의 맨해튼을 보더라도 특별한 백화점을 제외하고는 대부분의 근린 상업 시설은 1층에 있다. 고층 상가에 가게가 수십, 수백 개씩 들어간 상황은 우리나라를 비롯한 몇몇 아시아 국가에서 나타나는 특이한 현상이다. 우리나라에는 이런 상가에 교회가 들어갔다. '상가 교회'는 도시의 상업 시설과 종교 건축이 하나가 된 독특한 공간 구성이다. 상업과 종교의 목적을 동시에 해결해 주는 공간이 탄생한 것이다. 우리나라는 조선 시대 때 숭유억불 정책으로 절이라는 종교 시설이 주거 환경에서 빠져 산속으로 들어가게 됐다. 일본에 가면 도심 한복판에 절이 있지만, 우리나라는 산속 국립공원 안에 절이 있다. 이렇게 주거와 종교는 조선 518년 역사 동안 분리된 공간이었다가 기독교의 상가 교회가 등장하면서 갑작스럽게 종교 공간이 주거 공간으로 들어온 것이다. 한국 전쟁이라는 트라우마가 있는 상태에서 종교의 필요성이 그 어느 때보다도 필요했는데, 기독교는 승전국 미국의 종교라는 이미지와 함께 접근성 좋은 곳에 자리하게 되어 어떤 종교보다도 쉽게 받아들여질 수 있었다. 게다가 1970~1980년대에 남녀 학생들은 중학교 이후에는 항상 따로 떨어져서 학교생활을 해야 했는데, 교회는 이성 교제가 건전하게 인정되는 유일한 해방구였다. 이 또한 젊은 세대의 사람들에게는 매력적인 요소였다. 절은 멀리 떨어져 있고 구세대의 상징이라면, 교회는 접근성이 좋을 뿐 아니라 진보와 선진과 신세대의 상징이었다. 아이돌이나 공연 문화가 없던 당시에 교회에서 기타를 치는 찬양팀 '교회 오빠'는 아이돌이었다.

대한민국 기독교의 성장은 건축 공간적인 측면을 무시할 수 없다. 2023년 기준 대한민국의 도시 지역 인구 비율은 92.1퍼센트다. 일반적으로 인구의 도시화 비율이 85퍼센트 넘어가면 완성 단계로 보니, 대한민국의 도시화는 완성을 넘어서 과밀 상태다. 더 이상 아파트 단지로 새로 유입하는 인구가 없다는 말이다. 게다가 학교는 남녀 공학으로 전환되는 경우가 많아지면서 교회는 오히려 성性적으로 가장 보수적인 공간이 되었다. 이런 배경에서 대한민국 기독교의 인구는 줄어들고 있다. 하지만 오히려 이런 상황이 종교의 본질에 더욱 순수하게 다가가는 기회가 될 수도 있을 것이다.

12 공장, 기차역, 학교: 기계와의 동맹을 만든 건축

인도 vs 영국

영국 귀족의 집 하면 떠오르는 풍경은 집 주변의 넓은 초원 위에 양 떼가 있는 모습이다. 영국은 오래전부터 모직 산업이 주요 산업 중 하나였다. 식민지를 만들던 영국은 인도를 정복했는데, 당시 인도는 전 세계에서 면직물로 가장 유명한 나라였다. 우리나라 관광청의 홍보 문구가 '다이내믹 코리아'였다면, 인도는 '컬러풀 인디아'였다. 그 정도로 인도는 각종 염색이 발달한 나라였다. 인도는 목화로 만든 면직물을 다양한 색상으로 염색했고, 이는 중국의 비단과 더불어 전 세계적으로 인기 있는 제품이었다. 인도의 면직물 역사는 길다. 인도는 기원전 3000년경부터 면직물을 생산하기 시작했다. 유럽에서 면직물은 '캘리코 Calico'라고 불렸는데, 이는 인도 콜카타의 영국식 지명인 '캘커타 Calcutta'에서 유래된 것이다. 그 정도로 '면직물 = 인도'였다. 마치 유럽이 도자기를 항상 중국에서 수입해서 도자기를 '차이나'라고 부르는 것과 비슷하다. 인도는 무굴 제국 때 통일되었고, 당시 세계에서 두 번째로 큰 경제 대국이었다. 인도의 벵골 지역은 목화 생산 지역으로 유명하다. 전 세계 섬유 산업은 중국의 비단, 인도의 면직물, 영국의 모직물로 대표된다. 간디의 유명한 사진 중 혼자 물레를 돌리는 사진이 있는데, 이것은 영국에 빼앗긴 면직물 산업을 되찾아 와서 영국으로부터 섬유 산업의 독립을 얻고 더 나아가 인도의 정치적 독립을 얻자는 의미가 내포되어 있다.

인도에서 면직물이 발전한 이유는 두 가지다. 첫째, 많은 인구 때문이다. 실과 옷감 만드는 일은 상당히 노동 집약적인 일인데, 인구가 많은 인도에는 많은 면화 기술자가 있어서 섬유 산업에 유리했다. 둘째, 카스트 제도 때문이다. 카스트 제도는 그들의 직업을 결정하는 경우가 많았고, 덕분에 산업 시대 이전부터 인도는 대를 거듭해서 전문화된 분업 체계가 확립된 섬유 산업을 가질 수 있었다. 이렇듯 오래전부터 인구가 많았던 인도는 저렴한 노동력을 많이 확보한 덕분에 전 세계 면직물 산업을 장악할 수 있었던 것이다. 영국은 인도를 정복한 직후 처음에는 인도산 면직물을 유럽에 판매하는 중간 상인 역할만 했을 뿐이었다. 그런데 증기 기관의 발명과 더불어 상황이 변화하기 시작했다. 1771년 영국은 더비셔에 최초의 면사 방적 공장을 세웠고, 1775년에는 제임스 와트가 특허받은 증기 기관을 사용하는 공장을 세우면서 기계를 이용한 면직물 생산에 박차를 가했다. 기계를 이용해 생산하자 영국산 면직물의 생산 원가는 인도보다 낮아졌고, 수작업으로 면직물을 만드는 인도의 면직물은 경쟁력이 떨어졌다. 인도는 더 이상 자국 생산의 면직물을 수출할 수 없게 되었다. 대신 인도는 면직물의 원자재인 목화만 수출하고, 완성품 면직물은 영국으로부터 수입하는 역전 현상이 생겨났다. 영국이 세계 경제를 장악하는 일은 이렇게 기계화와 함께 시작되었다.

공방 vs 공장

앨빈 토플러는 저서 『제3의 물결』(원창엽 옮김, 홍신문화사)에서 인류 발전의 단계를 크게 3단계로 본다. 1단계는 농업, 2단계는 산업, 3단계는 정보 혁명이다. 1단계 농업 혁명의 공간은 들판으로 햇볕과 비를 맞는 자연의 '야외 공간'이다. 2단계 산업 혁명의 공간은 '공장'이다. 공장이 농업의 공간인 들판과 다른 가장 큰 차이점은 날씨와 상관없는 실내 공간이라는 점이다. 자연의 영향이 최소화된 실내 공간을 대량으로 만들 수 있었던 것은 철을 건축 재료로 도입했기 때문이다. 철이라는 단단한 재료 덕분에 기둥 간격이 넓은 큰 공간을 만들 수 있었다. 과거에도 바실리카나 큰 예배당처럼 거대한 실내 공간을 만든 사례는 있었다. 이 공간들도 기둥 간격이 넓은 공간이다. 하지만 이 공간에는 기둥 간격을 넓게 만들기 위해 기둥에 연결돼 하중을 지탱하는 부재인 보가 지붕을 받치기 위해 기울어져서 박공지붕을 만들거나 아치를 이용해야 했다. 성당의 지붕이 평평한 경우는 없다. 지붕을 기울이다 보니 그 위에 다른 층을 쌓을 수가 없었다. 이처럼 기존의 거대한 공간은 단층이었다면, 근대에 와서는 철이나 철근콘크리트를 이용해서 기둥의 간격이 넓으면서도 구조가 단단해서 지붕을 기울이지 않고 평평하게 만들 수 있게 되었다. 그렇다 보니 아래층 위에 위층을 쌓는 것이 가능해졌다. 여러 개 층을 쌓은 밀도 높은 생산 공간이 가능해지니, 인구 밀도 높은 도시 속에서 주거와 생산 공간이 공존할 수가 있게 되었다. 과거 농업 혁명의 공간인 들판은 햇볕과 비를 맞기 위해서 2차원 평면적으로 펼쳐져 있어야 하다 보니 넓은 공간이 필요해서 도시의 외곽에 있어야만 했다. 하지만 층수가 높아지는 공장이 만들어지면서 생산 공간이 도심 속에 위치할 수 있게 됐고, 덕분에 공장은 도시의 다른 기능과 시너지 효과를 낼 수 있게 되었다.

산업 혁명 이전에 실내에서 노동하던 직업이 전혀 없었던 것은 아니다. 중세 시대에도 대장장이나 각종 물건을 만드는 공방들은 실내에서 작업했다. 그렇다면 과거 공방과 산업 혁명 시대 공장의 차이점은 무엇일까? 공방은 '도구'를 이용해서 생산하는 작업 공간이라면, 공장은 '기계'와 함께 노동하는 공간이라는 점이다. 기계가 도입된 '공장'은 기존의 '공방'과는 다르다. 우선 규모가 다르다. 공방에는 '방 방(房)' 자를 사용하지만 공장이라는 단어에는

'마당 장(場)'을 사용한다. 방보다 마당이 훨씬 더 크다. 두 번째 차이점은, 공장은 기계와 인간이 함께하는 공간이라는 점이다. 인류는 가축을 이용해서 농사를 지었다. 농지가 인간과 동물이 협업하는 공간이라면, 공장은 인간과 기계가 협업하는 공간이다. 농지가 야외 공간이라면 공장은 실내 공간이다. 농장은 자연의 태양에너지와 가축의 운동에너지를 이용해서 생산하는 곳이라면, 공장은 '화석에너지인 석탄을 이용하는 기계'와 함께 일하는 공간이다. 물론 산업 혁명 시대의 공장 이전에도 대장간에서는 화석에너지를 이용해서 온도를 높여 금속을 제련하는 데 사용하였다. 그래서 청동기 문화나 철기 문화 같은 기술적 혁명이 가능했다. 하지만 이때는 그저 화석에너지를 이용해 열에너지를 만들었을 뿐이라면, 근대 산업 혁명은 화석에너지를 운동에너지로 전환하는 기술 혁명이라는 점이 다르다. 인간이 사용하던 운동에너지는 인간, 가축, 바람 같은 자연의 운동에너지뿐이었다. 그러다가 18세기 들어서 증기 기관의 발명으로 석탄을 이용해서 열에너지를 만들고, 열에너지는 물을 끓여서 수증기를 만들고, 수증기는 수직 운동을 하는 피스톤을 작동시키고 회전축을 이용해서 회전 운동을 만들었다. 이로써 인류는 처음으로 석탄 증기 기관을 이용해서 인공의 운동에너지를 사용할 수 있게 되었다. 19세기 영국이 세상을 정복할 수 있었던 것은 화석에너지를 사용해서 운동에너지를 만든 첫 번째 사회였기 때문이다. 그런데 장점만 있었던 것은 아니다. 석

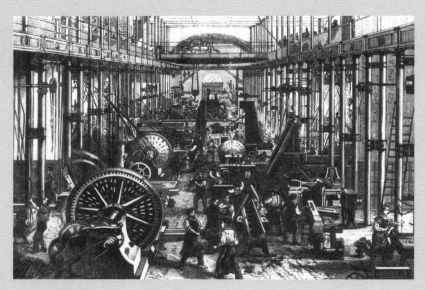

산업 혁명 시대의 공장 내부

탄을 이용한 기계가 도입되자 많은 부분에서 인간이 필요 없어졌고, 인간성이 위협받게 되었다. 공장에서 기계를 이용해 생산하는 제품들은 기계의 단순하고 반복적인 노동으로 만들어진다. 그렇다 보니 균일하게 표준화된 제품이 대량 생산되었다. 인간이 표준 모델에 맞춰야 하는 시대가 시작된 것이다. 기계 생산 이전에는 개성을 가진 인간에 의해서 공방마다 다르고, 공방 내에서도 생산자의 숙련도에 따라 다양한 제품이 생산되었다. 하지만 기계가 만들 때는 같은 기계에서 만들어지는 모든 제품이 균질하게 생산된다. 새우깡 과자를 보라. 40년이 넘는 시간 동안 그 모양과 튀긴 정도가 항상 똑같다. 얼마나 균질한가? 생산하는 제품이 표준화되니 공정도 표준화되어야 하고, 그렇다 보니 기계와 함께 일하는 인간이 제품 표준에 맞춰져야 하는 일이 생겨났다. 제각각 다른 존재인 인간에게는 맞지 않는 일이 시작된 것이다.

120배 정밀한 영국의 시공간

공장이 농지와 다른 점은 시간의 중요성이 부각된 공간이라는 점이다. 농사를 지을 땐 정확한 시간은 중요하지 않았다. 해가 뜨면 나가서 일하고 해가 지면 들어와서 쉬고, 봄여름 날씨가 좋을 때 일하고 추운 겨울에는 쉰다. 농사일은 정확한 시간은 중요하지 않고, 대신 날씨나 절기가 중요하다. 식물 성장은 계절과 절기의 영향을 받기 때문이다. 하지만 공장에서는 기계가 돌아가는 시간에 나의 노동 시간을 맞추어야 한다. 아침 9시에 공장 기계가 돌아가면 나도 9시까지 출근해야 한다. 기계는 쉬지 않고 돌아가니 노동자는 잠깐씩만 쉬어야 한다. 일하는 공간도 실내다 보니 날씨와 상관없이 매일매일이 똑같다. 인간은 산업 혁명으로 석탄 에너지를 운동에너지로 바꾸는 기계를 발명했고, 인간은 그런 기계와 동맹을 맺기 위해서 공장이라는 새로운 형태의 건축 공간을 구축했다. 그런데 기계와 동맹한 인간 사회를 만들려면 꼭 필요한 것이 있다. 바로 분 단위까지 정확하게 시간을 맞춰 사는 일이다.

많은 사람을 분 단위로 똑같은 시간표에 맞춰서 살게 한다는 것은 실로 엄청나게 힘든 일이다. 어제까지 해 뜨는 것을 보고 대충 시간을 어림잡아 일하던 농부에게는 더욱 그렇다. 농사는 혼자 혹은 가족이랑 하는 경우가 대부분이었다. 그런데 산업 혁명 이후의 삶은 다르다. 너무 다양한 사람들이 큰 집단을 이루어서 복잡하게 일해야 한다. 예를 들어서 공장에서는 기계가 돌아가기 시작하는 시간에 맞춰서 수백 명의 노동자가 출근해야 한다. 공장에서 생산한 물건을 다른 도시로 옮기려면 기차 출발 시간에 맞춰 기차역에 가야한다. 늦게 도착하면 기차가 떠나 버리고 만다. 기차가 10시 35분에 정확하게 출발하려면, 기차 운행을 관리하는 승무원도 정확한 시간을 알려 주는 시계가 필요하고, 그 기차를 타는 사람도 정확하게 시간이 맞는 시계를 가지고 있어야 한다. 그래서 모든 기차역에는 시계가 반드시 설치되어 있다. 요즘이야 0.1초도 안 틀리게 똑같은 시간을 알려 주는 스마트폰을 모두 가지고 있지만, 18세기 사람들은 기계로 움직이는 회중시계를 가지고 있었을 뿐이다. 각자의 시계마다 오차가 심했다. 그나마 부자들만 회중시계를 가지고 있었고, 일반인들은 그렇지 못했다. 그렇다 보니 출발과 도착 시각이 중요한 기차역에는 모든 사람이 기준 시간으로 삼을 수 있는 시계탑이 필수였다. 같은 기차역 내에서만 시간이 맞는다고 문제가 해결되는 것은 아니다. 런던에서 리버풀까지 가는 기차라면 두 도시의 시계도 맞아야 한다. 더 넓게는 유럽의 다른 나라와 기차가 연결된 경우라면 시간대에 따라서 몇 시간씩 시간을 보정하는 일도 필요하다. 그렇다 보니 지구를 세로로 나눠서 비슷한 시간대로 나눠야 하고 지구의 세로줄인 '경도'를 만들어서 시간대를 조정하는 일이 필요했다. 경도를 나눌 때 기준점이 필요했는데, 전 세계 기준점은 런던의 그리니치 천문대로 삼았다. 산업 혁명을 통해서 처음으로 시간에 맞춰서 생활을 시작한 나라는 증기 기관차를 발명한 영국이다. 그렇다 보니 시간의 기준점 역시 영국이 만들었고, 영국의 중심인 런던이 시간의 기준점이 되었다.

영국은 당시 전 세계의 4분의 1을 식민지로 두고 있던 나라였다. 공간적으로 가장 넓은 공간을 장악한 나라였지만 더욱 대단한 것은 공간을 시간과 연결해서 생각하기 시작했다는 점이다. 우리나라가 자시, 축시, 묘시 등 두 시간 단위로 시간을 나누어서 생활하던 때에 영국은 분 단위로 시간을 정밀하게 나눠서 사용했다. 시간을 분 단위로 읽는 사람과 두 시간 단위로 읽는 사람이 보는 세상은 같을 수가 없다. 산업 혁명 시대의 영국과 조선은 시간의 정확도가 120배 차이 나는 세상이다. 더욱 대단한 것은, 영국은 전 세계의 시간대를 나누었다는 것이다. 그것은 영국이 전 세계를 자기 무대로 생각하는 제국적 사고를 하고 있었기 때문에 가능한 일이다. 일찍이 범선을 가지고 전 세계 바다를 정복한 영국이었기에 가능한 일이라 할 수 있다. 거대한 공간을 품었을 뿐만 아니라 공간을 시간과 함께 생각할 수 있었던 국민이 당시 영국인이었다. 그것이 가능했던 것은 기차역 같은 공간에서 시간과 공간을 함께 생각하는 것을 배웠기 때문이다. 프랑스 작가 쥘 베른의 소설 『80일간의 세계 일주』를 보면, 주인공이 영국 사람이다. 이 소설은 영국 런던의 신사가 이집트, 인도, 홍콩, 일본, 미국을 거쳐서 런던으로 돌아오는 이야기가 줄거리다. 이때 날짜변경선은 소설 내용상 아주 중요한 요소로 쓰였다. 쥘 베른은 『해저 2만리』 등을 쓴 천재적인 작가로, 프랑스 사람이지만 소설의 주인공은 영국인이다. 그 이유는 당시에 전 세계를 일주할 수 있고, 날짜변경선을 아는 사람은 프랑스인이 아닌, 영국인이어야 가능했기 때문이다. 소설 『셜록 홈즈』는 주인공이 사건이 일어난 시간과 연결된 알리바이를 통해서 범인을 잡는 이야기다. 셜록 홈즈도 영국인이다. 당시 영국인은 전 세계의 시공간 시스템을 장악한 사람들이었다. 이들은 지구 전체라는 광활한 공간을 다른 나라 사람보다 120배 더 정확한 시간으로 쪼개서 종합적으로 사고할 수 있었다.

시간에 맞추는 삶을 만드는 기차역과 학교

하지만 이런 영국도 초기의 공장 노동자들은 지각과 조퇴가 흔했다고 한다. 왜냐하면 이들은 어제까지만 해도 농사를 짓던 사람이었기 때문이다. 그래서 이들은 '시간에 맞추어 사는 인간과 사회'를 만들기 위해 근대적 의미의 학교를 만들었다. 영국과 프랑스에서 칠판과 학생들의 책상과 의자가 있는 교실이 나타나기 시작했고, 이후 프로이센(독일)에서 의무 교육이 시작되었다. 학교의 가장 중요한 기능은 집단 내 다른 사람들과 함께 시간에 맞추어 사는 훈련을 하는 것이다. 초등학교 1학년 때 입학하면 처음 배우는 노래는 「학교 종」이다. '학교 종이 땡땡땡 어서 모이자, 선생님이 우리를 기다리신다.' 이 노래 가사를 보면 주목할 것이 네 가지 있다. 우선 '학교 종'이다. 근대 이전 서양에는 학교가 없었고, 대신 귀족들은 집에서 가정교사를 통해서 교육하거나 수도원에서 발전한 대학이 있었다. 우리나라의 경우에는 서당이나 서원이 있었다. 하지만 그 어느 곳도 시간을 정확하게 정해 놓고 등교하게 훈련시키지는 않았다. 인류는 학교라는 공간을 발명했다. 이곳에는 예배당의 종탑처럼 시간을 알려 주는 종을 두었다. 두 번째는 '땡

땡땡'이다. 정확한 시각을 알려 주는 종소리는 사람의 행동이 시각에 맞춰서 움직여야 한다는 것을 말한다. 이 종은 등교와 하교 시간, 수업의 시작과 끝을 분 단위로 알려 준다. 다음 단어 '모이자'는 모인다는 집단행동을 알려 주고, 그 앞에 부사 '어서'가 들어가 있다. 서둘러서 귀찮아도 뛰어서라도 모여야 한다는 것을 은연중에 주입한다. 그리고 마지막으로 선생님이 '기다리신다'라고 한다. 선생님은 학교에서 기다리신다. 선생님을 구심점으로 해서 다른 학생들이 모여야 한다는 것이다. 우리는 1장에서 모닥불을 중심으로 모일 때 사회 공동체가 만들어지는 원리를 보았다. 학교에서 시선이 모이는 곳은 모닥불 대신 선생님과 칠판으로 바뀌었다. 그렇게 이전에는 없던 공간 구조를 통해서 새롭게 사회를 움직이는 '시간 시스템'이 만들어진 것이다. 그런데 학교는 시간 맞추는 일만 가르치는 것이 아니다. 학교는 지식을 배우는 공간이라는 점도 중요하다. 9장에서 인간이 똑똑해지려면 뇌가 병렬로 연결되는 네트워크가 만들어져야 하고, 도서관은 시공간의 제약을 뛰어넘어서 뇌의 네트워크를 만드는 공간이라고 했다. 도서관을 이용하기 위해서는 문자 시스템을 이용할 수 있어야 한다. 그러려면 읽고 쓰는 능력을 배워야 하는데, 그것을 가르쳐 주는 공간이 학교다. 학교는 시간을 맞추는 훈련을 받아서 기계와 협업할 수 있게 하는 공간이고, 지식의 네트워크에 접속할 수 있게 문자 시스템을 배우는 공간이기도 하다. 인류는 공장이라는 거대한 실내 공간 덕분에 날씨와 상관없이 기계와 연합해서 일할 수 있게 되었다. 기차역 덕분에 인류는 공간을 시간과 연결 지어서 생각할 수 있게 되었다. 많은 사람이 좀 더 정밀하게 시간을 맞춰 일할 수 있게 되면서 인간은 더 많은 사람과 협업할 수 있게 되었다. 학교 덕분에 어려서부터 이런 훈련을 할 수 있게 된 것이다. 공장, 기차역, 학교는 인간이 더 많은 사람과 협업하고 기계와 융합하게 만들어 준 건축 양식이다.

동맥과 정맥

우리 몸에는 혈관계가 있다. 몸 구석구석까지 퍼져 있는 복잡한
혈관계의 목적은 하나다. 세포에 산소를 공급하는 것이다. 폐에서
산소를 공급받은 피는 심장과 동맥을 통해서 몸 구석구석에 산소
를 공급하고, 산소를 배달한 후에는 정맥을 통해서 다시 산소를
받기 위해 폐로 돌아간다. 이러한 순환 체계가 없다면 생명은 유
지될 수 없다. 보통 심장이 멈추면 수 분 내에 죽는 정도니 '생명=
혈액 순환'이라고 할 수 있다. 인간이 사는 공간 내 피의 순환 같
은 생명줄은 물의 공급망이다. 도시의 가장 기본적인 조건은 물
공급이다. 깨끗한 물을 공급해 주는 상수도 시스템은 산소를 전달
해 주는 동맥이고, 사용한 더러운 물을 회수해 주는 하수도는 정
맥이라고 볼 수 있다. 상수도로 물이 공급되지 못하면 인간은 살
수 없지만, 더러운 물을 제대로 배출하지 못해도 도시에 전염병이
돌아서 살 수가 없다. 피의 순환이 가능한 것은 '혈관'이 있기 때문
이다. 우리 몸에는 피가 '관' 안에서만 흐른다. 그 피가 혈관 밖으

로 나와 흐르는 것을 '출혈'이라고 하고, 그것은 생명 유지에 지장을 주는 것으로 간주한다. 이렇듯 어떤 시스템이 제대로 작동하기 위해서는 구분된 공간으로만 움직여야 한다. 몸 안에서 피는 혈관 내부에서만 빠르게 움직여야 한다. 마치 이동하는 사람은 복도에 있어야 하고, 머무는 학생은 교실에 앉아 있어야 하는 것처럼 공간은 움직임의 속도에 따라서 구분될 때 효율적으로 작동한다.

그러면 선진국 도로망과 후진국 도로망의 차이는 무엇일까? 바로 '구획'이다. 인도나 캄보디아의 제대로 구획되지 않은 번잡한 도로에 가 보면 자동차와 사람이 하나로 얽혀 있는 것을 볼 수 있다. 도로에는 줄이 그어져 있지 않다. 사고가 안 나는 것이 경이로울 정도다. 유튜브에서 '베트남에서 길 건너는 방법'을 검색해 보면 엄청난 오토바이들 사이로 천천히 걸으면서 서로가 피해 가는 것을 볼 수 있다. 하지만 사고가 안 난다고 이런 사회가 효율적인 사회라고 보기는 어렵다. 반면에 뉴욕, 런던, 도쿄 같은 도시를 살펴보면, 1980년대 최고의 산업 국가였던 일본의 상징적인 모습은 도쿄 시부야의 스크램블 교차로다. 이곳은 인도와 차도가 구분돼 있을 뿐 아니라 신호등과 횡단보도 체계가 인상적이다. 빨간 신호등에 자동차가 멈추면 수직, 수평과 대각선으로 나 있는 횡단보도를 빠르게 건너가는 사람들의 모습이 인상적이다. 같은 도로지만 시간에 따라서 인간의 공간과 자동차의 공간이 교대로 작동하는 모습은 사회가 어떻게 공간을 구획해서 효율적으로 사용하는지 단적으로 보여 준다. 이렇듯 선진국 도로의 특징은 인도와 차도의 구분뿐 아니라 일반 차도에도 줄이 많이 그어져 있다는 점이다. 나는 1990년대에 런던에 갔을 때 도로를 보고 놀랐었다. 당시 우리나라의 도로는 그저 흰색 실선, 노란색 두 줄 선, 흰색 점선 정도의 선들이 있었다. 그런데 런던에는 긴 점선, 짧은 점선, 실선, 지그재그선 등 도로 위에 그려진 선의 다양성이 우리나라 도로의 두 배 정도였다. 영국은 그만큼 공간에 규칙을 더 세분화해서 사용하고 있었던 거다. 2020년대 우리나라의 도로에는 컬러 선으로 방향을 알아보기 쉽게 해 놓았고, 횡단보도에는 스마트폰을 내려다보는 사람들을 위해서 색깔이 바뀌는 LED 점선이 있다. 선의 다양성이라는 점에서 런던을 뛰어넘었다고 볼 수 있을 것 같다. 이러한 선들은 2차원 평면에서 공간을 구획하는 가장 1차원적인 방식이다. 좀 더 발전한 도시 시스템에서는 '수평적' 공간 구획뿐 아니라 '수직적'으로도 공간을 구획한다. 막히는 차선보다 빠르게 가기 위해서 지하 공간에 지하철 라인을 구축한다. 그리고 깨끗한 물을 공급하는 상수도관과 더러운 물을 분리 배출하는 하수도관은 지하에 매설되어 있다. 이렇듯 기능에 의한 수직적인 분리를 본격적으로 구상한 도시가 파리다.

하수도로 만든 위생 도시

로마는 북쪽으로 영토를 확장해 가던 중 중간 기착지로 사용하기 위해 지금의 파리 센강 변에 목책으로 군사 기지를 짓고 로마군을 주둔시켰다. 그 군사 기지가 있던 장소에 훗날 루브르궁이 세워졌고, 지금은 '루브르 박물관'으로 사용되고 있다. 어느 지역이든지 전략적으로 가장 좋은 지역은 점령군이 차지하는 지역이다. 서울의 경우만 보더라도 용산 미군 기지가 있는 지역은 과거 일본군 점령 부대가 주둔하던 곳이었고, 몽골 지배 시기에는 몽골 군대가 차지했던 지역이기도 하다. 파리의 용산은 현 '루브르 박물관' 자리다. 그렇게 만들어진 파리는 중세 시대를 거치면서 '노트르담 대성당'도 만들고, 점점 인구가 모이는 대도시로 자리를 잡았다. 하지만 인구가 늘자 전염병이 창궐하는 문제가 생겼다. 당시에는 요강에 볼일을 보고 창문 밖으로 버렸으며, 주요 교통수단도 말과 마차였다. 그렇다 보니 말이 배설하는 오물의 양도 상당했는데, 비가 오면 이 오물이 하천과 지하수로 침투하는 문제가 있었다. 물이 부족했던 파리에는 정기적으로 장티푸스나 콜레라 같은 수인성 전염병이 돌았다. 전염병은 주로 수돗가에서 시작됐다. 파리 인구는 1801년 약 55만 명에서 1851년 약 100만 명으로 50년 동안 두 배 가까이 늘었고, 급격한 인구 증가로 도시 위생에 문제가 생겨 콜레라 같은 수인성 전염병이 창궐했다.

이러한 위생 문제를 해결하기 위해서 파리는 지하 하수도를 만들었다. 대대적인 하수도 토목 공사를 감행하여 더러운 물을 지하로 보냈는데, 현재 2만 6천 개의 맨홀을 가지고 있고 하수도망의 전체 길이는 2,100~2,300킬로미터에 달한다. 지하 터널 천장 높이는 5미터고, 가장 낮은 공간은 1.8미터였다. 하수도 개천 양편으로 인도가 있고, 중간중간에 교량이 설치되어 있다. 웬만한 공간은 사람들이 서서 이동할 수 있게 계획된 지하 도시의 구성이다. 파리의 이 같은 지하 공간은 5백 년 이상의 개발 과정을 거쳐서 진화된 결과물이다. 파리 박람회 때에는 배를 타고 하수도를 관광하는 프로그램이 있을 정도였다. 파리는 하수도 덕분에 유럽에서 가장 위생적인 도시가 될 수 있었고, 유럽 내에 전염병이 돌 때도 파리에서는 상대적으로 전염병으로부터 안전했다. 그래서 돈 많은 부자들은 파리로 이사했고, 이 부자들에게 그림을 팔기 위해서 화가들이 파리로 이사했다. 파리는 자연스럽게 문화의 중심지가 되었고, 그 브랜드 이미지는 지금까지도 이어지고 있다. 파리의 하수도 시스템은 건조 기후대가 아닌 북반구 중위도 지대에 전염병에 강한 새로운 고밀도의 도시를 구축할 수 있게 해 주었다. 이제 인류는 강수량과 상관없이 전염병이 돌지 않는 도시를 만들 시스템을 갖게 된 것이다. 파리는 지하 하수도 외에도 다른 시스템을 갖게 된다. 다름 아닌 넓은 직선의 도로망이다.

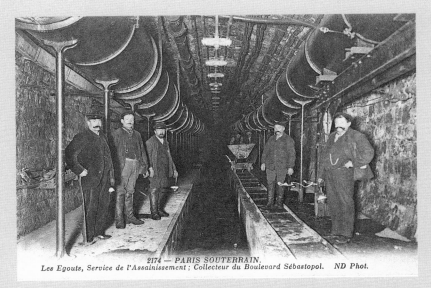

2174 — PARIS SOUTERRAIN.
Les Egouts, Service de l'Assainissement ; Collecteur du Boulevard Sébastopol.   ND Phot.

양편으로 인도가 있고, 천장이 높아서 사람들이 서서 이동할 수 있는 파리의 지하 하수도 (사진: Neurdein)

권력을 만드는 도로망

파리는 전염병 문제와 더불어 정치적인 해결책도 필요했다. 영국의 경우 1688년 명예 혁명을 통해서 영국 국왕의 권력이 귀족층으로 내려오는 낙수 효과가 시작되었다. 프랑스의 경우에는 1789년에 무력적 혁명의 방법으로 국왕의 권력을 시민이 나눠 갖게 됐다. 이는 이후 권력을 잡은 정치 지도자들에게는 커다란 위협이 되었다. 내가 지금은 권력을 가지고 있지만, 언제고 시민들이 들고일어나면 권력의 자리에서 내려올 수 있다는 압박감을 준 것이다. 이를 해결하기 위해서는 대규모의 군대를 갖는 방법이 있다. 하지만 대규모 군대는 유지 비용이 많이 든다. 파리의 경우에는 권력 유지를 위해서 도시 공간 구조를 바꾸는 방법을 선택했다. 나폴레옹 3세 때인 1853년~1870년 파리의 오스만 시장은 중세 시대 때 만들어진 저층형의 건물을 부수고, 6층 정도의 건물을 지으면서 도로망을 넓은 직선 도로망으로 새롭게 개편했다. 그러면서 도심의 중앙부에는 개선문을 중심으로 12개의 도로가 모여드는 방사형의 도시 공간 구조를 만들었다. 이렇게 한 이유는 정치적 목적이 다분하다. 프랑스 대혁명 같은 민중 봉기가 일어나면 사람들은 길거리로 쏟아져 나온다. 그리고 12개의 간선도로에 사람이 모여들 경우, 개선문에 대포만 설치하면 간단하게 최소한의 병력으로 시민 봉기를 제압할 수 있게 된다. 방사상 공간 구조를 만듦으로써 도시 공간에 권력의 위계를 만든 것이다. 그리고 그

개선문을 중심으로 한 방사형 도로

교차점 공간을 장악하는 권력자는 도시 공간 구조를 통해서 권력을 유지하고 강화하게 된다.

도로의 교차점을 장악하는 자가 권력을 가진다는 방식은 고대 도시에서도 보인다. 로마의 경우 대형 도로가 만나는 지점에 '콜로세움' 같은 랜드마크 건물을 놓거나, 도로가 모이는 광장 가운데 오벨리스크 같은 기념비를 두어서 사람들의 시선을 끌었다. 도로망은 사람의 이동을 유도한다. 도로를 따라서 이동하면 도로 위 사람은 싫으나 좋으나 앞을 보면서 걷게 된다. 도로 선상에 위치해 있는 것은 시선을 집중적으로 받을 수밖에 없고, 그 자리를 차지한 자는 권력을 가지게 된다. 만약에 우리가 TV를 켜면 항상 국영 방송 KBS 채널이 나온다고 치자. 그렇다면 KBS는 다른 곳보다 압도적으로 시청률이 높아질 것이고, KBS의 광고 수익은 다른 곳보다 훨씬 더 많아지게 된다. 과거 TV가 없던 시절에 사람의 시선을 끄는 것은 도로망의 교차점에 놓인 기념비나 조각상이나 건물이다. 최초의 도시는 자연 발생적으로 만들어져서 거미줄 같은 도로망을 가지고 있었다. 왜냐하면 자연 발생적인 도로는 사람이나 동물이 걸으면서 만들어지는데, 사람이나 동물은 언덕을 오르내리기 싫어하기 때문에 같은 등고선의 높이로 걷게 된다. 그렇게 등고선을 따라서 구불구불한 도로가 만들어진다. 건물의 높이도 높지 않았다. 수메르 문명의 우루크 같은 도시는 단층짜리 집으로 지어졌을 가능성이 높다. 우루크 같은 초기 도시들의 길은 구불구불하고, 도시 속 모든 공간은 낮은 건물에 둘러싸여 있다. 이런 도시에서는 사람들의 시선이 사방으로 막혀 있게 된다. 그런 도시 환경에서 눈에 띄는 건축물을 만들기 위해서는 건축물을 높게 만들어야 했다. 지구라트가 대표적인 예다. 지구라트는 50미터 높이의 고층 건물을 통해서 시선 집중을 유도하여 권력을 창출했다. 그러나 이후 로마를 비롯해 도시가 고층 고밀화되었다. 주변의 건물이 7층 정도로 높아지면 웬만큼 높은 건물은 눈에 들어오지 않는다. 대신 도로 좌우로 들어선 높은 건물은 오히려 사람의 동선과 시선을 도로 끝이나 교차로 같은 한곳으로 모으게 되고, 그렇게 도로 끝의 빈 공간이나 도로의 교차점이 사람의 시선이 모이는 곳이 된다. 그래서 이후의 랜드마크 건물들은 주로 도로가 만나는 교차점에 배치했다. 그리고 그곳에 위치하고 있는 건축물은 권력을 갖는 건물이 된다. '콜로세움', 개선문, 뉴욕 타임스 스퀘어의 광고판이 그렇다. 로마 이후 높은 건물들 사이의 도로는 사람의 시선을 조종하는 장치이자, 권력의 위계를 만드는 장치가 되었다.

인간은 도로망을 이용해서 권력을 창출하는 방법을 터득했다. 로마는 도로가 만나는 교차점에 왕의 승전을 기념하는 개선문을 두거나 이집트에서 훔쳐 가지고 온 오벨리스크를 두었다. 자신들이 이집트 제국의 후예라는 선전을 하는 것이다. 로마의 나보나 광장 중앙에도 오벨리스크가 있고, 프랑스 파리 콩코르드 광장에도 오벨리스크가 있고, 미국 워싱턴 D.C.의 '내셔널 몰' 중앙에도 오벨리스크 모양의 기념비가 만들어졌다. 파리의 경우 12개의 도로가 모이는 곳에 개선문이 위치하고 있다. 이 건축물들은 TV를 켜기만 하면 자동으로 나오는 광고와 같다. 파리는 이런 효과를 극대화하기 위해서 도로망을 직선으로 만들었다. 과거 도시의 경우에는 랜드마크 건물이 있더라도 도로망이 구불구불했기 때문에 멀리서는 보이지 않았다. 파리의 개선문은 그 규모 면에서 보면 기존 개선문의 원형이라고 할 만한 로마의 '티투스 개선문'보다 수십 배 크다. 그리고 거대한 직선의 샹젤리제 거리를 만들어서 그 개선문을 몇 킬로미터 밖에서도 볼 수 있게 하였다. 로마의 '티투스 개선문'을 하루에 수만 명이 보았다면, 파리의 개선문은 12개 도로의 반경 수 킬로미터 도로 위를 지나는 수십만 명이 보게 된다. TV 광고라면 시청률이 수십 배가 되는 것이다. 직선의 도로는 이렇게 광고 효과를 극대화한다.

직선의 도로망은 물류 측면에서 보더라도 훨씬 더 효율적이다. 우리가 운전면허 시험을 칠 때 S자 코스는 빠른 속도를 내기 어렵다. 하지만 직선 주행 시험에서는 빠른 속도를 낼 수 있다. 직선은 핸들을 꺾을 필요가 없다. 하물며 핸들을 이용하는 기계가 아닌 동물인 말을 다루어 몰아야 하는 마차의 경우, 곡선 도로는 직선보다 훨씬 더 몰기 어려웠을 것이다. 게다가 파리에 새롭게 만들어진 도로는 21세기에 봐도 폭이 엄청나게 넓은 대형 도로다. 직선의 도로망은 기능적이고 효율적인 교통 순환을 만들었다. 과거 도시에서도 직선의 도로망이 보이는 예는 있다. 예를 들어서 로마 제국의 계획도시인 폼페이의 경우 직선 도로망이 구축되었다. 중국의 장안성에도 직선 도로망이 보인다. 둘 다 격자형의 직선 도로망이다. 하지만 파리처럼 넓은 폭의 직선 도로망은 없었다. 넓은 폭의 도로를 만들려면 도로 좌우 면에 고층 건물이 들어서야 경제성을 가지는데, 폼페이나 장안성은 파리만큼의 고층 건물로 만들어진 고밀화 도시가 아니었기 때문이다. 파리는 하수도 시스템과 넓은 폭을 가진 직선 도로망으로 새로운 도시 구조를 만들었다. 로마의 상수도 공급 시스템인 아퀴덕트의 경우 땅에서 다리를 만들어 높게 띄워 상수도망을 구축했다면, 파리의 경우에는 눈에 보이지 않게 땅속에 넣은 하수도 시스템을 만듦으로써 시대를 앞서 나갈 수 있었다. 로마의 상수도와 파리의 하수도는 모두 도시의 문제를 해결한 3차원 입체적 방식이다. 이러한 고차원의 도시 공간을 만들게 되면 2차원 평면적 도시를 압도하는, 이전에는 없던 경쟁력을 가진 도시가 된다.

도시의 공간 구조를 결정하는 중요한 요소는 두 가지다. 하나는 도로망의 패턴이고, 다른 하나는 건물의 높이다. 뉴욕, 파리, 런던,

로마, 서울 같은 도시의 공간적 특징을 이 두 가지가 일차적으로 결정한다. 로마는 촘촘하고 구불구불한 도로망을 가지고 있는 반면, 뉴욕은 격자형의 직선 도로망을 가진다. 파리는 방사형 모양의 도로망 구조를 가지고, 서울은 구불구불한 도로의 강북과 격자형 직선 도로망의 강남으로 설명된다. 이들 도로망의 모양은 결국 도로 위를 이동하는 사람들의 속도와 관계를 결정하고, 이는 도시 내 사람들 간의 관계를 결정하게 된다. 우리의 뇌는 경험이 쌓이면서 신경세포끼리 연결하는 시냅스가 만들어진다. 각기 다른 경험을 하게 되는 뇌는 각기 다른 시냅스 회로 네트워크가 만들어진다. 이러한 뇌의 신경 회로망의 조직적 지도를 '커넥톰'이라고 한다. 각기 다른 패턴 모양을 가진 커넥톰이 그 사람의 아이큐, 성격, 사고방식 같은 특징을 결정하는 것이다. 도시의 도로망은 뇌의 커넥톰과 같다. 그 도시의 독특한 도로망 패턴은 그 도시의 라이프 스타일을 결정하고, 경쟁력을 결정한다. 파리의 경우 다른 도시는 가지고 있지 않았던 직선의 도로망뿐 아니라 지하 하수도망을 가졌다. 이는 파리의 독특한 입체적 커넥톰이 되었다. 그리고 그 커넥톰은 파리를 당대에 가장 경쟁력 있는 도시로 만들어 주었다. 이는 도시를 한 단계 진화시키는 발전으로, 20세기 이후에 도시를 만들 때는 누구나 파리가 개발한 커넥톰인 지하 하수도와 직선의 도로망을 사용한다.

공산당 vs 장마당

북한은 1990년대 '고난의 행군'이라는 심각한 식량난을 겪은 후 식량 배급 시스템이 거의 붕괴됐다. 이 문제를 해결하기 위해 북한 공산당은 '장마당'이라 불리는 민영 시장을 허용했다. 이곳에서는 필요한 음식이나 약 등이 거래된다. 북한 공산 사회 내에 부분적으로 시장 경제가 도입된 것이다. 장마당의 영향력은 점점 커져서 현재 북한 내에서는 "북한을 지배하는 두 개의 당이 있다. 하나는 공산당, 다른 하나는 장마당"이라는 농담이 돌 정도라고 한다. 북한 전문가 강동완 교수에 의하면 최근 들어서는 장마당에서 자릿세를 받으려는 공산당원에게 항의하는 시민이 등장했다고 한다. 강 교수는 이런 모습은 이전에는 상상도 할 수 없던 일이라면서 북한 사회에 자유 의식이 깨어나고 있는 현상이라고 설명한다. 과거 배급 체제에서는 내가 먹고사는 것을 공산당이 해결해 준다고 생각했다. 그런데 장마당에서 내가 장사를 해서 먹고살게 되면 공산당은 나에게 해 주는 것 없이 통제만 하는 존재가 된다.

장마당이 북한 주민들의 가치관을 변화시킨 것이다. 강 교수는 북한같이 폐쇄적인 사회에서 시장이라는 공간은 체제에 위협이 되는 공간이라고 말한다. 사람들이 시장에서 정보를 나누고 공유하게 되기 때문이다. 전체주의 국가가 가장 두려워하는 것이 피지배자에게 정보가 흘러가는 것이다. 그래서 독재 국가는 인터넷을 통제한다.

물건을 사고파는 공간은 인류에게 평등이라는 개념을 주는 공간이었다. 고대 그리스는 메소포타미아나 이집트에 비해서 농업보다는 어업과 상업이 발달했었다. 그리스는 아테네의 광장인 아고라가 있었기에 민주주의 사회를 발전시킬 수 있었다. 건축적으로 보면 광장은 평지에 있다. 기울어진 땅에서는 움직임에 방향성이 생긴다. 오르막은 어렵고 내리막은 편하다. 중력 때문이다. 그런데 땅이 평평하다는 것은 사람들의 행동에 특정 방향성을 강요하는 중력이 작용하지 않는 평등한 공간의 장場이 생겨난다. 이곳에서 물건을 사는 사람과 파는 사람은 평등한 관계다. 둘은 흥정하고 동의하고 교환한다. 이 책의 초반에 나온 지구라트, 피라미드, 성전 같은 공간들이 사회 내에서 권력의 위계를 만드는 건축물이라면, 반원형 극장과 더불어 시장이라는 공간은 평등한 사회를 만드는 공간이다.

대중화, 실내화, 대형화

사회가 진화하면 새로운 종류의 건축물이 만들어진다. 인류 초기에는 주거 건축만 있었다. 시간이 지나 '괴베클리 테페' 같은 장례를 위한 건축물이 지어지다가 수메르 문명에 들어서는 지구라트 같은 제사를 위한 건축물, 이집트에는 피라미드라는 무덤 건축물, 그리스에 와서는 반원형 극장, 로마 시대에는 원형 경기장이 나왔고, 동로마 제국 때는 성 소피아 성당이라는 거대한 교회가 지어졌다. 이러한 건축 양식의 진화에는 두 가지 경향이 보인다. 첫째, 한 사람을 위한 건축에서 대중을 위한 건축으로 이동했다는 점이다. 지구라트나 피라미드가 단 한 명을 위한 건축물이었다면, 반원형 극장과 원형 경기장은 시민을 위한 건축물이었고, 교회는 누구나 들어갈 수 있는 건축물이다. 건축물은 점점 더 많은 대중을 위한 공간으로 바뀌어 왔다. 이런 현상은 민주화라고 할 수 있고, 포퓰리즘이라고도 할 수 있다. 인류 역사를 움직이는 확실한 큰 흐름 중 하나는 '포퓰리즘'이다. 과거에는 제사장이라는 직분만이 신과 통할 수 있었다. 이후 종교개혁은 '만인 제사장' 즉, 모든 사람이 제사장이라고 선포했다. 과거에는 제사장이나 신부 같은 몇몇 소수의 사람만 가지고 있던 신과 통할 수 있는 권한이 일반인 전체에게 나누어졌다. 과거에는 파라오만 신의 자녀였다면 지금의 기독교에서는 모두가 하나님의 자녀다.

두 번째 경향은 '실내화'다. 그리스 반원형 극장과 로마 원형 경기장의 다른 점은 로마 원형 경기장에는 천막으로 만들어진 가변형 지붕이 있다는 점이다. 노천이었던 그리스 반원형 극장이 원형 경기장이 되면서 절반의 실내 공간이 된 것이다. 이후 만들어진 '성소피아 성당'은 거대한 돔으로 완전한 실내 공간을 만들었다. 인간은 점차 건축 공간을 대중화, 실내화, 대형화시켜 왔다. 이런 원리는 상업 공간에도 적용된다. 그리스 '아고라'의 노천 시장은 이스탄불의 지붕 덮인 시장인 '그랜드 바자르Grand Bazaar'로 이어졌고, 1851년 영국 런던에는 최초의 실내 쇼핑 공간인 '크리스털 팰리스Crystal Palace'가 만들어졌다. 한국어로 '수정궁'이라고 불리는 이 건축물은 런던에서 개최된 만국박람회장의 전시장 건물이다. 산업 혁명으로 많은 제품이 생산되기 시작하면서 이런 제품들을 소개하기 위해 거대한 시장이 필요했고, 그렇게 해서 고안된 것이 만국박람회다. 당시 산업 혁명을 주도했던 영국이 최초의 만국박람회를 개최했다. 이때 제품들을 전시할 거대한 실내 공간이 필요했고, 건축가 조지프 팩스턴Joseph Paxton 경이 하이드파크 내에 철골과 유리로 길이 563미터, 폭 124미터, 높이 33미터인 축구장 열여덟 개 크기의 거대한 온실 같은 건축물을 1년 만에 완성하여 세계를 놀라게 했다. 참고로 잠실 '롯데월드'의 길이는 400미터, '스타필드' 하남의 길이는 370미터 정도 된다. 영국은 150년 전에 지금 우리나라에서 가장 큰 쇼핑몰보다 큰 건물을 그것도 1년 만에

첫 번째 만국박람회가 열린 '수정궁'의 외관(위)과 내부 (위 그림: Read & Co. Engravers & Printers, 아래 그림: J. McNeven)

완성한 것이다. 이렇게 빠르게 건축할 수 있었던 비결은 부재를 모듈화해서 공장에서 대량 생산하고 현장에서 조립했기 때문이다. 거대한 실내 공간을 만들기 위해서 6년이 걸린 '성 소피아 성당'이나 2백 년 가까이 걸린 '노트르담 대성당'의 경우와 비교하면 엄청난 기술적 혁명이다. 영국이 앞서 나가자 경쟁 관계에 있던 프랑스도 1889년 파리에서 만국박람회를 개최했다. 영국이 '수정궁'으로 넓은 실내 공간을 만들자 파리는 높이로 승부를 보기로 하고 324미터의 '에펠탑'을 건축했다. '에펠탑'은 엘리베이터라는 신기술이 있었기에 가능했던 건축물이다. '수정궁'과 '에펠탑'은 모두 신기술을 이용해서 기존에는 없던 규모의 건축을 빠른 시간에 완성하여 랜드마크가 된 건축물이다. 하지만 '수정궁'의 진짜 의미는 다른 곳에 있다.

계급의 갈등을 봉합하는 건축

연세대 사학과 설혜심 교수의 『소비의 역사』(휴머니스트)에 따르면, '수정궁'에서 열린 만국박람회에는 등급제로 된 입장료 덕분에 가난한 사람들은 1실링만 내고도 입장할 수 있었다고 한다. 게다가 철도 시스템 덕분에 먼 거리에 있는 사람들까지 찾아와서 엄청나게 붐비는 장소가 됐다. 당시 영국은 산업화로 인한 계층 간의 갈등이 심각한 문제였다. 그래서 만국박람회장에 많은 사람이 모이면 계층 간 폭력적 충돌이 발생하지 않을까 걱정이었다. 하지만 뚜껑을 열어 보니 의외의 결과가 나왔다. 부자나 가난한 사람이나 모두 '수정궁'의 공간과 수많은 제품에 압도됐다. 이들의 시선은 현실에서 벗어나 희망적인 미래로 열린 것이다. 설혜심 교수는 이 현상을 "계급을 뛰어넘어 하나로 통합된 '소비자'라는 새로운 계층이 탄생한 사건"이라고 평가한다. '수정궁'이라는 건축 공간은 다양한 사회적 계층의 사람들을 소비자라는 하나의 계층으로 통합시킨 장치다.

이와 비슷한 현상은 미국에서도 나타났다. 특이하게도 미국 역사에는 유럽에서 있었던 계급 간 유혈 혁명이 없었다. 『소비의 역사』에 따르면, 20세기 중반 프랑크푸르트학파나 역사학자 리처드 호프스태터는 미국에 계급 투쟁이 없었던 이유가 소비 경제의 확산 때문이라고 설명한다고 한다. '소비자는 왕이다'라는 말이 있다. 소비하는 순간에는 내가 권력자가 되는 느낌을 받으면서 계급 모순이나 불평등이 은폐된다. 대량 생산과 개인의 소비는 권력을 잘게 쪼개는 기능을 했다. 과거에는 농장을 소유해야만 권력을 가졌다면, 현대 사회는 물건을 살 때마다 '왕'이 될 수 있게 되었다. 짧은 시간이지만 소비자가 되면서 신분이 순간 상승하는 효과를 가져오게 된 것이다. 수천 년 동안 소수의 왕족 중 극소수만이 왕이 될 수 있었다. 그런데 돈을 소비하는 순간에는 누구나 왕이 될 수 있는 세상이 열린 것이다. 수영장 딸린 집을 소유하려면 수십억의 돈이 필요하다. 일반적인 사람들은 불가능하다. 그런데 요즘 들어서는 수영장 딸린 집을 소유하는 대신 풀 빌라에 하루 이틀 묵으면서 사진을 찍어 SNS에 올리는 것으로 나를 과시할 수 있다. IT 기술은 재화를 짧은 시간 단위로 쪼개서 소유할 수 있게 해 주었다. 마찬가지로 만국박람회나 백화점 같은 소비 건축 공간은 소비자라는 계층을 만들고 그들을 '시간당' 왕으로 만들어 주었다. 극소수만 점유했던 최고위 사회 계급을 돈으로 시간당 살 수 있게 된 것이다. 백화점은 새로운 '일시적一時的 왕족'인 소비자의 탄생을 도왔다. 자본주의 사회에서는 누구나 돈을 벌고 싶어 하고 쇼핑을 좋아한다. 왕이 될 수 있기 때문이다.

에스컬레이터가 살린 백화점

산업 혁명 때문에 인구가 도시로 집중되면서 도시는 고밀화되어 갔다. 일반적으로 상업 시설은 접근성을 위해 1층에 있다. 그런데 도심 속 좁은 땅 위 1층에 산업화로 새롭게 만들어진 많은 제품을 모두 배치하기는 불가능했다. 때마침 강철과 엘리베이터 덕분에 고층 건물을 지을 수 있었고, 사업가는 많은 물건을 좁은 땅에 전시할 수 있는 백화점을 만들었다. 하지만 높은 층의 가게로 사람을 유인하기 어렵다는 문제가 있었다. 계단으로 올라갈 리는 만무하다. 엘리베이터가 있기는 했지만, 당시 엘리베이터는 너무 느려서 사람들이 타기 싫어했다. 특히나 바깥 풍경이 보이지 않는 좁은 상자 안에 모르는 사람들과 함께 있는 경험은 유쾌하지 않았다. 일반적으로 45센티미터 안쪽으로 들어오는 사람은 아주 가까운 사람이다. 부모·자식이나 연인 사이 정도나 그 범주에 들어간다. 그런데 엘리베이터에서는 모르는 사람과 가깝게 붙어서 한참을 있어야 해서 무척 어색하다. 그래서 사람들은 주변 사람들에 둘러싸여서 좁고 답답하고, 주변 사람들을 보기 싫으니 시선을 위로 올려서 천장의 빈 공간을 보거나 바뀌는 층 숫자를 쳐다보는 것이다. 이때 나온 해결책이 1882년 미국의 제시 리노Jesse Reno가 발명한 에스컬레이터다. 에스컬레이터에서는 다른 높이의 계단에 줄지어 서 있기만 하면 올라가기 때문에 주변 사람에 둘러싸인 느낌이 없다. 그리고 에스컬레이터를 타고 올라가면서 주변을 내려다보는 기분 좋은 경험도 한다. 에스컬레이터 덕분에 사람들은 걸을 때 느끼는 변화의 속도로 백화점 내부 풍경을 체험할 수 있게 되었고, 자연스럽게 상층부의 가게로 이동하였다. 에스컬레이터가 백화점을 살린 것이다.

'수정궁'은 산업 혁명이라는 기술 혁신이 된 사회를 공간적으로 체험하게 해 준 건축물이었다. 혁신적 공간 체험은 소비자라는 새로운 계급을 만들었고, 미래에 대한 기대를 품게 했으며, 갈등을 봉합했다. 우리나라에 '수정궁' 같은 역할을 한 건물은 1989년에 개장한 잠실 '롯데월드'다. '롯데월드'에는 거대한 아트리움 공간인 '롯데월드 어드벤처'가 있다. 그곳에서 우리는 이전에는 경험해 보지 못한 실내형 테마파크라는 공간을 체험했고, 거대한 실내 소비 공간을 경험했다. 이런 놀라운 공간 체험은 대한민국 국민으로 하여금 희망적 시선으로 미래를 바라보게 하였다. 미래에 대한 밝은 비전은 현재의 갈등을 해소한다. 잘 만들어진 건축물은 사회를 좋은 방향으로 향하게 만든다. 현재 우리 사회의 계층 간 갈등이 해결되지 않는 이유는 공간적 혁신이 없기 때문이기도 하다. 신도시는 아직도 1970년대의 공간 혁명이었던 아파트를 재탕하고 있고, 상업 공간에도 혁신이 없다. 기술 혁신으로 만들어진 새로운 건축 공간은 이 시대의 갈등을 봉합할 수 있다. 지금은 그런 새로운 건축이 절실한 시대다.

15 엘리베이터,
자동차, 전화기,
냉장고와 융합한 도시

1850년대~1980년대

1852년 오티스 엘리베이터
1854년 안토니오 무치 전화
1862년 제임스 해디슨 냉장고
1886년 카를 벤츠 자동차
1903년 포드 자동차회사

기계와의 연합이 만든 승리

12장에서, 면직물 산업에서 수천 년간 세계 최고였던 인도가 증기
기관을 이용한 영국의 방적기에 밀려 산업 전체를 빼앗긴 상황을
살펴보았다. 남북 전쟁을 치른 미국의 남부와 북부의 관계도 인도
와 영국의 관계와 비슷했다. 인도와 마찬가지로 미국 남부는 목화
를 생산하는 곳이었다. 남부의 목화 농장은 값싼 노동력인 노예를
기초로 성장했다. 반면 북부는 석탄 에너지를 이용한 기계에 기반
을 둔 산업 사회였다. 이언 모리스의 논리에 의하면 미국 북부가
노예 해방을 지지한 이유는 인도적인 것도 있었지만, 실질적인 이
익 때문이기도 했다. 북부 경제에서는 기계로 생산성이 늘자 노동
력의 부족보다 생산된 물건을 구매해 줄 소비자의 부족이 더 심각
한 문제였다. 이들에겐 소비자가 되기 힘든 노예보다는 소득이 있
는 자유인이 더 필요했다. 노예 해방은 북부 경제에는 소비자 증
가라는 이익을 가져다줄 수 있었다. 반면 노예 해방은 남부의 경
제 기반을 붕괴시키는 제도였다. 남북 전쟁은 석탄 에너지와 기계

에 기반을 둔 북부 경제가 사람과 동물의 노동력에 기초를 둔 남부 경제와의 싸움에서 이긴 사건이다. 이와 비슷한 사건이 건축에서도 일어났다.

19세기 파리는 지하에 하수도라는 새로운 도시 공간 시스템을 구축함으로써 유럽의 다른 도시보다 체계적이고 고밀화된 도시를 만들 수 있었다. 이는 위생적인 도시를 만들게 하였고, 도시의 경쟁력을 높이는 결정적인 계기가 되었다. 19세기 세계의 수도는 파리였다. 따라서 후발 주자인 뉴욕은 파리를 넘어서는 새로운 시스템을 만들 필요가 있었고, 그 답은 화석에너지에 기반한 기계와 얼마나 연합한 도시를 만들 수 있느냐에 달려 있었다. 미국은 그 답을 엘리베이터에서 찾았다. 1852년 미국인 엘리샤 오티스는 안전장치가 달린 엘리베이터 원리를 개발했다. 이 엘리베이터는 중간에 줄이 끊어져도 안전장치에 걸려서 추락하지 않는 안전한 엘리베이터였다. 오티스는 자신이 직접 엘리베이터에 탄 후 직원이 도끼로 줄을 끊게 하는 시연을 하면서 제품의 안전을 홍보했다. 당시 오티스의 엘리베이터는 증기로 작동하는 엘리베이터였는데, 1880년이 되자 에른스트 베르너 폰 지멘스가 최초로 전기 엘리베이터를 선보이게 되었다. 이제 인류는 엘리베이터의 도움으로 높은 층을 걸어 올라가지 않고 화석 연료로 만든 전기에너지의 도움으로 쉽게 올라갈 수 있게 되었다. 하지만 엘리베이터가 아무리 높은 층까지 쉽게 올라갈 수 있게 해 줘도 높은 건물이 없으면 소용이 없다. 전통의 건축 재료에서 가장 단단한 돌로 건물을 지어서는 8층 정도가 최고 높이였다. 그러던 때 건축에 또 다른 기술이 도입된다. 바로 강철이다.

강철과 엘리베이터의 결혼

철은 고대 문명부터 인류 역사의 흐름을 바꾸는 데 큰 역할을 해왔다. 초기 문명 이집트는 청동기의 나라였다. 이후 철 제련 기술이 개발된 후 만들어진 나라가 그리스와 로마다. 만들기 어려웠던 철은 주로 전쟁 무기로 사용됐었고, 일상과는 밀접한 관련이 없었다. 철을 일상에서 적극 사용한 사례는 증기 기관부터였다. 하지만 이때도 건축에는 큰 영향을 미치지 않았다. 그러다가 18세기 중반 산업 혁명이 본격화되면서 더 많은 물류의 이동이 필요해졌고, 더 큰 배가 항구를 오가야 했다. 항구에서 더 큰 배가 다리 밑을 지나가려면 그에 맞는 더 큰 다리가 필요해진다. 교각 사이의 거리도 멀고 교각도 높은 다리가 필요한데, 나무나 돌로는 그 정도 크기를 만들 수 없었다. 그러자 돌보다 강도가 높은 철을 건축 재료로 사용하게 되었다. 1779년 철광 산업으로 유명한 영국의 도시 콜브룩데일에 쇠로 만들어진 최초의 다리 '아이언브리지 Iron Bridge(콜브룩데일교Coalbrookdale Bridge)'가 만들어졌다. 교각 거리는 30미터고, 전체 길이 60미터, 너비 약 7미터, 무게는 약 400톤이다. 철이 건축에 이용되자 고층 건물도 가능해졌다. 과거에도 지구라트나 피라미드 같은 높은 건물은 있었지만, 그들은 모두 속이 꽉 찬 돌덩어리였다. 르네상스 시대에는 탑 십자가까지의 높이가 약 133미터인 '성 베드로 대성당'도 지었다. 그러나 철을 이용하자 '에펠탑'은 324미터(안테나 포함)까지 지을 수 있게 되었다. 기존의 최고 높이보다 2.4배나 더 높게 지은 것이다. 보통 사람들의 의식에 '랜드마크급의 높은 건물'이라고 의식되려면 기존에 가장 높았던 건물의 두 배 정도가 높아져야 한다. 우리나라의 역사를 보아도 첫 번째 초고층 건물은 1970년에 완공된 '삼일빌딩(31빌딩)'이 있었다. 이후 1985년에 완공된 '63빌딩'이 초고층 건물의 계보를 이었다. 이후에 많은 고층 건물들이 지어졌지만, 국민이 진짜 초고층 건물이라고 느낀 건물은 2016년에 완공된 123층짜리 '롯데월드타워'였다. 63빌딩은 31빌딩보다 두 배 정도 높았고, 롯데월드타워는 63빌딩보다 두 배 높았다. 이렇듯 이전의 초고층 건물 높이보다 약 두 배 높아질 때 새로운 초고층 랜드마크가 된다. 그런 의미에서 기존에 수백 년 동안 전 세계 최고층 건물이었던 '성 베드로 대성당'보다 2.4배 이상 높게 지어진 '에펠탑'은 세계적인 랜드마크가 될 자격이 충분했다. 빠른 시간 내에 예산 안에서 이런 성취가 가능했던 것은 돌이 아닌 철이라는 새로운 재료를 이용한 신기술을 사용했기 때문이다.

324미터 높이의 건물을 만들었어도 꼭대기까지 걸어 올라가라고 했다면 아무도 올라가지 않았을 것이다. 그래서 구스타브 에펠은 '에펠탑'에 엘리베이터를 설치했다. 이제 화석 연료 에너지를 이용해서 약 300미터 높이까지 시민 누구나 올라갈 수 있는 세상이 되었다. 과거에 그 도시에서 가장 높은 건물은 종교 건축물이었고, 종교 지도자들이 주로 올라갔었다. 혁명으로 시민 사회가 만들어진 프랑스는 아주 적은 양의 철을 이용해서 약 300미터 높이에서 내려다보는 권력자의 시선을 가진 건축물을 만들고, 그 꼭대기에는 시민 누구나 엘리베이터를 타고 쉽게 올라갈 수 있게 하였다. '에펠탑'은 철과 엘리베이터 기술을 이용해 일반 시민에게 권력을 주는 건축 장치다. 아테네의 반원형 극장 이후 건축 공간으로 민주주의를 표현한 또 하나의 건축물이 만들어진 것이다. '에펠탑'이 민주주의를 표현하는 건축은 됐지만, 일상의 공간은 아니었다. 324미터 높이까지의 공간을 모두 사용하지도 못했고, 주로 텅 빈 공간이었다. 그때까지 만들어졌던 높은 건물인 지구라트, 피라미드, '성 베드로 대성당', '에펠탑'은 모두 높은 건축물이었지만 속이 꽉 차든지 아니면 텅 비든지 해서 그 높이까지의 공간을 모두 사용할 수 있는 건축물은 아니었다. 이를 해결하기 위해서는 재료의 혁신이 한 번 더 필요했다.

20세기 이전에 건축에서 사용한 철은 요즘 포스코(구 포항종합제

철)에서 생산하는 강철은 아니었다. 당시 건축에서 사용한 철은 연철이었다. 연철은 탄소 함유량이 매우 낮다. 무른 편이라 가공이 쉬워서 초기 건축에 많이 사용했다. 기술이 발전하자 강철이라는 재료가 나왔다. 강철은 탄소 함유량이 1.7퍼센트 이하인데, 철이 가진 내열성과 강도를 더 높인 재료다. 보통 강철은 만들기가 어려워서 대량 생산되지는 못했고, 포크나 나이프 정도의 소량만 필요한 곳에 사용되었다. 그러다가 미국의 강철왕 앤드루 카네기가 강철 대량 생산에 성공했고, 인류는 이제 강철을 이용해서 높은 건물을 지을 수 있게 되었다. 강철을 구조체로 사용하니 4미터마다 한 층씩 쌓아 올려도 무너지지 않았기에 높은 건물을 지을 수 있었다. 강철 철골로 고층 건물을 지을 수도 있었지만, 강철로 철근을 만들어서 시멘트와 결합해 철근콘크리트를 만들 수도 있었다. 만약에 철근과 콘크리트가 열을 받으면 늘어나는 정도인 열팽창계수가 달랐다면 여름의 더위와 겨울의 추위가 반복될 경우 철근콘크리트는 깨졌을 테니 사용이 불가능했을 것이다. 하지만 다행히 두 재료는 열팽창계수가 같아서 섞어서 사용할 수 있었다. 건축에서 콘크리트는 2천 년 전에도 사용됐었다. 로마의 '판테온'은 화산재를 이용한 콘크리트로 돔이 만들어졌다. 그 당시에는 철근을 넣지 않은 콘크리트였다. 하지만 콘크리트에 강철 철근을 넣게 되자 강도가 높아져서 수십 층짜리 건물을 지을 수 있게 되었다. 이제 사람들은 강철을 이용해 내부 공간을 모두 쓸 수 있는 고층 건물을 짓게 되었고, 높은 층까지 엘리베이터를 이용해 쉽게 오르내릴 수 있게 되었다. 이제 인류는 버려졌던 빈 허공에 일상의 공간을 높게 지어 사용할 수 있게 된 것이다. 예전에는 로마부터 파리까지 모두 7층 정도 높이의 집밖에 짓지 못했다. 돌로 건축을 했기 때문이다. 그러나 강철을 사용하게 되자 인류는 30층 이상의 주거 건축을 할 수 있게 되었다.

엘리베이터와 강철의 결혼은 완전히 새로운 도시를 낳았다. 고층 건물을 짓고 사람들이 들어가서 살게 되자 땅의 단위 면적당 훨씬 더 많은 사람이 모여 살 수 있는 도시 공간이 만들어졌다. 파리가 6~7층짜리 건물로 지어져 있을 때 뉴욕의 마천루는 30층짜리 건물로 지어졌다. 뉴욕은 파리보다 5배가량 더 높은 인구 밀도의 공간을 만들 수 있었던 것이다. 이 말은 뉴욕에 사는 사람은 아침에 눈 떠서 자기 전까지 만날 수 있는 사람 수가 파리에 사는 사람보다 5배 더 많다는 것을 의미한다. 그만큼 더 많은 사업적 기회가 생겨나고 좋은 생각이 떠오를 가능성도 커진다. 그 밖에도 인구밀도가 높은 도시 공간을 만들었다는 것은 같은 인프라를 구성했을 때 혜택을 보는 사람이 5배 더 많다는 것을 뜻한다. 지하철, 전선, 전화 같은 인프라에 투자해도 뉴욕은 파리보다 효율성이 5배 높아진다. 새로운 시스템을 도입할 때 시장성이 나오는 공간 구조가 되는 것이다. 그렇다 보니 새로운 인프라의 시도가 가능해졌다. 뉴욕은 당시 최첨단 기술이던 전화가 어느 도시보다 빨리 보급된 도시였다. 그 이유는 인구 밀도가 높은 도시였기 때문이다. 마치 인구 밀도가 높은 대한민국에 초고속 인터넷망이 전 세계에서 제일 먼저 깔린 것과 같은 이치다.

도시 공간의 밀도가 높다는 것은 주변에 내가 파는 물건을 사 줄 소비자가 많다는 것을 뜻한다. 그래서 밀도가 높아지면 좋은 가게, 식당, 극장도 더 많이 생겨난다. 좋은 가게, 식당, 극장이 생겨나면 그것을 소비하고 싶은 돈 많은 사람들이 도시에 모여들게 된다. 그렇게 되면 돈 많은 사람으로부터 돈을 벌기 위해 더 많은 사람이 모여든다. 도시의 인구 규모가 더 커지면 그만큼 좋은 가게, 식당, 극장이 더 생겨난다. 그러면 또 다른 사람들이 모여든다. 이렇게 경제의 선순환이 만들어진다. 따라서 더 밀도가 높은 도시를 만들게 되면 경쟁력이 높아지게 되고, 경제 발전으로 이어진다. 이때 무조건 밀도만 높여서는 안 된다. 인구 밀도가 높아지기만 해도 경쟁력이 생긴다면 인도의 뭄바이가 가장 경쟁력 있어야 할 것이다. 뭄바이는 인구 밀도는 높지만, 교통 체증으로 꼼짝 못 하는 도시가 되었다. 교통 체증이 생기면 인구 밀도가 높아도 그 도시에서 한 사람이 만날 수 있는 다른 사람의 숫자는 늘어나지 않는다. 사람들 간의 시너지 효과가 발생하지도 않는다. 따라서 인구 밀도가 높아지면 그 안에서 더 많은 사람을 만날 수 있도록 도로, 지하철, 통신망, 공원, 극장 같은 도시 생활에 필요한 인프라가 함께 발전해야 한다. 뉴욕은 20세기에 강철과 엘리베이터를 통해서 고층 고밀도의 도시를 만들었을 뿐 아니라, 그와 함께 전화와 지하철도 같이 발전시켜서 당대에 가장 많은 사람과 접촉할 수 있는 공간 구조를 창조해 냈다.

공간의 압축

어느 시대나 공간을 압축하는 자가 승리한다. 교통수단 중 말이 가장 빠르던 시대에는 말을 가장 잘 타던 몽골 민족이 공간을 가장 효율적으로 압축할 수 있었다. 몽골 제국은 그렇게 한 시대를 장악했다. 배를 건조하는 기술이 점점 발달해 바람을 이용해서 큰 바다를 건널 수 있는 범선을 만들 수 있게 되자 포르투갈과 스페인은 큰 바다를 건널 수 있게 되었고, 콜럼버스는 대서양에서 아메리카 대륙으로 가는 짧은 항로를 발견했다. 이로써 두 대륙 간의 시너지 효과를 얻을 수 있었다. 산업화 시대에는 증기 기관이 발명되었다. 증기 기관차는 시간 거리를 더욱 단축했고, 그만큼 공간은 더 압축되는 효과를 가져왔다. 기존의 마차가 시속 10킬로미터의 속도로 달리고, 기차가 시속 20킬로미터라면 기차를 탄 사람은 같은 시간에 2배 더 멀리 갈 수 있다. 그 말은 그가 커버할 수 있는 면적이 거리의 제곱인 4배 늘어난다는 것을 의미한다. 이는 공간이 4배 압축되는 효과를 만든다. 거기에 빌딩을 2배 높게 지으면 8배의 공간 압축 효과가 난다고 볼 수 있다. 우리나라의 경우 근대화가 일어나기 전, 아버지 세대는 학교에 걸어서 다녔다. 이동 속도는 시속 4킬로미터의 속도고, 집은 온돌이 깔린 단층짜리 집이었다. 1950년대 우리 아버지가 이용한 공간은 산업 혁명 시절에 기차를 타고 2층짜리 집에 산 사람과 공간적으로 비교해 보면 '5 × 5 × 2'로 50배 차이가 난다고 볼 수 있다. 한 사람의 능력이 50배 차이 나는 것은 그 국가의 경쟁력도 50배 이상 차이가 난다고 할 수 있다. 따라서 20세기 중반의 대한민국보다 18세기 영국이 50배 더 경쟁력 있는 국가였다고 할 수 있다.

우리나라는 1980년대에 들어서 대중적으로 자동차와 지하철을 이용했고, 12층짜리 아파트가 세워진 도시를 만들었다. 그러면 얼마의 공간 압축 효과가 있는지 계산해 보자. 자동차의 속도를 시속 60킬로미터로 보면, 보행자 속도 시속 4킬로미터보다 15배 빨라졌다. 주거 공간의 밀도는 단층에서 12층으로 12배 높아졌다. 15의 제곱인 225배의 공간 압축에 12를 곱해야 하지만, 4층 상가도 있고, 2층 양옥집도 있고, 아파트의 낮은 건폐율을 고려해서 3배 정도만 늘었다고 계산해 보자. '225 × 3 = 675'가 나온다. 우리 아버지가 경험한 공간의 밀도는 초등학교 때보다 어른이 되어서 675배 높아진 것이다. 한 사람이 공간을 통해서 다른 사람을 만나고 경험하면 생각의 시너지 효과가 늘어나니 1980년대 세대

걷거나 자전거와
전차를 주로 이용하던
1950년대 서울(위)과
자동차나 지하철을
주로 이용한
1980년대 서울

는 1950년대 세대보다 675배 많은 경험의 자극 속에서 살게 된 것이다. 이는 빅뱅 수준의 변화다. 이 계산에는 문자와 TV 영상, 그것도 흑백에서 컬러로 바뀐 TV 등의 자극은 제외한 것이니 그것까지 포함한다면 폭발적인 성장이다.

전화기와 냉장고

일상의 공간을 압축하는 도구는 자동차와 아파트만 있었던 것은 아니다. 전화기는 내가 이동하지 않고서도 다른 공간에 있는 사람과 언어 소통을 할 수 있게 해 주는 장치다. 내 몸은 순간 이동이 안 되지만, 전화기를 통해서 다른 사람과 언어로 연결되는 시너지 효과를 만들어 준다. 전화 통화를 마치고 몇 초 후에 다른 장소에 있는 사람과 연결될 수도 있다. 이는 이전에는 없던 새로운 형식의 사람 사이를 연결해 주는 매개체이자 공간 압축 기술이다. 냉장고 역시 새로운 기술이다. 한 번 시장에 가서 장을 보고 집에 와서 음식을 저장할 수 있게 되자 장을 보기 위해 이동하는 횟수를 줄일 수 있고, 줄어든 시간만큼 다른 곳에 더 갈 수 있게 되었다. 게다가 지금 우리 집 냉장고를 열면 전국뿐 아니라 세계 곳곳에서 온 온갖 식재료와 과일이 있다. 내 냉장고 안에 미국에서 수입한 체리가 있다는 것은 미국의 농장과 서울 사이의 공간을 압축하는 효과를 가져다준 것이라 할 수 있다.

20세기에 뉴욕이 만든 것은 단순한 고층 건물이 아니다. 뉴욕은 이전의 인류는 이루지 못했던 공간의 압축을 만든 것이다. 뉴욕은 강철과 엘리베이터를 이용해서 좁은 땅에 더 많은 사람이 살게 했을 뿐만 아니라, 전화기와 냉장고를 통해서 다른 지역의 공간을 압축해 뉴욕의 사람들에게 가져다주었다. 이것은 마치 좁은 반도체 안에 고효율의 집적회로를 집어넣는 기술과도 같다. 삼성은 현재 나노 반도체에 더 많은 트랜지스터를 넣기 위해 평면 위로 쌓아 올리는 3차원 적층 패키지 기술을 개발하고 있다. 20세기의 뉴욕은 그런 3차원 적층 패키지 기술 같은 시도를 도시에 한 것이다. 더 많은 회로를 더 좁은 공간에 넣되, 기능을 저하하는 저항이나 간섭을 최소화하는 기술, 우리는 그런 것을 하이테크라고 부른다. 백 년 전 뉴욕은 더 많은 사람이 살 수 있게 엘리베이터, 전화, 냉장고, 지하철만 집어넣은 것이 아니다. 만약에 그렇게 좁은 공간에 때려넣기만 했다면 과열돼서 타 버리는 회로가 됐을지도 모른다. 전기 회로를 계속 촘촘하게 붙여 놓으면 간섭 때문에 열이 발생하고, 전류가 흐르면서 만드는 전자기장이 오류를 만들 수도 있다. 마찬가지로 밀도가 높은 도시에서는 인간의 간섭이 많아지면 범죄율이 높아지고 정신병자가 속출할 수도 있다. 〈배트맨〉 영화 속의 고담시가 되는 것이다. 그런데 뉴욕은 단순하게 밀도만 높인 것이 아니다. 뉴욕은 사람들 간의 부정적인 '열 저항'을 줄이기 위해 중간중간에 공원을 배치했다. 센트럴 파크, 브라이언 파크, 워

싱턴 스퀘어 등 크고 작은 공원들을 섞어서 배치함으로써 고담시가 되지 않고 세계를 리드하는 효율적인 도시, 뉴욕이 된 것이다. 센트럴 파크의 설계자인 프레더릭 로 옴스테드Frederick Law Olmsted는 100만 평이나 되는 센트럴 파크는 낭비라며 반대한 사람들에게 센트럴 파크를 만들지 않으면 훗날 이만한 크기의 정신병원을 만들어야 할 것이라고 말한 것은 유명한 일화다. 뉴욕은 지금도 고층 건물이 더 들어서자 하이라인 파크나 리틀 아일랜드 같은 공원도 추가로 만들어서 인공과 자연의 균형을 맞추고 있다.

인류 도시 발전의 역사를 한마디로 정의하자면, 더 좁은 공간에 더 많은 사람이 살게 하되, 부정적인 저항은 줄이고 긍정적인 시너지 효과만 높일 수 있는 공간 체계를 만들어 가는 과정이라고 말할 수 있다. 진화의 방향이 왜 그런 방향이냐 하면, 그렇게 진화한 도시만 경쟁력에서 우위를 가지고 다른 도시들을 이기고 살아남았기 때문이다. 자연에서와 마찬가지로 살아남은 도시와 건축이 진화의 방향을 결정한다. 뉴욕은 3차원 공간의 세상에서 그 끝판왕을 보여 주었고, 후발 주자인 아시아의 도시들은 그 뒤를 따랐다. 도쿄, 서울, 상하이 모두 철근콘크리트와 엘리베이터로 고밀도의 도시를 만들었다. 그러나 인류는 1990년대에 다다르자 철근콘크리트와 엘리베이터로는 더 이상 밀도를 높일 수 없다는 한계점에 다다랐다. 그러자 인류는 새로운 방법을 찾았다. 바로 인터넷이다.

16 인터넷 공간: 인간이 만든 빅뱅

1990년~

1999년 싸이월드
2004년 페이스북

공간은 정보다

최초의 인터넷은 1969년, 냉전 시기에 소련의 통신망 공격이 있을 때도 미군들끼리의 소통을 원활하게 하려고 통신망을 케이블로 연결한 시스템이었다. 1980년대 들어서 가정용 컴퓨터가 보급되자 군대에서 사용하던 폐쇄적인 네트워크 기술로 민간 컴퓨터끼리도 연결되기 시작했다. 1991년 월드와이드웹world wide web이 처음으로 일반에 공개되면서 영역을 확장했고, 전 세계의 모든 컴퓨터가 월드와이드웹www 네트워크 안에 거미줄처럼 연결된 망을 갖게 되었다. 이렇게 컴퓨터끼리 연결되자 새로운 공간인 인터넷 가상공간이 탄생했다. 인터넷 가상공간은 단어의 '가상'이 말하듯 진짜 공간이 아니다. 우리가 몸을 가지고 생활하는 3차원 현실 속 공간과는 아무 상관 없는 다른 차원에 새로운 공간이 만들어진 것이다. 그런데 우리는 왜 그것을 공간이라고 부를까? 엄밀하게 따지면 우리가 눈으로 보는 지구상의 공간도 실존하는 것이지만, 동시에 실존하는 것이 아니다. '시공간' 개념은 세상을 읽어 내기 위한 수단으로 우리가 머릿속에 만들어 낸 개념일 수 있기 때문이다. 이런 생각은 나만의 생각이 아니라 과거 원효 대사나 장자 그리고 브라이언 그린 같은 일부 현대 물리학자들도 동의할 것이다.

1994년은 내가 대학원 공부를 시작하는 해였는데, 당시 최고의 화두는 '인터넷 가상공간'이었다. 당시 유행하는 말로는 '사이버 공간'이었다. '사이버'는 가상, 공상이라는 뜻의 단어다. 그러니 사이버 공간은 직역하면 '가상 공간'으로, 실존하는 진짜 공간이 아닌 또 다른 공간이라는 뜻이다. 어쨌거나 사람들은 인터넷이 만들어 낸 새로운 차원의 세상을 '공간'이라 불렀고, 나는 그게 의문이었다. 왜냐하면 당시 인터넷 웹페이지는 과학자들의 논문이나 올라가 있는 텍스트만 있는 화면에 불과했기 때문이다. 기껏해야 본문 중에 파란색 글자를 마우스로 클릭하면 다른 페이지로 넘어가는 것이 신기해서 가끔 들어가 보는 곳이었다. 당시 가장 큰 포털 사이트는 '야후Yahoo'였다. 그런데 들어가 봐야 예술 관련 웹사이트가 수백 개 정도, 경제 관련 웹사이트가 천 개 정도 있을 뿐이었다. 이런 특별한 것 없는 텍스트 페이지를 왜 공간이라고 부르는지 의아했다. 그러다 1995년 우연히 로마에서 성당의 천장화를 보고 그 이유를 깨달았다. 한여름에 더위를 피해 성당에 들어가서 천장을 아무 생각 없이 올려다봤는데, 천국까지 하늘이 뚫린 줄 알았다. 르네상스의 투시도 기법으로 그려진 천장화에서 나는 공간을 본 것이다. 이 경험을 계기로 공간은 절대적인 물리량이 아니라 인간의 뇌에서 만들어 낸 인식의 산물인 것을 깨달았다. 현실 공간은 우리의 망막을 통해서 수집한 2차원 평면 사진을 뇌가 초당 200장 이상 연산해서 만들어 낸 의식의 결과물이다. 영화는 초당 24장 정도의 사진을 연산해서 공간을 만든다. 만화 영화를 볼 때는 초당 12장이면 충분하다. 만화책은 몇 초에 한 컷이면 된다. 그런 만화책 안에서 우리는 공간을 보고 스토리를 이해한다. 인터넷은 아주 느린 만화책이다. 비록 텍스트뿐이어도 우리는 그 페이지를 보고 공간을 상상하고 구축한다. 왜냐하면 우리의 뇌가 공간을 구축하는 것이 곧 세상을 파악하고 이해하는 방식이기 때문이다. 어떠한 정보를 우리 뇌에 넣어도 뇌는 시공간을 구축한다. 비록 그것이 텍스트 정보만이라고 하더라도, 그것은 같은 시간에 내가 눈으로 볼 수도 있었던 현실 속 세상 장면을 대신해서 들어간 또 다른 정보다. 그러니 인터넷상의 정보가 텍스트뿐이어도 내 머릿속 세상이라는 공간을 구축하는 정보 자료가 된다.

그래서 당시 내 논문의 제목은 'INFOTECTURE'였다. 정보를 뜻하는 INFORMATION과 건축을 뜻하는 ARCHITECTURE를 합친 합성어다. 공간이 정보가 합쳐져서 만들어 낸 의식의 산물이라면, 그 정보는 어떠한 종류로 구성되었는지가 그다음 의문점이었다. 당시 나는 나름대로 정보를 세 가지 정도로 정리했었다. 그냥 내 나름의 기준으로 나눈 종류다. 첫 번째 정보는 물리적 공간의 크기를 알려 주는 정보다. 나는 그것을 '보이드(빈 공간) 정보'라고 불렀다. 우리가 들어가서 사용하는 방의 가로, 세로, 높이 값이 합쳐져서 만들어진 부피 값의 정보 같은 것이다. 건축 공간을 사용하려면 어느 정도 크기의 부피가 필요한데, 보이드 정보는 그런 값을 알려 준다. 두 번째 정보는 '상징 정보'다. 예를 들어서 우리가 고딕 성당에 들어가면 그 공간은 높은 천장고의 보이드 정보도 중요하지만, 그것이 다는 아니다. 그 안에는 성경 이야기가 그려진 스테인드글라스와 조각 같은 상징적인 정보가 넘쳐난다. 알타미라 동굴에 그려진 벽화도 이런 상징 정보에 해당한다. 의외로 우리의 공간은 상징 정보에 의해서 영향을 많이 받는다. 이러한 사례로 나의 다른 저서 『도시는 무엇으로 사는가』 내용 중 간판 이야기가 있다. 나는 종로 뒷골목의 간판이 좀 정신없지만, 외국인 친구는 그 간판을 흥미롭게 바라본다. 반대로 나는 라스베이거스의 네온사인 간판은 흥미롭다고 생각하지만, 미국인 친구는 라스베이거스의 간판이 촌스럽다고 생각한다. 같은 간판에 두 사람이 다르게 반응하는 이유는 모국어가 다르기 때문이다. 나에게는 한글이 모국어 글자니까 종로는 간판이 주는 정보가 넘쳐나는 피곤한 공간이 된다. 반면 한글을 읽지 못하는 외국인에게 종로의 간판은 장식이 잘된 조명일 뿐이다. 라스베이거스에서는 반대로 작동한다. 이렇듯 공간은 내가 아는 지식 배경에 따라서 다르게 해석되는 정보가 한 부분을 차지하고 있다. 그것이 '상징 정보'다. 예를 들면 불교 신자는 만(卍) 자에 거부감이 없지만, 나치즘의 상징인 하켄크로이츠와 비슷하게 생겨서 독일이나 유럽인들에게는 함부로 사용하면 안 되는 상징이다. 마지막 세 번째 정보의 종류는 '행동 정보'다. 이는 그 공간 안에서 일어나는 인간의 행동이 만드는 정보다. 예를 들어 시청 앞 광장은 텅 빈 상태로 잔디밭만 있을 때와 월드컵 축구 응원 인파가 몰려 있을 때는 사뭇 다른 공간으로 느껴진다. 같은 공간이지만 그 안에서 일어나는 인간의 행동이 다른 공간을 만드는 것이다. 이 세 가지 종류의 정보가 합쳐져서 우리가 인식하는 공간이 만들어진다는 것이 1996년에 쓴 내 논문의 주요 내용이었다. 이런 시각으로 인터넷을 바라보면 텍스트뿐이었던 1990년대 인터넷 페이지가 왜 공간이 되는지 이해가 된다. 텍스트 정보만 있었지만, 그 정보만으로도 시간의 흐름에 따라서 우리 머릿속에는 공간이 만들어졌던 것이다.

가정용 PC는 단순하게 정보의 저장과 처리 장치였다. 그런 PC를 병렬로 연결해서 인터넷을 만들자 인터넷 공간이 생겨났다. 2007년에 스마트폰이 등장하자 장소의 제약 없이 언제 어디서나 접속해서 인터넷 공간에 들어갈 수 있게 되었다. 인간은 이제 이 세상의 공간과 평행하게 공존하는 또 다른 차원의 세상을 만든 것이다. 그 공간은 시간과 공간의 개념이 실제 세상과는 다르다. 덕분에 그 공간을 이용해서 지구 반대편의 사람과 화상 통화로 연결된다. 스마트폰과 인터넷은 시공간을 왜곡시키는 장치다. 현대 물리학을 보면 '끈 이론'을 확장한 'M 이론'에서 11차원의 존재를 가정하면 대통일 이론이 완성된다고 한다. 그런 의미에서 일부 과학자들은 우리 세상이 11차원으로 구성되어 있다고 말한다. 그런데 실상 우리는 4차원 너머의 차원은 무슨 의미인지 상상도 못 한다. 하지만 대신 인간은 인터넷이라고 하는 또 다른 차원의 세상을 만들었다.

인간이 만든 빅뱅

애니메이션 〈아키라〉(1991)를 보면 마지막 장면에 주인공 아키라가 자신의 초능력을 이용해 도심 속 폐허 잔재를 하나의 점으로 압축시켜 다른 차원에서 빅뱅을 만들어 새로운 세상을 창조하는 장면이 나온다. 인터넷 공간 탄생의 역사도 이와 비슷하다. 인류 공간의 역사는 줄곧 공간 압축의 역사였다. 교통수단이 발달하면 시간 거리가 줄어들고, 시간 거리가 줄어들면 공간이 압축되는 효과가 생겨난다. 통신 기술이 발달해도 공간이 압축되는 효과가 생긴다. 고층 건물, 자동차, 비행기, 전화기 등의 기술은 계속해서 공간을 압축해 왔다. 그렇게 인간은 기술을 발전시키면서 점점 더 공간을 압축하다가 그 한계점에 다다랐을 때 인터넷 공간이라는 빅뱅을 성공시켰다.

인터넷은 공간 부족이라는 제약을 해결하는 '공간의 확장'이라는 의미면서 동시에 멀리 떨어진 곳의 사람을 연결하는 '공간의 압축'이라는 두 가지 의미가 있다. 지구라는 공간이 좁아진 인간은 기하급수적으로 늘어나는 인간과 그 행위를 담을 공간이 부족했다. 더 많은 농경지가 필요해졌고, 더 많은 주거 공간이 필요했고, 더 다양한 소비 행위가 일어나야 했다. 각종 식당, 교회, 백화점, 아파트 등이 밀집된 도시라는 공간이 있었지만, 그것만으로는 부족했다. 그리고 먼 곳의 사람과 소통하기 위해 교통수단도 더 빨라져야 했다. 하지만 제트엔진 비행기가 발명된 지 수십 년이 지나도록 교통수단은 속도 면에서 별다른 발전이 없었다. 이 두 가지 문제를 동시에 해결한 것이 인터넷 공간이다. 20세기 후반이 되자 점점 더 많은 인간의 행동들은 정보 교류에 기반을 두게 되었다. 물건을 사거나 정보를 나누거나 의사소통하는 일들의 많은 부분이 정보 통신망을 통해서 이루어졌다. 정보에 기반을 둔 행동들은 디지털화할 수 있었다. 디지털화된 인간의 행동들은 인터넷 공간상에서 해결될 수 있었다. 인터넷상의 이 행위들은 사람의 물리적인 이동 없이 일어나는 것으로, 결과적으로 혁명적인 공간의 압축 효과를 가져오게 되었다. 인간은 비로소 새로운 차원에 시공간의 빅뱅을 만들게 된 것이다. 이 새롭게 탄생한 인터넷 온라인 공간은 지구상의 실질적인 세상인 오프라인 공간과 평행하게 존재한다. 그리고 현대인은 오프라인 공간과 온라인 공간을 오가면서 시간을 보낸다. 결국 21세기 현대인의 머릿속에서 만들어지는 시공간은 실제와 가상의 경계를 넘나들면서 구성되고 있다.

스마트폰이 만든 권력 빅뱅

누군가를 숨어서 훔쳐보거나 내려다보는 것은 권력을 만든다. 공간은 그런 권력을 만들기 위해서 여러 가지 건축 장치를 개발했다. 이 책의 서두에 나오는 지구라트나 뉴욕의 고층 건물에서 내려다보는 시선 등이 건축물로 권력을 만드는 방식이다. 지금은 카메라가 내 눈을 대신해서 어디나 훔쳐볼 수 있게 해 준다. 스마트폰의 각종 카메라는 세상 구석구석 수없이 많은 사람의 일거수일투족을 찍어서 SNS에 올려 준다. 사람들은 자발적으로 그런 일을 한다. 그런 장면을 보는 사람은 누군가를 숨어서 보는 권력을 가지게 된다. 물론 그렇게 자신을 편집해서 보여 주는 사람도 권력을 가진다. 팬옵티콘 감옥이나 회사 말단 사원의 자리처럼 내가 보여 주고 싶지 않은 모습이 노출되는 것은 권력을 빼앗기는 일이지만, 내가 보여 주고 싶은 좋은 모습만 편집해서 보여 주는 것은 권력을 만드는 일이다. 대표적으로 TV에 나오는 연예인이나 팔로워가 많은 인스타 인플루언서들이 있다. 과거에는 방송국에 출연 가능한 몇몇 연예인만 권력을 가졌다면, 지금은 방송국 도움 없이도 유튜브나 인스타그램 같은 여러 인터넷 플랫폼을 통해서 누구나 권력을 가질 수 있게 되었다. 동시에 일반 시민은 SNS에서 다른 사람들의 모습을 훔쳐보면서 권력을 가진다. 사방에 카메라를 설치한 예능 프로그램들도 일반인들이 권력을 갖도록 하는 데 한 몫한다. 〈나 혼자 산다〉나 〈나는 솔로〉가 대표적인 프로그램이다. 이런 예능 방송은 시청자의 권력을 증강시켜 주는 프로그램이다. 카메라가 늘어날수록 권력의 총량은 늘어난다. 그것이 방송국 카메라건 일반인 손에 들린 스마트폰 카메라건 상관없다. 카메라가 많은 사회는 감시받는 사회로 전체주의 사회의 모습이 되기도 하지만, 그 카메라들로 찍힌 영상을 누구나 볼 수 있게 되면 반대로 더 많은 사람이 권력을 갖게끔 해 주는 사회가 되기도 한다. 과거에는 아주 극소수의 사람들만 신문지상에 자신의 글을 쓸 수 있었기에 기자는 엄청난 권력자였다. 하지만 지금은 댓글로 누구나 인터넷상에 글을 추가할 수 있다. 마음만 먹으면「오마이뉴스」기자가 될 수도 있다. 우리는 누구나 권력을 창출할 수 있는 권력의 총량이 폭발적으로 늘어서 넘쳐 나는 시대에 살고 있다.

인류 역사는 더 많은 사람에게 권력을 주기 위해서 진화해 왔다. 문명 초기에 파라오, 제사장, 왕족, 귀족은 몇 명 안 됐고, 이들보다 훨씬 많은 수의 사람이 노예로 살았다. 그리스 시대가 되자 원형 극장을 만들어서 시민들이 권력을 나누어 갖게 되었다. 하지만 그리스 시대에도 여자와 노예는 투표권이 없었다. 지금은 인종이나 성별과 상관없이 투표권을 가진다. 이렇게 점점 더 많은 사람이 권력을 갖게 되면 최상층의 사람은 권력이 줄었다고 봐야 할까? 100이라는 전체 권력이 N명으로 나눠지면 권력의 피라미드 상부 사람들의 몫은 줄어든다고 봐야 할까? 실제로는 그렇지 않다. 그 이유는 인간이 기술 발전을 통해서 권력의 총량을 늘렸기 때문이다. 과거 파라오는 꿈도 꾸지 못하는 우주여행을 지금의 일론 머스크나 제프 베이조스는 하고 있다. 일반인들도 인터넷 기사에 댓글을 쓰고, 다른 사람의 SNS에 들어가서 일상을 훔쳐본다. 이렇게 늘어난 권력까지 합친다면 81억여 명 전 세계 인구의 권력 총량은 엄청나게 늘어난 셈이다. 선사 시대에서 현대 사회로 오는 과정에서 지구 전체의 경제 총 생산량이 늘어난 것과 마찬가지다. 우리의 일상은 힘들고 착취당하는 것 같지만, 동시에 수십 년 전 사람에 비해서 한 사람 한 사람의 권력은 늘어났다고 봐야 한다. 그것이 가능한 것은 수많은 카메라가 보급되었고, SNS라는 새로운 공간이 제공되었기 때문이다. 인터넷 가상공간의 빅뱅은 사회적으로 권력의 총량을 늘렸고, 덕분에 개개인의 권력은 이전의 어느 시대보다도 커졌다고 평가할 수 있다.

잡스가 위대한 이유

인터넷이 위대한 이유는 인간이 공간을 창조할 수 있게 해 주는 기술이기 때문이다. 수백만 년 동안 인간은 이 지구상에 존재했고, 공간을 이용하면서 진화해 왔다. 시대에 따라서 새로운 건축 공간을 만들어서 새로운 사회를 구축하기도 했다. 하지만 이 모든 것은 빅뱅이 만들어 낸 우주 공간의 아주 일부인 지구 표면 위 공간을 이용해서 조금 변형해 사용한 것에 불과하다. 하지만 인터넷 공간은 우주가 창조될 때는 없었던 새로운 공간이다. 인간은 반도체와 컴퓨터를 만들고, 그 컴퓨터를 연결해 사용하게 되면서 기존에 없었던 차원에 새로운 인터넷 가상공간이라는 빅뱅을 만든 것이다. 21세기에 우리는 누구나 블로그나 SNS 계정을 만들고 자신만의 홈페이지를 구축한다. 그리고 그렇게 우리가 창조한 인터넷상의 정보들은 사용자들에 의해서 공간으로 재창조된다. 우리는 정보를 만들고 정보를 통해서 공간을 창조하는 것이다. 스티브 잡스가 위대한 것은 시간과 장소에 구애받지 않고 어디서든 정보를 창조해서 인터넷에 올릴 수 있는 스마트폰을 발명했다는 점이다. 덕분에 지금은 남녀노소 누구나 스마트폰만 있으면 인터넷 가상 공간을 만드는 창조자가 될 수 있다. 잡스는 우리를 공간 창조자로 만들어 준 것이다. 우주는 빛의 속도보다 빠르게 팽창하고 있으니 우리는 아무리 좋은 망원경을 만들어도 우주의 끝을 눈으로 볼 수는 없다. 우주 공간은 한계를 파악할 수 없을 정도의 규모와 부피라는 이야기다. 이론적으로는 가상공간도 무한하게 확장할 수 있다. 앞으로 가상공간은 인간이 더 많은 반도체와 컴퓨터를 만들수록 계속해서 팽창해 나갈 공간이다. 그 안에서 사는 인간들은 실제 인간의 아바타일 수도 있고, 인공지능이 만들어 내는 새로운 아바타일 수도 있다. 몸이 없는 인공지능이 만들어 내는 '행동 정보'는 완전히 다를 것이고, 인터넷 공간은 중력도 없기에 인터넷상의 정보가 만들어 내는 공간은 앞으로 또 다른 종류의 공간이 될 것이다.

인류 역사상에는 몇 차례의 정보 혁명이 있었다. 첫 번째 혁명은 문자 혁명이다. 언어로 내 생각을 전달하려면 시간과 공간의 제약이 있다. 문자가 발명되자 우리는 다른 시간대와 다른 공간에 있는 사람의 생각을 만나는 것이 가능해졌다. 또한 문자 덕분에 내 생각은 홍길동의 분신술처럼 동시에 여러 명에게 전달 가능해졌다. 두 번째 혁명은 종이의 발명이다. 문자 혁명 초기에는 돌판이나 점토판, 동물 가죽 같은 곳에 글자를 남기다가 종이에 정보를 기록하게 되었다. 종이는 가볍고 오랫동안 유지되어서 정보 전달에 혁명이 되었다. 또한 종이는 얇아서 제본하면 여러 장을 함께 묶어서 한 권으로 만들어 보관할 수 있다. 종이책은 수백 장의 긴 정보를 연속해서 한 번에 저장할 수 있게 해 준다. 이는 두 가지 장점이 있다. 첫째, 저장할 수 있는 정보의 양이 늘어난다는 점이다. 마치 하드 디스크의 용량이 늘어나는 것과 마찬가지다. 둘째, 길고 복잡한 정보를 논리적으로 저장할 수 있다는 점이다. 덕분에 인간은 길고 복잡한 생각을 논리적으로 할 수 있게 되었다. 하지만 이 종이책의 한계는 손으로 일일이 적어야 하는 필사본이었다는 한계가 있었다. 이것을 해결한 것이 세 번째 혁명인 금속 활자 인쇄술의 발명이다. 혹자는 금속 활자가 인류 역사상 가장 중요한 발명이라고 말하기도 한다. 네 번째 혁명은 매킨토시다. IBM은 컴퓨터를 만들었지만, 사실 그 컴퓨터로 뭘 할 수 있는지 적당한 쓰임새를 찾을 수 없었다. 일반인들에게는 그저 나와 상관없는 비싼 기계일 뿐이었다. 그런데 스티브 잡스가 이런 컴퓨터에 의미를 부여해 주었다. 다름 아닌 '폰트'다. 너무 유명한 일화지만, 스티브 잡스는 대학에 들어가 1년 만에 중퇴했다. 대학 교육에 흥미를 느끼지 못해서다. 그런 스티브 잡스가 유일하게 흥미를 가지고 수강한 것이 '캘리그라피' 수업이었다고 한다. 여러 가지 글자의 폰트를 가르치는 수업이다. 잡스의 이러한 흥미 덕분에 매킨토시 컴퓨터에는 여러 가지 종류의 폰트 설정이 들어가게 되었다. 한 개의 폰트만 인쇄할 수 있는 타자기와 다르게 매킨토시 컴퓨터에는 처음엔 아홉 개의 폰트가 설치돼 있었고, 현재는 수백 개의 폰트들이 설치돼 있어서 수백 개의 다양한 타자기를 가진 것처럼 사용할 수 있다. 폰트의 종류뿐 아니라 글자의 크기도 다르게 할 수 있었던 덕분에 더 다양한 활자 인쇄를 저렴한 가격에 빠르게 진행할수 있었다. 만약에 잡스가 매킨토시에 폰트 설정 기능을 넣지 않았다면 가정용 컴퓨터의 보급은 수십 년 더 늦어졌을 수 있다. 그리고 매킨토시의 또 다른 혁명은 '데스크톱(바탕화면)' 공간의 발명이다. 이전의 컴퓨터 모니터는 검정이나 파란 스크린에 흰색 글자가 있는 정도였다. 그런데 잡스는 매킨토시 컴퓨터 화면을 우리가 가장 익숙하게 생각하는 책상 위 공간처럼 만들었다. 그 안에는 책상 옆에 있는 휴지통도 작은 아이콘으로 만들어 넣어서 삭제할 서류를 쓰레기통에 넣을 수 있게 하였다. 매킨토시는 아이콘, 메뉴, 마우스 등의 그래픽유저인터페이스GUI를 갖춘 최초의 컴퓨터로, 우리의 일상과 컴퓨터 세상 속 공간을 연동시키는 디자인을 구현했다. 이렇게 컴퓨터 기능 안에 '공간'의 개념을 도입했다는 점은 가히 혁명적이다. 우리는 세상을 '공간'이라는 프레임으로 읽어 내려간다. 컴퓨터 안 정보의 세상은 잡스 이전에는 그저 텍스트 정보뿐이었다면 매킨토시의 '데스크톱' 기능은 컴퓨터 속 가상의 공간이 일상의 공간으로 진화하는 첫발을 내디뎠다고 볼 수 있다. 이런 바탕화면 기능은 닐 암스트롱이 달 표면에 발자국을 찍은 것 같은 공간의 혁명이라 할 수 있다.

매킨토시의 또 하나의 혁명은 모든 것을 아이콘화했다는 점이다. 서류는 서류 모양의 아이콘 그림으로, 휴지통은 휴지통 모양의 아이콘 그림으로 대체했다. 선사 시대 때 인류의 조상은 알타미라 동굴의 벽에 동물을 그렸다. 그리고 그들은 그 동물 그림을 보면서 실제 동물을 상상했다. 그렇게 만들어진 동굴 속 공간은 동물 그림이라는 아이콘으로 완전히 새로운 의미가 있는 공간이 되었다. 동물 그림은 실제 동물은 아니지만 새로운 효력을 만들 수 있었다. 마찬가지로 매킨토시 모니터 속 바탕화면 위 아이콘들은 실제 세상에 있는 물건들의 상징인 아이콘 그림일 뿐이다. 하지만 그것들이 화면이라는 공간 안에 들어가게 되면서 컴퓨터는 이제 단순한 정보 저장체가 아니라 새로운 공간이 될 수 있었다. 매킨토시 모니터 바탕화면과 알타미라 동굴은 기본적으로 같은 원리다. 수십만 년 전에 그림이 그려진 동굴로 새로운 사회를 만들었듯이 20세기에 매킨토시는 아이콘 그림이 그려진 바탕화면을 통해서 새로운 사회를 만들었다.

인터넷 공간이 만들어지게 된 것은 컴퓨터들의 병렬연결 때문이지만, 인터넷이 공간으로 완성된 근본적인 원인은 사람들이 문맹에서 벗어났기 때문이다. 글을 읽을 수 있게 되자 사람들은 정보를 이해할 수 있게 되었다. 정보들 사이가 연결되자 공간이 만들어지게 되었다. 연결은 공간을 만든다. 우리가 전화하면 그 사람과 내가 연결되면서 둘만의 공간이 만들어진다. '줌'으로 화상회의를 하면 화면 속 사람들과 연결되면서 가상의 회의 공간이 만들어진다. 이처럼 연결은 공간을 만드는데, 인터넷 기술을 통한 공간 형성의 시작은 문자 정보끼리의 연결이었다. 텍스트를 매개체로 사람들 간 연결이 되었다. 우리나라의 경우 동창 찾기 소셜 네트워크인 '아이러브스쿨'이 대표적인 사례다. 인터넷 속도가 빨라지자 텍스트보다 정보의 양이 큰 사진을 업로드할 수 있게 되었다. 이제 사진과 텍스트를 매개체로 사람들 간의 연결이 시작되었다. 이게 싸이월드와 페이스북이다. 텍스트가 먼저고 이미지가 나중에 나오는 순서는 기존 역사의 사건과는 반대되는 순서다. 과거에는 동굴 벽화 같은 그림이 먼저 사람을 연결했다. 이후에 문자가 발명되었고 텍스트로 사람들끼리 연결되었다. 이처럼 과거에는 그림이 먼저 텍스트가 나중이었다면, 인터넷의 경우 텍스트가 먼저였고 이미지(그림)가 나중에 연결 매개체가 되었다. 사진은 추후 동영상이 되었고 지금은 유튜브, 넷플릭스, 온라인 게임 같은 동영상 정보도 가세해서 가상공간을 완성하고 있다.

이 시대의 모닥불, 스마트폰

해, 달, 별 같은 빛을 중심에 두고 섬기던 사람들은 인공의 불인 모닥불을 만들어서 시선이 모이는 구심점을 무리 안에 위치시켰다. 현대에 와서는 TV가 모닥불의 역할을 했다. TV 속 드라마를 함께 보는 가족은 TV가 구심점이 되어 하나로 뭉치게 되었다. 2007년 스마트폰이 등장하자 개인화 시대가 열렸다. 과거에 가족은 함께 모여서 하나의 프로그램을 보면서 울고 웃었지만, 지금은 스마트폰 속 유튜브 영상이나 OTT Over The Top에서 각자 다른 드라마와 유튜브를 보면서 개인은 파편화되었다. 더 이상 국민 드라마를 이야기하면서 동질감을 느끼기 어려워졌다. 그렇게 스마트폰과 빠른 인터넷은 개인을 파편화시키기도 하지만 동시에 SNS

공간 안에서 더 많은 사람이 모일 수 있는 새로운 구심점 역할을 하기도 한다. 텔레커뮤니케이션이 발달할수록 옆에 있는 사람과의 관계는 소원해지고 대신 멀리 있는 사람과는 더 연결된다. 인터넷과 스마트폰에는 장단점이 동시에 존재한다. 인터넷상에서는 자신의 가치관, 신념, 판단에 부합하는 정보에만 주목하거나 찾으려 하고, 그 외의 정보는 무시하게 되는 경향이 생긴다. 그렇다 보니 인터넷 가상공간에서는 비슷한 생각을 하는 사람들끼리만 모여서 인지적 편향이 생겨나게 되고, 이는 집단 간의 갈등을 악화시키는 문제로 이어진다. 하지만 동시에 다른 대륙의 새로운 사람을 만날 기회를 제공하기도 한다. 분명한 것은 구글, 네이버, 유튜브 같은 인터넷 사이트는 모닥불과 TV의 뒤를 잇는 이 시대의 구심점이라는 점이다. 가까운 미래에는 대화 전문 인공지능 챗봇인 챗GPT ChatGPT 같은 인공지능이 유일한 구심점으로 남게 될 가능성이 크다. 현대 사회에서 인간은 구심점을 바라보기 위해 스마트폰 화면 불빛을 쳐다봐야 한다. 스마트폰 화면은 이 시대의 모닥불이다.

이전 기술과 다른 스마트폰만의 장점은 무엇일까? 가장 저렴하게 인간과 인간, 인간과 정보를 연결해 준다는 점이다. 과거에는 사람을 모으려면 거대한 건축물을 지어야 했고, 그 장소까지 이동하기 위해서 엄청난 에너지를 사용해야 했다. 하지만 인터넷과 스마트폰이 있는 지금은 그보다 적은 에너지를 사용해서 인간과 인간, 인간과 정보 간의 연결망인 시냅스를 만들고, 그것을 통해서 새로운 시너지를 창출한다. 하지만 인터넷 공간에서의 만남에는 한계가 명확하다. 인터넷 공간은 시각과 청각 정보는 잘 전달하지만 촉각, 온도, 냄새 등 신체를 통한 감각 전달은 안 된다. 몸은 우리가 수십만 년의 시간 동안 진화하면서 만들어진 복합적인 감각 기관들로 가득하다. 인터넷은 그런 미묘한 감각들을 모두 만족시키지는 못한다. 인터넷의 제한적인 소통의 한계는 앞으로 우리가 풀어야 할 숙제이기도 하다. 또 다른 문제점은 사람 간을 연결하는 에너지가 확연하게 줄어든 반면, 쓸데없는 연결이 늘어난 부분도 있다. 기욤 피트롱의 저서 『'좋아요'는 어떻게 지구를 파괴하는가』(양영란 옮김, 갈라파고스)는 우리가 서로의 SNS에 '좋아요'를 누를 때마다 내 스마트폰이 발생시킨 전기적 신호가 지구를 반 바퀴 돌아서 서버에 갔다가 다시 돌아와서 옆 사람의 핸드폰으로 들어가야 하는 엄청난 에너지 소비 문제점을 지적하고 있다. 이런 일을 위해서 해저에 광케이블을 깔아야 하고, 거대한 서버를 설치하면서 막대한 에너지가 들어가야 한다. 과거에는 필요도 없었던 쓸데없는 연결이 폭발적으로 늘어나서 결과적으로 에너지 소비 총량이 폭증한 것이다. 현대에는 연결과 정보 공유가 늘어났지만, 대신 환경 파괴라는 계산서를 받아 들게 되었다.

스마트폰이 만든 공간과 가치관

역사학자 이언 모리스Ian Morris는 그의 책 『가치관의 탄생』(이재경 옮김, 반니)에서 에너지 획득의 방법이 바뀌면 가치관이 변한다는 이론을 제시한다. 그는 농경 사회는 계급이 중요하고 폭력에 관대하지만, 석탄 석유에서 에너지를 얻는 시대는 위계보다는 평등을 중요하게 생각하고 폭력을 용납하지 않는다고 설명한다. 현대 사회는 개인이 점점 중요해지는 사회다. 이 같은 가치관의 변화는 이언 모리스의 이론처럼 에너지 수급의 방식에 따라 결정 나기도 하지만, 공간의 체험에 따라서도 달라진다. 에너지 수급 방식은 인간의 삶을 지탱하는 산업 구조를 바꾸고, 산업 구조가 바뀌면 공간도 달라진다. 달라진 공간은 새로운 라이프 스타일을 만들고, 이는 가치관의 변화로 이어진다. 우리나라의 경우 1950년대까지는 한 집에 3대 이상이 살고, 형제가 여러 명 있는 대가족 환경에서 자랐다. 1970년대~1980년대에 4인 가족의 핵가족이었다가 현 2020년대는 일인 가구 시대로, 일인 주거와 혼밥이 대세인 시대다. 사용하는 공간의 크기가 점점 줄어들고 개인화되고 있다. 다른 사람과 함께하는 공간에서 보내는 시간보다 개인 공간에서 보내는 시간이 많아졌다. 여러 명이 들어가는 노래방보다는 혼자 들어가는 일인 노래방이 인기다. 다른 사람을 만나는 일도 실제 공간보다는 인터넷 가상공간에서 더 많이 일어난다. 공공장소에 있어도 자기 핸드폰을 들여다본다. 다른 사람과의 의견 차이를 조율

하는 규칙을 따르기보다는 차라리 타인과 거리를 두는 쪽으로 변하고 있다. 이들에게 결혼은 부담스러운 공동생활이다. 최근 우리나라에서는 간통죄와 낙태 금지가 위헌으로 결정되었다. 이 같은 결정은 우리 사회의 가치관이 개인 행복 추구로 무게 중심이 이동하고 있음을 보여 주는 상징적인 사건이다. 인류는 성병에 관한 걱정이 없던 씨족 사회에서 소돔과 고모라의 혼음 시대를 거쳐서 각종 죄를 규정해 놓은 성문법이 만들어지고, 도덕률이 생긴 대형 도시 공간의 사회로 접어들었다가, 이제는 개인의 공간과 행복이 더 중요한 시대가 되면서 과거의 도덕률이 바뀌고 있다. 그러나 개인의 자유는 무한히 늘어날 수 없다. 내 자유가 늘어날수록 다른 사람의 자유와 충돌할 가능성도 커지기 때문이다. 2024년 파리 올림픽 개막식을 보면서 각종 '정치적 올바름(Political Correctness)'에 관한 모습에서 불편함을 느낀 사람이 많았다고 한다. 내 주변에 동성애자, 양성애자, 트렌스젠더 등 성 소수자가 있다면 이를 정죄하지 않고 인정은 하겠지만, 내 자녀에게 지나치게 열린 성교육을 하는 것은 원하지 않는 사람들이 있다. 이런 갈등이 나의 자유와 다른 사람의 자유가 충돌하는 사례다. 우리는 각자의 자유 경계를 재설정하는 과정 중에 있고, 그에 따른 갈등이 불가피한 사회에 살고 있다.

삶의 형태는 가치관을 결정한다. 과거 농경 사회에서는 한자리에서 평생을 살았다. 그때는 이웃과 서로 도와 가며 농사를 지어야 했다. 살아남으려면 주변 이웃과 함께 잘 지내야 했고, 동네에서의 평판도 중요하던 시대였다. 도시로 이사 와 살면서는 빠른 교통수단을 이용해 멀리 있는 직장에 출근하게 되었다. 이제 옆집 이웃과는 다른 직장을 갖게 되었다. 인구가 늘자 익명성이 더 커졌다. 내가 굳이 주변 사람들과 맞춰 살 필요가 없어졌다. 텔레커뮤니케이션 기술이 발달하면서 과거 유목 사회처럼 스마트폰과 랩톱 컴퓨터를 들고 떠돌아다니면서 일할 수 있게 되었다. 그렇다 보니 더욱더 주변인들과 잘 어울려 살아야 할 필요가 없어졌다. 언제든지 다른 공간으로 갈 수 있다는 것은 내 주변 사람을 바꿀 수 있다는 것을 의미한다. 나를 주변 사람에게 맞추기보다는 나에게 환경을 맞추는 쪽으로 삶의 형태가 바뀌었다. 이런 세상에서는 개인주의적 가치관이 커질 수밖에 없다. 수렵 채집의 시기에도 떠돌아다니는 삶의 형태였지만, 그때는 지금처럼 법과 치안이 갖추어지지 못했기 때문에 혼자서 이동하는 것은 위험했다. 혼자 다녀서는 사냥에 성공할 수 없었고, 맹수나 타인의 공격으로 목숨을 잃을 수도 있는 환경이었다. 그때는 무리의 도움이 필요했다. 농업은 단체 노동을 해야 하는 산업이다. 게다가 농경지를 두고 어디로 갈 수도 없다. 어느 때보다도 단체에 개인을 맞추어 살아야 하고, 한 장소에 매여 있는 삶이었다. 하지만 현대 사회는 혼자 다녀도 사회의 법과 치안 시스템이 개인을 보호해 준다. 각종 사회

보장 제도와 은행 예금이나 보험은 자녀가 없어도 노후 대책이 된다. 효도하는 자식이 필요 없어진 것이다. 자녀를 키운다는 것은 비싼 교육비와 좋은 동네의 더 큰 집을 구해야 하는 부담을 늘리는 일이 되었다. 과거에는 경제적 필요 때문에 도시에 모여 살았다. 하지만 텔레커뮤니케이션이 발달한 지금은 굳이 옆에 안 살아도 다른 사람으로부터 돈을 벌 수 있다. 더 이상 물리적으로 내 옆에 있는 사람의 도움을 받지 않아도 된다. 그리고 그에 따라 점차 개인주의가 확산하고 있다. 혼자라 편하지만 외로우니 더 많은 반려동물을 키우게 되었고, 우리나라의 일인 가구가 늘어나는 그래프와 반려동물 시장 성장 그래프는 같은 형태를 하고 있다.

메타버스는 진짜 혁명인가

어느 분야든 새로운 용어를 만드는 사람이 전문가가 된다. 개인적으로 우스운 경험이 있다. 다양한 분야의 전문가들이 모인 컨설팅 회의에 참여한 적이 있는데, 회의 시작하고 10분 정도 지나자 그 회의 테이블에 있던 사람들이 경쟁적으로 영어 약자 용어를 쏟아내기 시작했다. 마치 신조어 겨루기를 하는 것 같았다. 남들이 모르는 어려운 단어를 써서 더 전문가처럼 보이기 위해서였다. 건축에서는 높은 곳에 앉아서 내려다보는 시선을 가진 사람이 권력을 가진다. 그 이유는 위에서 내려다보는 사람이 올려다보는 사람보다 볼 수 있는 것이 더 많기 때문이다. 이렇듯 정보의 비대칭은 권력을 만들어 낸다. 전문가처럼 보이기에 가장 쉬운 방법은 남들이 모르는 새로운 용어를 쓰는 것이다. 그래서 사람들은 경쟁적으로 기존에는 없던 새로운 용어를 만들어 낸다. 심지어는 아이들도 은어와 줄임말을 만들어서 자신이 더 많이 아는 사람이 되고 싶어 한다. 15년 전 건축에서는 '유비쿼터스 도시Ubiquitous City'라는 말이 유행했었다. 회의에 가면 너도나도 유비쿼터스라는 말을 사용했고, 프로젝트 제안서에 유비쿼터스라는 말만 들어가면 연구비가 들어왔다. 사람들이 유비쿼터스라는 단어에 익숙해지고 이해할 때쯤 되니까 '스마트 시티smart city'라고 간판을 바꿨다. 그랬더니 스마트 시티가 뭐냐고 사람들이 수군대기 시작했다. 그 사이 발 빠른 사람은 제안서 제목에 스마트 시티라는 것만 넣어 돈을 벌 수 있었다. 역사에는 가끔 엄청난 변화가 생겨난다. 금속 활자, 삼각돛, 증기 기관, 엘리베이터, 전화기, 내연 기관, 전구, 자동차, 비행기, 컴퓨터, 스마트폰 등 혁명적인 변화가 있어 왔다. 그런데 메타버스metaverse는 내 옆에 와 있는 진짜 혁명일까? 아니면 그저 또 다른 전문가와 시장을 만드는 신조어 장사일까? 내 생각에 넓게 보면 메타버스는 이미 우리 주변에 존재해 왔고, 좁게 보면 아직도 멀었다는 생각이 든다.

건축가의 관점에서 기존 인터넷과 메타버스의 큰 차이점은 가상 공간 내에 '실시간 사람의 있고 없음'이다. 최초의 인터넷은 문자 정보의 바다였다. 웹페이지를 열면 과학자들의 논문이나 뉴스 같은 텍스트밖에 없었다. 인터넷 속도가 빨라지자 사진을 올리고 물건을 팔 수 있는 수준까지 발전했다. 상거래가 시작된 것이다. 그리고 인터넷 가상공간이 물건의 정보가 넘쳐나는 공간이 되었다. 하지만 이곳에도 사람은 없었다. 사람이 있고 없음이 인터넷 공간과 실제 공간의 차이였다. 내 경험으로는 인터넷 공간에서 최초로 사람의 모습을 볼 수 있었던 것은 '싸이월드'였다. 디지털카메라를 가진 사람들이 사진을 찍어서 싸이월드에 올리기 시작했다. 이때 폭발적으로 인터넷 사용자가 늘어났다. 세상에서 제일 재미난 일이 사람 구경하는 것이기 때문이다. 이후 싸이월드는 페이스북이나 인스타그램에 그 자리를 내주었다. 여기까지가 우리가 잘 아는 전통적인 인터넷 공간이다.

페이스북이나 인스타그램의 한계는 사진이나 글의 정보가 모두 과거 시제라는 점이다. 과거에 찍힌 사진을 보고 댓글을 올리면 시간이 지나서 계정 주인이 답글을 올리는 식이다. 마치 전화가 실시간 소통이라면 편지는 항상 한 박자 늦은 과거 시제 소통인 것과 같다. 지금까지의 인터넷은 전화가 아닌 편지였다. 시제라는 측면에서 아바타가 돌아다니는 온라인 게임 같은 공간은 좀 더 실시간 소통이 가능한 공간이다. 비록 나를 캐릭터화해서 만들어진 존재지만, 손발과 머리와 표정이 있는 아바타는 한순간 한 면만 기록하는 사진이나 짧은 영상보다 나를 더 많이 대변할 수 있다. 그리고 그런 게임 캐릭터 아바타들이 서로 실시간 상호 작용하는 온라인 게임은 분명 이전과는 다른 공간을 창조해 낸다. 원래 공간은 물리적인 건축 구조물보다 그 공간 안에 있는 사람들 간의 관계가 더 중요하다. 그리고 그 관계라는 정보가 공간을 완성한다.

하지만 메타버스 혁명은 '아직'이다. 그 이유는 그 메타버스의 공간에 들어가게 해 주는 도구가 원시적이기 때문이다. 인터넷이 우리 삶에 큰 영향을 준 계기는 애플의 아이폰이다. 원격으로 인터넷 접속이 된 것도 있지만, 나는 그보다 더 큰 이유가 손가락으로 화면을 밀어 올리는 터치스크린 기능 때문이라고 생각한다. 터치스크린 조작은 마우스와 키보드로 정보에 접속되던 인간이 손가락 끝 촉각으로 정보와 연결될 수 있게 된 혁명이었다. 인간의 신체와 정보가 연결된 순간이다. 게다가 스마트폰은 반려동물처럼 쓰다듬으면 반응하는 친숙한 상대이기도 하다. 그런데 메타버스의 아바타는 아직도 키보드와 마우스로 조종해야 한다. 온라인 게임을 하는 사람들이야 익숙하겠지만 대부분의 사람은 아직도 화면 속 아바타와 내 몸이 직접적으로 연결된 느낌은 안 든다. '닌텐도 위Wii' 게임보다 못한 링크 수준이다. 아이폰 수준의 혁명적인 연결 장치가 나오기 전까지는 진짜 메타버스가 시작되지 않을 것이다. 혹자는 애플 비전프로 같은 VR 기기가 있다고 반문할 것이

메타버스 공간

다. 스마트폰은 하루 종일 들고 봐도 질리거나 힘들지 않지만, 애플 비전프로는 무거워서 30분 이상 사용하기 힘들다. 목도 아프고 오래 사용하면 고도 근시가 올 것 같다. 아마도 한동안 현재 수준의 VR 기기는 포르노와 매춘 산업에서만 활성화될 가능성이 크다. 실생활에 충분히 이용되려면 장시간 동안 우리의 몸과 아바타가 편안하게 연결된 느낌이 들게 만드는 기기가 나와야 한다. 그때 비로소 메타버스 인구가 폭증하고 진짜 시장이 열릴 것이다.

게임, 종교, 비트코인, 정치

나는 메타버스 회사를 잠시 창업한 적이 있다. 그때 목표는 온라인 공간 안에 도시 공간을 만들어 보기 위함이었다. 하지만 시작한 지 얼마 지나지 않아서 폐업 처리했다. 이유는 기술이 아직 내가 원하는 수준을 실현할 수 없었기 때문이다. 내 관점에서 도시적 환경이 되려면 만 명 정도는 살아야 한다고 생각한다. 인구가 만 명 정도는 돼야 익명성과 우연한 만남의 밀도가 높아지기 때문이다. 이를 인터넷 메타버스에 적용하면 온라인 동시 접속자 숫자가 만 명 정도는 되어야 진짜 도시 같은 느낌이 날 것이다. 물론 100명 정도만 실제 사람으로 처리하고 나머지는 디자인이 잘 된 인공지능 아바타들이 다니는 세상을 만들 수도 있다. 하지만 현재의 기술로는 둘 다 가능하지 않다. 현재 기술로는 만 명 동시 접속자는 댓글 창에서나 가능한 수준이다. 온라인 게임도 12명 정도의 플레이어가 동시에 들어가서 하는 정도인데, 그 정도로는 도시 같은 느낌이 나기 어렵다. 온라인 게임에 있는 아바타의 행동도 단조롭고 제한적이다. 그래서 도시에서와 같이 우연히 다른 사람을 만나고 교류하고 시너지 효과를 만들어 내는 일은 가상공간에서는 아직 이루어지지 않고 있다. 하지만 흥미로운 현상이 하나 발견된다. 바로 AZUKI(아즈키)라는 회사다.

AZUKI는 2022년 당시 향후 계획을 보여 주는 몇 장의 배경 그림만 인터넷 웹페이지에 띄워 놓은 회사였다. 이 회사가 게임 회사인지 무엇을 하는 회사인지 아무도 잘 몰랐다. 그저 캐릭터 옆얼굴 그림만 있을 뿐이었다. 이 회사는 일본 애니메이션풍의 얼굴을 가진 캐릭터 만 명을 디자인해서 만들었다. 흥미롭게도 도시의 익명성을 만들어 주는 숫자인 만 명의 캐릭터였다. 그러나 공간은 아직 없고, 사람만 있는 상태였다. 그리고 사람들에게 그 캐릭터를 1이더리움 받고 판매했다. 아직 아바타끼리 만날 수 있는 공간이 없으니 캐릭터 구매자들은 실제 세상에서 연락하고 만났다. 일종의 팬덤 문화였다. 캐릭터를 소유한 사람들이 주축이 돼서 열리는 파티에는 캐릭터를 가지고 있지 않은 친구를 한 명씩 초대할 수 있었다. 초대된 이들은 이 팬덤 문화가 마음에 들면 자신도 캐릭터를 가지고 싶어지게 된다. 그러면 처음 판매 가격인 1이더리움보다 더 비싼 가격을 주고라도 구매하게 된다. 이렇게 캐릭터 가격은 올라간다. 이더리움의 가격이 올라가도 캐릭터를 구매한 사람은 돈을 번다. 캐릭터를 가진 친구는 캐릭터와 관련된 옷이나 소품 같은 굿즈 상품을 구매할 수 있다. 한정판인 이 상품들은 2차 시장에서 더 비싼 가격에 재판매되기도 한다. 이렇게 아무것도 없이 캐릭터만 디자인해서 팔았는데도 경제적인 활동이 일어났다. AZUKI 현상을 보면 결국 공간은 사람이 만들어 간다는 것을 알 수 있다. 아무것도 없지만 사람들은 계속해서 자생적으로 조직을 구성하고, 모이고, 다양한 경제 활동들을 만들어 간다. 메타버스 가상공간에서 아바타라는 부캐(副character)를 통해서 이루어진다는 차이만 있을 뿐, 현실 세계와 마찬가지다.

더 흥미로운 것은 AZUKI와 종교의 유사성이다. 같은 종교를 믿는 사람들은 같은 세계관을 공유한 사람들이다. 예를 들어서 기독교를 믿는 사람들은 하나님이 말씀으로 세상을 창조하셨다고 믿는다. 이러한 세계관을 믿는 사람들이 모인 공동체가 기독교다. 1이더리움이나 주고 AZUKI 캐릭터를 구매한 사람들은 단순히 초상화 한 장을 산 것이 아니다. 그들은 AZUKI라는 특정 세계관을 공유하는 사람들의 공동체에 들어간 것이다. 기독교인들은 일주일에 한 번씩 교회에 가서 예배에 참석한다. 때로는 친구를 전도해서 교회에 데려가기도 한다. 그렇게 그 세계관을 믿는 사람이 늘어난다. 마찬가지로 AZUKI 캐릭터를 가진 사람들은 자기 친구를 AZUKI 파티에 초대한다. 일종의 전도 행위다. 이를 통해서 AZUKI 세계관의 밈meme이 퍼져 나간다. 근본적으로 게임과 종교의 사회적 메커니즘은 같다. 이는 종교가 게임이라는 이야기가 아니다. 종교와 게임은 각자 다른 의미가 있다. 다만 둘 다 인간이 하는 행동과 연결되기 때문에 종교와 게임 속에 같은 사회적 메커니즘이 나타난다는 것이다. 같은 현상이 각종 암호화폐에서도 일어난다. 난립하고 있는 수천 개의 암호화폐는 하나하나가 신흥 종교 같다고 볼 수 있다. 더 많은 팬덤이 구축되면 그 암호화폐는 주요 종교처럼 세상을 장악하게 될 것이다. 현재로서는 비트코인이 압도적인 공동체를 구축하고 있다. 여기서 말하는 공동체란 서로 만나고 교류하는 공동체를 말하는 것이 아니라, 세계관을 공유하는 집단을 말한다. 종교도 믿음의 정도에 따라서 각기 다르지만, 근본적인 세계관을 공유하는 것과 마찬가지다. 비트코인을 구매하는 사람들은 비트코인이 새로운 디지털 시대에 경제적으로 가치를 가지는 중요한 자산이 될 것이라는 믿음을 가진 사람들이다.

사실 정치 이데올로기도 마찬가지다. 마르크스주의자들은 노동자 계층의 계급 투쟁으로 혁명을 일으켜 계급이 없는 이상 사회를 건설할 수 있다고 믿는 사람들이다. 그 이상 사회는 일종의 지상 천국이라 할 수 있는데, 이는 기독교에서 세상 마지막 날에 예수가 재림하여 천국이 온다는 것과 이야기의 결말이 같다. 공산주의 세계관은 기독교를 흉내 낸 세계관이다. 카를 마르크스가 원조 메시아사상을 가진 유대 민족의 후손이다 보니 이야기 결말에 유사성이 있을 법도 하다. 혹은 그런 이야기 유형이 인간들 사이에서 잘 전파되는 밈인지도 모른다. 정치는 이데올로기라는 세계관을 공유하는 일이다. 정치가는 자신이 더 좋은 세상을 만들고 우리를 어려움에서 구원해 줄 거라고 약속한다. 그리고 자신의 이데올로기를 전파하기 위해서 유세하고, 사거리에 현수막을 걸고, 길거리 집회를 한다. 정치가는 그렇게 함으로써 밈이 전파되어 지지자가 늘수록 권력과 돈을 얻는다. 특정 정치가를 지지하는 것은 세계관을 공유하는 것이자, 그 사람이 내 문제를 해결해 줄 메시아 같은 존재라고 생각하는 것이다. 우리나라 정치의 경우가 특히 그런 성향이 강하다. 자기가 지지하는 정치가는 메시아 같은 존재이기 때문에 죄가 없고 절대적이다. 이성적 판단보다는 무조건 믿음으로 지지한다는 점에서 대한민국에서 정치는 종교같이 작동한다. 그래서 대한민국에는 정치 갈등만 있고 종교 갈등이 없다. 종교, 게임, 정치의 공통점은 세계관을 만들고 퍼뜨리고 공유하는 것이다. 최근에는 비트코인이 이와 비슷한 길을 가고 있다. 달러 기축 통화 기반의 경제가 종말을 맞이하고 비트코인이 화폐계의 메시아처럼 떠오를 것이라고 믿는 사람들이 1억 넘는 돈을 들여서 비트코인 한 개를 산다. 그리고 주변인들에게 그 이야기를 퍼뜨리는 전도를 한다. 이런 유사성 때문에 아마 비트코인도 여러 주요 종교처럼 사라지지 않을 것이다.

종교와 게임의 또 다른 공통점은 눈에 보이지 않는 세계관을 믿게 하려고 눈에 보이는 공간을 이용한다는 점이다. 이때 당시 최고의 기술을 사용하는데, 선사 시대 때는 동굴 벽화를 그렸다. 동굴 벽화를 그리기 위해서는 횃불과 물감이 필요하다. 횃불도 당시로서는 첨단 기술이고, 자연에서 물감을 추출하는 일도 당대 최고의 첨단 기술이었을 것이다. 중세 시대 때 고딕 성당의 거대한 플라잉 버트레스 구조체와 스테인드글라스도 당대 최고 기술이었다. 우리 시대에 게임 속 공간을 현실적으로 만들기 위해서는 각종 반도체와 애니메이션 기술이 필요하다. 이 역시 우리 시대 최고의 기술이다. 동굴 벽화, 고딕 성당, 온라인 게임은 모두 자신의 세계관을 전파하고 주입하기 위해 최첨단 기술을 이용해서 만든 공간들이다. 우리는 지금 영화나 게임 속 가상공간이 점점 현실적으로 느껴지는 세상에 살고 있다. 그럴수록 그들이 미는 세계관이 점점 더 많이 전파될 것이다. 마블 시네마틱 유니버스Marvel Cinematic Universe가 만들어 내는 영화들도 그중 하나다. 우리는 종교, 게임, 정치, 영화가 제시하는 세계관의 홍수 속에 살고 있다.

구글, 압구정, 비트코인, 종교

다른 각도에서 비트코인이 왜 가치를 가지는지도 찾아볼 수 있다. 구글, 압구정, 비트코인, 종교의 공통점은 네트워크로 가치와 권력을 갖게 되었다는 점이다. 구글이 가치를 갖는 것은 구글에 들어가면 전 세계 모든 정보를 찾아서 그 정보가 있는 웹페이지로 갈 수 있기 때문이다. 압구정동이 다른 곳보다 비싼 이유는 남북으로 연결하는 지하철 3호선의 중심에 있어서 서울의 북쪽과 남쪽 어디든 가기 편하고, 동서 방향으로 난 올림픽대로의 중간에 접하고 있어서 동서 방향으로 이동하기도 편하기 때문이다. 그 밖에도 주변에 좋은 학교, 식당, 백화점 들과 연결되어 있어서다. 비트코인이 가치를 가지는 이유는 비트코인을 매개체로 네트워크되어서 빛의 속도로 재화를 전송할 수 있기 때문이다. 종교가 권력을 가진 이유도 같은 이야기를 믿는 사람들끼리 네트워크가 되어 있기 때문이다. 이처럼 네트워크가 되면 없던 가치가 생겨나고 강화된다.

도시, 인터넷, 챗GPT

앞서 사람들끼리 뇌를 병렬로 연결할수록 더 창의적으로 된다고 하였다. 공간적으로 인간의 뇌를 병렬로 연결하는 좋은 방법은 두 가지가 있다. 하나는 교통수단을 발전시키는 것이다. 말, 범선, 기차, 자동차, 비행기같이 교통수단을 발전시키면 시간 거리가 단축된다. 그러면 더 많은 사람과 교류할 수 있게 된다. 두 번째 방법은 고층 건물을 짓는 것이다. 뉴욕은 20세기 들어서 철근콘크리트와 엘리베이터를 이용해 30층짜리 건물을 만들었다. 철근콘크리트와 엘리베이터로 만든 도시 밀도가 20세기 후반 그 한계에 다다르자, 인간은 인터넷으로 이를 극복했다. 인터넷을 만들었더니 가상공간이 만들어지고, 그 안에서 사람들은 다른 사람과 정보를 만날 수 있게 되었다. 창의적 시너지의 빅뱅이 일어난 것이다. 21세기 들어서 초고속 인터넷망과 스마트폰이 보급되면서 그 시너지 효과는 극대화되었다. 스마트폰은 인류가 시간과 장소에 구애받지 않고 연결될 수 있는 공간을 만들어 주었다. 하지만 인터넷에서 사람과 정보를 찾으려면 '검색'을 해야 한다. 덕분에 구글, 네이버, 페이스북, 인스타그램은 크게 성장했다. 그러다가 새로운 변화가 찾아왔다.

공간은 사람이 완성한다. 그런데 최근 우리는 인터넷 공간이라는 신대륙에서 새로운 지성의 종을 만나게 되었다. 바로 인공지능이다. 이제는 일일이 검색하고 읽고 정보를 편집할 필요 없이 챗GPT에게 물어보면 세상의 모든 지식을 취합해서 우리에게 답을 준다. 정보에 도달하는 시간을 수백 분의 일로 줄여 주는 혁명이 일어난 것이다. 챗GPT는 '정보의 비행기'인 셈이다. 이제는 챗GPT 하나와 이야기하면 수천 명의 사람과 동시에 대화하는 효과를 가지게 된다. 인류 역사상 가장 많은 지성과 연결되는 효과가 생겨났다. 인류 역사는 다른 사람과 연결의 밀도를 높여 온 역사다. 과거에 도서관이 책을 통해서 다른 지성을 만날 수 있게 해 준 공간적 장치였다면, 챗GPT는 가상공간에서 시간과 공간을 최소한으로 사용하여 다른 지성과 연결해 주는 장치다. 챗GPT는 지성 간의 병렬연결을 혁명적으로 폭증시킨 새로운 방식이다. 그뿐 아니라 챗GPT는 번역을 통해서 다른 언어의 문화권과도 연결해 준다. 우리는 지금 역사상 가장 똑똑한 인류가 되었다. 인공지능은 또 다른 형식의 공간 혁명이다.

하지만 인공지능은 문제점도 많다. 첫째, 인공지능 때문에 많은 일자리가 사라질 것이다. 과거에는 기업이 이윤을 내는 데 다른 사람들의 도움이 필요했다. 지금은 인공지능 챗GPT 하나를 통해서 수많은 사람의 일을 대체할 수 있다. 효율적인 인공지능을 개발한 몇몇 거대 기업만 살아남는 디스토피아를 예상하는 이들도 있다. 향후 일반 국민은 정부를 움직여 그 기업에 세금을 더 부가하려고 할 것이다. 그리고 그 기업은 세금을 피해 국경을 넘어서 다른 곳으로 갈 것이다. 일론 머스크는 스페이스 X를 이용해서 스타링크라는 인공위성 기반의 인터넷 인프라를 만들고 있다. 이는 인프라를 장악한 정부에게서 벗어나려는 노력이다. 러시아-우크라이나 전쟁에서 스타링크는 전쟁의 판도를 뒤집는 역할을 하고 있다. 다국적 기업의 힘이 국가 간 전쟁의 판도를 바꿀 정도로 커진 것이다. 앞으로 전통적 정부와 다국적 기업의 대결이 많아질 것이다. 둘째, 일부 국가에서는 인공지능을 이용해서 정치적으로 독재가 쉬워졌다는 점이다. 인공지능 덕분에 수억 명의 사람을 철

저하게 감시하고 정보를 통제할 수 있게 되었다. 소설 『1984』가 현실화된 나라가 나타나기 시작했다. 중국이 대표적이다. 셋째, 청년의 기회가 사라진다는 점이다. 챗GPT는 질문자에 따라서 답의 수준이 달라진다. 좋은 질문을 할 수 있는 전문가에게는 오히려 기회다. 하지만 신입 사원이 해야 할 일을 챗GPT가 하다 보니, 청년들은 전문가로 성장할 기회를 잃게 된다. 넷째, 인공지능은 거짓말을 잘한다. 향후 인공지능이 만들 가짜 이야기, 가짜 영상, 가짜 뉴스를 어떻게 제어할 것인가는 이미 선거에서 가장 중요한 이슈로 떠올랐다. 다섯째, 전쟁 무기의 발전이다. 인류 역사에 새로운 기술이 나오면 가장 빨리 적용되는 분야가 전쟁 무기다. 인간은 바퀴를 만들 수 있게 되자 전차를 만들었다. 높은 온도를 만들 수 있게 되자 철기 무기를 만들었다. 기계가 발달하자 탱크를 만들었다. 원자를 다룰 수 있게 되자 원자폭탄을 만들었다. 전자를 다룰 수 있게 되자 유도미사일 같은 스마트 무기가 발달했다. 새로운 무기는 이전에는 없던 새로운 수준의 전쟁을 만든다. 그리고 그 전쟁을 극복하고 난 다음에야 번영의 시기가 온다. 인공지능 기술을 갖게 된 지금 어떤 전쟁을 겪게 될지 아무도 모른다. 다만 제3차 세계 대전은 인공지능이 관여한 전쟁일 것이라는 정도는 예상할 수 있겠다.

인류는 이제 가상공간 신대륙과 인공지능 이민자들까지 만들었다. 이러한 변화는 결코 가상공간 안에만 머무르지 않는다. 결국 우리의 몸이 살고 있는 오프라인 공간으로 피드백되게 되어 있다. 인터넷과 스마트폰이 발달하자 을지로나 신당동 뒷골목에 젊은 이들이 찾아가는 힙한 카페가 만들어지는 것이 그런 사례다. 젊은 이들은 인스타그램에서 찾은 힙한 카페의 사진 정보를 가지고 지피에스GPS나 인터넷 정보를 이용해서 간판도 없는 카페를 찾아간다. '힙지로'와 '힙당동'은 일종의 가상공간 속 정보가 만든 현실 오프라인 공간의 변형이다. 그렇다면 인공지능 역시 가상공간에서만 머무르지 않을 것이다. 이들은 현실 오프라인 세상으로 들어와서 우리의 공간을 변형시킬 것이다. 자율 주행 자동차와 테슬라의 옵티머스 같은 인공지능을 장착한 로봇은 우리의 공간을 어떻게 변화시킬까? 편의상 그렇게 만들어지는 도시를 '스마트 시티'라고 불러 보자.

도시를 생명체로 만들려는 시도

고대부터 현대까지 도시 진화의 방향은 좁은 공간에 더 많은 사람이 모여 살 수 있는 고밀도 공간 구조를 만드는 것이었다. 1990년대에 전 세계 인구는 53억 명이 되었다. 인류는 이 좁은 지구에 53억 명이 만드는 다양한 삶의 행위를 담을 공간을 확보해야 했다. 공간 부족에 대한 해결책은 인터넷 가상공간이었다. 1990년대에 인류는 빅뱅으로 우주 공간을 창조한 신처럼 인터넷 공간을 창조했다. 하지만 텅 빈 우주 공간은 의미가 없다. 그 안에 생명이 있어야 하고, 더 나아가 인간 같은 의식을 가진 생명체가 있을 때 우주는 비로소 의미를 갖게 된다. 인간은 꾸준히 창조주 신이 되고 싶은 욕망을 드러내 왔다. 그런데 진정한 창조주가 되려면 생명을 만들 수 있는 능력을 갖추어야 한다. 인간은 '창조주'가 되기 위해 생명 창조의 능력을 가지려고 부단히 노력한다. 인공지능 로봇을 만들려 하고 있고, 또 다른 한편으로는 도시에 생명을 부여하려 한다. 나의 다른 책 『도시는 무엇으로 사는가』에서 이야기했듯이 도시 진화 과정은 생명체의 진화 과정과 같다. 생명체는 단세포에서 시작해 다세포 생명체로 진화한다. 다세포 생명체가 되면 안쪽의 세포에 산소를 공급해야 하는 문제가 생긴다. 단세포의 경우 세포막을 통해서 산소가 투과되어 공급되지만, 다세포 생명체가 되면 중간에 갇힌 세포들은 다른 세포에 막혀서 산소 공급을 받지 못한다. 산소 공급을 못 받으면 세포는 죽는다. 따라서 다세포 생명체가 되면 안쪽 세포에 산소를 공급하기 위해서 순환계를 발달시킨다. 순환계가 발달하면서 더 복잡한 생명체가 되면 외부의 공격에 효과적으로 대처하기 위해 신경계가 발달한다. 그리고 신경계는 점점 복잡해져서 중추신경계가 되고 영장류가 된다.

선사 시대 때 인류가 움집을 짓고 산 것은 단세포 생명체에 비유할 수 있다. 그러다가 더 큰 도시가 되면 순환계인 상하수도 시스템이 발전한다. 로마의 아퀴덕트와 파리의 하수도 시스템이다. 도시가 더 진화하면 신경계가 발전한다. 뉴욕의 통신망이 그것이다. 통신망은 더 발전해서 지금의 인터넷망과 스마트폰이 되었다. 지금의 도시는 신경계가 엄청나게 발달한 생명체다. 하지만 아직 독립적인 신경망과 순환계를 가졌다고 보기는 어렵다. 생명체는 순환계와 신경계가 긴밀하게 협업하면서 생명을 유지한다. 지금의 도시는 신경계가 발달한 것 같지만, 실상은 인간끼리의 소통이 연결되는 신경계만 있을 뿐 도시 자체에 감각과 신경계가 있는 것은

스마트 시티

아니다. 이 진화의 단계에 가기 위해서 인간이 시도하고 있는 것이 사물인터넷Internet of Things과 유비쿼터스 시티다. 유비쿼터스 시티는 도시의 빌딩과 가로등 같은 무기체에 컴퓨터를 삽입해서 정보를 수집하게 하는 도시다. 사물인터넷IoT은 모든 사물에 컴퓨터를 넣어서 사물끼리 서로 소통할 수 있게 하는 기술이다. 사물인터넷과 유비쿼터스는 한마디로 인간이 없더라도 사물들끼리 서로 소통하고 문제를 해결할 수 있게 하려는 시도다. 이게 좀 더 발전하고 이름만 바꾼 것이 스마트 시티Smart City다. 인간이 만든 도시 진화의 마지막 단계는 도시를 '의식을 가진 생명체'로 만들려는 시도인 스마트 시티다. 하나의 생명체가 살아남기 위해서는 대량의 에너지가 소비되고, 엄청나게 다양한 호르몬이 조절되어야 한다. 도시가 하나의 의식을 가진 생명체가 되려면 셀 수 없이 많은 센서와 그 정보 간의 방대한 조율이 필요하다. 우리는 그 일을 이제 시작했다.

도구, 기계, 인공지능 로봇

인간은 도구를 만들었다. 도구는 인간이 손을 이용해서 움직이는 물건일 뿐이다. 그러다가 도구에 에너지원을 넣어서 스스로 움직이게 하였다. 처음에는 석탄을 이용한 에너지를 증기 기관에 넣었고, 그다음 석유를 이용한 에너지원을 내연 기관 자동차에, 그리고 전기 에너지원을 엘리베이터에 넣어 주었다. 이 기계들은 우리의 도시 공간을 변형시켰다. 20세기의 건축과 도시의 특징을 한 마디로 표현한다면 건축과 기계의 융합이다. 현대에 와서 우리는 그 기계에 의식을 넣었다. 이제 조만간 인공지능을 장착한 자율 주행 자동차와 로봇들은 스스로 생각하면서 우리 공간 안에 공존하게 될 것이다. 이들은 과거의 기계가 그랬듯이 우리 삶의 공간을 변형시킬 것이다.

몇 가지 모습을 상상해 보자. 우선 기계와 건축의 새로운 형식의 융합을 생각해 볼 수 있다. 자동차 운전을 인간이 해야 할 때, 운전자는 전방을 주시해야 한다. 하지만 자율 주행이 되는 자동차 안에서는 사람들이 다른 곳을 보면서 쉬거나 일할 수 있다. 자율 주행이 되면 자동차는 '이동하는 공간'에서 사무실, 거실, 침실같이 '머무는 공간'이 된다. 자동차가 방이 되는 것이다. 이 자동차를 집에 플러그인하면 방이 하나 더 늘어나게 되고, 회사 건물에 플러그인하면 사무실이 하나 더 늘어나게 된다. 이제 건축은 모양과 크기가 정지된 공간이 아니라 트랜스포머 로봇같이 변형될 수 있다. 이런 자동차 공간의 유일한 한계는 물을 쓰는 공간이 없다는 점이다. 화장실이나 부엌 같은 공간을 자동차에 넣는 것은 비효율적이다. 그래서 향후에는 물을 쓰는 공간과 최소한의 공용 공간만 건축물에 있고, 그 건물의 입면에 자동차를 도킹 할 수 있는, 골조만 있는 것 같은 새로운 건축 형태가 나타날 것이다. 수십 층의 도킹 프레임이 준비된 건물에 자동차들이 플러그인 되면서 건물이 완성되는 모습을 상상해 볼 수 있다. 이런 건물은 호텔로 사용될 수 있다. 이런 도킹 프레임만 있는 건물을 뼈대만 있는 건물이라는 의미로 '스켈레톤 호텔'이라고 불러 보자. 앞으로 주 4일 근무제인데 그중에 이틀만 출근해야 한다면, 도시에서 일하지 않는 가족은 시골에서 쾌적하게 생활하고 근무지에서 일하는 사람만 자율 주행 자동차를 타고 도시로 가서 미리 팀원과 함께 예약한 스켈레톤 호텔 10층에 플러그인 주차를 한다. 마찬가지로 자동차를 타고 와서 도킹한 다른 팀원들과 만나서 건물의 라운지 공간에서 작업하고, 잠은 내 차에서 잔다. 샤워실과 화장실은 플러그인 주차를 한 위치 바로 옆에 준비되어 있다. 이틀 동안 팀 작업을 하고 자율 주행 자동차에 몸을 싣고 다시 집으로 돌아간다. 이렇듯 자동차와 건축물은 이제 둘로 나누어진 것이 아닌, 탈착이 가능해져서 자동차 공간과 건축물 공간의 경계가 모호해지게 될 것이다. 긴급 재난 시 병원에 입원실을 급하게 늘려야 하는 상황이나 때에 따라서 특수 목적 교실이 필요한 학교 등에 자동차를 이용한 공간 증설도 가능하다. 이런 변화가 가능한 것은 자동차에 인공지능 의식이 들어가서 자율 주행이 가능해졌기 때문이다. 인공지능이 기계에 들어가면 기계와 건축이 융합되면서 좀 더 유기적인 도시 공간이 가능해진다.

하지만 이에 따른 에너지 수요 증가가 문제다. 변형하는 모든 것은 에너지를 필요로 한다. 바위같이 위치나 모양이 변하지 않고 안정적인 물체는 에너지가 필요 없다. 하지만 움직이는 자동차는 에너지가 필요하다. 지금 거의 모든 건물은 위치를 바꾸거나 모양이 변하지 않는다. 건물에서 움직이는 것은 엘리베이터나 에스컬레이터 정도가 전부다. 만약에 건물에서 더 많은 부분이 변화하고 움직여야 한다면, 건물은 더 많은 에너지를 소비하게 될 것이다. 인공지능 역시 에너지를 더 많이 소비하게 되는데, 그 에너지 효율성이 지속 가능할 것이냐가 문제다. 우리는 이제 우리가 만드는 기계만으로 새로운 생태계를 만들 지경에 이르렀다. 이 도시는 인간과 기계가 융합되어 하나의 생태계를 만드는 방향으로 나아가고 있고, 이 생태계가 자연과도 공존해야 지속 가능할 것이다. 이미 근대 도시부터 자연 생태계와 공존하기 어려운 상황이었는데, 향후 모든 사물에 인공지능이 들어간 생태계가 지속 가능할지는 관심 있게 지켜봐야 할 문제다. 혹은 인간이 완전히 배제된 상태에서 다음 단계로 진화할 수도 있다. 그렇게 된다면 유기체를 유지하기 위해서 필요한 자연 생태계는 필요 없어질 수도 있다. 그런 세상은 완전한 디스토피아가 될 것이다.

하지만 인공지능과 관련된 미래에 대한 다양한 예상 중에서 가장 흥미로운 것은 '유기체와 달리 존재하기 위해서 자연 생태계가 필요 없는 인공지능이 굳이 지구에 남아 있을 것인가' 하는 의문 제기다. 우리가 눈 떠 보면 인공지능은 지구를 떠나서 우주로 가 있을 거라고 말하는 사람도 있다. 그 이유는 우주는 공간과 자원도 무한하고 태양광 발전을 통해서 에너지를 획득하기가 지구보다 더 수월하기 때문이라는 것이다. 나는 이 사람의 말을 더 믿고 싶다. 어쩌면 지구에서 인류와 인공지능이 싸울 거라는 예상은 한반도를 벗어나 더 넓은 세계로 진출할 생각은 안 하고, 국내에서 자기 밥그릇 싸움을 하는 좁은 시각을 가진 사람들의 사고방식에서 나오는 예상이 아닐까 하는 생각도 든다.

스마트폰 vs 반려동물

우리는 이제 오프라인 '스마트 시티'와 온라인 '가상공간' 두 가지다른 차원의 공간 속에 살고 있다. 그리고 그 두 공간에서 의식을가진 또 다른 존재인 인공지능과 함께 어울려 살아야 하는 시대를만들고 있다. 그러나 안타깝게도 인간은 낯선 존재와 쉽게 어울려사는 종이 아니다. 현재 유럽과 미국에서 나타나는 이민자 문제가 그 증거다. 같은 호모 사피엔스임에도 불구하고 다른 민족이라는 이유로 갈등이 생기는 것을 볼 수 있다. 온라인 공간 속 인공지능과 오프라인 공간에 있을 인공지능 로봇은 둘 다 현실 세계에서다른 종교를 가진 다른 민족보다 훨씬 더 다른 존재로 느껴질 것이다. 물론 인공지능과는 과거에 십자군 전쟁이나 임진왜란을 겪은 역사는 없으니 첫 출발은 긍정적일 수도 있겠다. 하지만 인공지능은 인간처럼 따뜻하고 부드러운 몸을 가지고 있지 않다. 이런차이는 극복하기 어려울 수 있다.

우리는 일인 가구 증가 시대에 살고 있다. 혼자 살다 보니 다른 사람과의 스킨십이 줄어든다. 우리가 가장 많이 스킨십 하는 상대는 스마트폰이다. 우리는 하루 종일 스마트폰 화면을 쓰다듬는다. 그런데 문제는 스마트폰 화면은 차갑고 딱딱하고 매끄럽다. 우리의 본능은 따뜻하고 부드럽고 표면 질감이 느껴지는 것을 만지고 싶어 한다. 살아 있는 유기체가 그렇기 때문이다. 그렇다 보니 더 많은 사람이 반려동물을 키우고 반려동물과 스킨십을 하게 되는 것이다. 스킨십 측면에서 기계는 확실히 한계가 있다. 과연 인간은 따뜻하고 부드럽지 않은 인공지능과 얼마나 잘 어울릴 수 있을 것인가가 향후 역사의 향방을 결정하게 될 거라 생각한다. 곤충과 식물처럼 인간과 인공지능이 평화롭게 연합할 수 있다면 밝은 미래가 있을 것이다. 그리고 이 연합에 성공한 개인이나 도시나 사회가 다음 시대를 이끌 것이다.

우리는 전대미문의 '변화의 시대'에 살고 있다. 숨 가쁘게 빠른 기술 발전뿐 아니라 환경 변화도 가장 빠른 시대다. 빙하기가 끝나고 홀로세에 접어들어서 온화한 기후를 가지게 되자 인류는 농업혁명과 문명을 이룰 수 있었다. 그런 발전의 기반이 되었던 온화한 기후가 이제는 바뀌는 중이다. 두바이에는 홍수가 나고, 미국 중부에는 토네이도가 휩쓸고 간다. 이런 기후 변화가 빠르게 요동치면 현대 문명의 기반인 농업이 불가능해질 수도 있다. 더 커진 집단에서 개인은 더욱 파편화되니 화합은 점점 더 어려워진다. 이런 변화 속에서 살아남기 위해 우리는 그다음 공간 혁명이 필요하다. 이전에는 없던 새로운 건축 양식과 도시 유형이 발명되어야 한다. 이 책에서 지난 수만 년 동안의 건축 진화 역사를 빠르게 되돌아본 이유는 지금, 이 시점에서 새로운 건축을 만드는 데 필요한 지혜를 얻기 위함이다. 어려움은 있겠지만 지금까지 그래 온 것처럼 인류는 또 다른 공간 혁명으로 더 나은 세상을 만들 것이다.

닫는 글:
엑스레이, 초음파, MRI 사진이 보려고 하는 것

통합 중인 인류

인류 역사 발전은 두 가지 큰 흐름으로 읽어 낼 수 있다. 첫째, 인류 역사는 공간 확장의 역사다. 인류는 아프리카 사바나 지역에서 벗어난 후, 두 발로 걸어서 아시아를 가로질러 지금의 베링해 지역을 건너 남아메리카 대륙까지 갔다. 삼각돛이 발명되자 지구 표면의 70퍼센트를 차지하는 바다라는 공간을 정복하고, 이용했다. 그리고 표면 점령이 끝나자 철근콘크리트와 엘리베이터를 사용하여 공중으로 공간을 확장했다. 이 기술 덕분에 지표면에서 100층 정도 높이까지 영역을 확장할 수 있었다. 이후 달나라까지 탐험하지만, 우주 공간 개발은 에너지 효율성이 떨어져 지지부진한 상태다. 그러던 중 1990년대 인류는 인터넷 기술로 가상공간을 창조했다. 인터넷 가상공간은 우리 세대에 만들어진 신대륙이다. 우리는 현재 인터넷 신대륙에 인공지능이라는 새로운 이민자들이 들어오는 시대에 살고 있다.

인류 역사의 두 번째 큰 흐름은 집단의 규모를 키우는 역사다. 인류는 공통의 이야기, 그림, 건축, 자동차, 엘리베이터, 비행기, 인터넷, 휴대폰을 이용해서 집단의 규모를 키워 왔다. 이 책의 큰 줄기는 집단의 크기를 키워 온 건축 장치에 관한 이야기다. 역사 초기에 인류는 피라미드를 만들게 되면서 이집트라는 국가의 규모를 키우고 유지할 수 있었다. 상수도 시스템을 만들어서 인구 100만 명의 거대 도시 로마를 만들 수 있었고, 하수도 시스템과 직선의 도로망을 만들어서 6층 건물이 들어가는 대도시 파리를 만들 수 있었다. 그리고 약 백 년 후 엘리베이터를 이용해서 30층 건물이 들어선 고밀도 대도시 뉴욕을 만들 수 있었다. 로마, 파리, 뉴욕은 당대에 가장 큰 규모의 대도시였고, 대도시라는 구심점으로 강대국이라는 더 큰 집단을 만들 수 있었다. 인류는 지금도 무력을 이용한 전쟁, 자유무역협정FTA, IT 기술 등을 통해 집단의 규모를 키우려는 노력을 계속하고 있다.

공간을 확장하고 집단의 규모를 키우는 것은 한 가지를 향한다. 바로 인류를 하나의 공동체로 만들려는 방향이다. 하지만 인류를 하나의 공동체로 만들려는 노력은 민족주의와 종교라는 저항에 직면해 있다. 전쟁의 역사를 이용하여 고취한 민족주의와 전통적인 종교는 예전에는 작은 지역을 하나로 묶어서 집단의 규모를 키우는 데 도움이 됐으나, 지금은 오히려 세계가 하나 되는 데 큰 걸

림돌이 되고 있다. 이스라엘과 팔레스타인, 이슬람과 유럽은 민족주의와 종교 차이 때문에 이 세대가 가기 전에는 하나로 융합되기 힘들 것 같다. 과거에는 종교나 민족주의가 그 지역 내에서 집단의 규모를 키우는 역할을 했다면, 지금은 다국적 기업이 그 역할을 하고 있다. 구글, 메타(구 페이스북), 마이크로소프트, 애플, 스타벅스, 넷플릭스, 이케아, 인스타그램, 유튜브 같은 기업들이 만들어 내는 라이프 스타일은 인류를 하나로 통합해 가고 있다. 다국적 기업들은 전 세계인들 사이에 더 많은 공통점을 만들고 있고, 이는 종교와 민족으로 인한 차이점을 무력화시키고 있다. 사우디아라비아에서 스마트폰으로 인스타그램을 하는 친구는 한국에서 인스타그램을 하는 나와는 차이점도 있지만 공통점도 많다. 어쩌면 우리는 둘 다 오후에 같은 넷플릭스 드라마를 보고 스타벅스의 프라푸치노를 마셨는지도 모른다. 이들 다국적 기업들은 우리의 데이터를 빼앗아 가기도 하지만, 동시에 세계를 통합해 가고 있다.

체험의 밀도

지난 1만 년 동안 인간은 한 사람이 사용하는 공간을 확장해 왔다. 처음에는 걷다가, 말을 타게 되면서 좀 더 빠르게 이동하다가, 기차와 자동차로 더 빨리 더 멀리 갈 수 있게 되었고, 비행기를 타면서 속도는 물론이고 갈 수 있는 곳이 더 확장되었다. 그러면서 동시에 인류는 자신들의 집단을 점점 한곳으로 집중화시키고 고밀화시켰다. 뉴욕 같은 도시는 좁은 공간에 수백만의 사람들이 모여 살 수 있다. 이처럼 한편으로는 빠른 교통수단으로 한 사람이 사용하는 공간을 팽창시키고, 동시에 다른 한편으로는 건축 기술을 발전시켜서 사람들을 한 곳에 집중시켰다. 둘은 얼핏 보면 서로 반대되는 움직임으로 보이지만, 이 두 큰 흐름을 '체험의 밀도'라는 관점에서 보면 하나의 경향으로 이해된다. 인류 역사는 한마디로 '단위 시간당 체험의 밀도를 높이는 쪽으로 진화'해 왔다고 할 수 있다. 비행기 덕분에 아침은 서울에서 먹고, 점심은 홍콩에서 먹을 수 있는 시대가 되었다. 수십 층짜리 건물이 들어선 고밀화된 도시 덕분에 우리는 하루에도 수백 명의 사람을 쉽게 마주치고 만난다. 스마트폰 덕분에 지구 반대편에 있는 다양한 지역의 삶을 직접 가지 않고도 엿볼 수 있게 되었다. 인류는 단위 시간당 더 다양하고 더 많이 체험할 수 있게 발전해 왔고, 그 진화의 단계에서 건축은 중요한 역할을 해 왔다.

이 책에는 각 장에 시기를 적어 놓았다. 각 장이 발생한 시간 사이의 간격을 파악하기 위함이다. 1장과 2장의 시간적 간격은 36만 년, 2장과 3장 사이의 간격은 3만 년, 3장과 4장 사이의 간격은 6천5백~6천 년, 4장과 5장 사이의 간격은 5백~1천 년, 비교적 최근인 15장과 16장 사이는 약 140년, 16장과 17장 사이는 약 30년이다. 중간에 중세 시대 때 긴 간격이 있긴 했지만, 전반적으로 공간 혁명의 간격이 점점 줄어드는 추세다. 이러한 공간의 혁명이 있었기에 인류는 멸종하지 않고 발전할 수 있었다. 다음번 공간 혁명은 25년 내로 나타날 것이다. 아니 나타나야만 한다.『왜 서양이 지배하는가』(최파일 옮김, 글항아리)의 저자 이언 모리스는 어느 사회가 발전하면 그것을 방해하는 저항 세력도 같이 발생하는데, 그 천장을 기술 혁명으로 뚫지 못하면 그 문명은 붕괴한다고 말한다. 송나라가 망한 것은 석탄 에너지를 사용하는 기술 혁명에 실패했기 때문이라는 것이다. 영국은 그 혁명에 성공했고, 그 사회는 지금까지 지속하고 있다. 인류가 존속하려면 공간 혁명이 일어나야 한다. 친환경 스마트 시티나 인공지능을 이용한 공간 혁명을 성공시키지 못하면 석탄 에너지 혁명에 실패한 송나라처럼 인류 문명은 여기서 멈출 수도 있다.

공간을 확장하는 자가 살아남는다

역사를 보면 공간을 인식하는 능력을 키우는 집단이 그 시대의 문명을 지배해 왔다. 인류 최초의 별자리는 기원전 3000년경 바빌로니아 지역에서 만들어진 것으로 여겨진다. 이 지역 사람들은 하늘에 떠 있는 별들의 움직임을 관찰하면서 자신의 위치를 파악했다. 그들이 최초의 문명을 만든 사람들이다. 그리스 사람들은 지구가 둥글다는 것을 알고 있었다. 정확한 지구 공간을 파악했던 그리스 문명은 당시 문명을 선도하는 사회가 되었다. 이후 지도

제작 기술이 발전했다. 파악하기 어려운 3차원 지구 공간을 원통 도법을 개량한 메르카토르 도법을 사용하면서 이해하기 쉬운 2차원 그림의 지도로 만들었다. 이들은 항해도를 만들고 신대륙을 발견했다. 바다가 포함된 세계 지도를 만든 유럽 국가들은 대항해시대를 열었고 세계를 지배했다. 로켓이 발명되자 달에 가서 지구 사진을 찍어서 보내 줬고, 로켓과 인공위성으로 우리를 내려다볼 수 있는 전지적 시점을 갖게 된 소련과 미국이 세계 최강국이었다. 지금은 인터넷의 시대다. 지구상의 실제 공간뿐 아니라 인터넷 안에 또 다른 공간이 있음을 먼저 파악한 사람과 기업이 앞서가기 시작했다. 아마존, 구글, 네이버가 대표적이다. 애플은 스마트폰을 만들어서 오프라인 공간과 온라인 공간을 유기적으로 연결함으로써 공간을 새롭게 정의 내렸다. 이들 다국적 기업들은 진화하고 있는 공간의 본질을 꿰뚫어 보았기에 세계적인 기업이 될 수 있었다.

『지리의 힘』(김미선 옮김, 사이) 저자 팀 마셜은 미국이 초강대국이 될 수 있었던 이유가 태평양과 대서양이라는 두 개의 바다에 접하고 있기 때문이라고 설명한다. 두 대양에 접근이 쉬운 미국은 공간 확장을 하기 쉬웠다. 미국은 소련과의 경쟁에서 이기기 위해 소련의 공간 확장을 억제했다. 서쪽으로는 나토를 설립했고, 동쪽으로는 대한민국과 일본에 미군을 주둔시키고 중국과 화친하면서 소련을 가두었다. 그러자 몇십 년 후 소련은 붕괴되었다. 2001년 미국은 중국을 세계무역기구WTO에 가입시켜 주었다. 경제적 영토 공간이 확장된 중국은 지난 25년간 무섭게 발전했고, 미국의 경쟁 국가로 부상했다. 미국은 이를 저지하기 위해 서쪽으로는 인도와 가깝게 지내고, 중국이 태평양에 진출하지 못하게 대한민국, 일본, 대만, 필리핀, 호주로 선을 긋고 있다.

제국이 되기 위해서는 넓은 '공간' 확보가 필수다. 공간은 자산이다. 그 자산을 이용해서 부를 축적할 수 있고, 부가 축적되어야 제국이 형성된다. 그런 이유에서 페르시아 제국의 다리우스 1세는 '왕의 길'이라는 도로를 뚫고 파발마를 이용했다. 로마 제국도 도로망 건설에 공을 들였다. '모든 길은 로마로 통한다'라는 말은 먼 지역의 세금이 로마로 이송되고, 로마 제국 군대가 어디든 빠르게 갈 수 있다는 의미다. 그래야 제국이 통치된다. 로마는 강력한 갤리선 해군을 구축해서 지중해 바다 공간도 장악했다. 로마의 역사로부터 배운 미국은 고속도로망을 구축했고, 항공모함 전단戰團으로 전 세계의 바닷길을 장악했다. 현대에는 초고속 인터넷망이 그 역할을 한다. 더 빠른 인터넷망은 더 큰 인터넷 가상공간을 구축할 수 있게 해 준다. 우리나라는 국토는 좁지만, 빠르게 도입한 초고속 인터넷망 덕분에 다른 나라보다 먼저 더 큰 가상공간을 구축해 더 많은 공간을 가지게 되었다. 덕분에 싸이월드는 페이스북보다 5년 앞서서 만들어졌고, 아이팟이 나오기 몇 년 전부터 한국인은 MP3 플레이어를 사용했다. 이 모든 것은 가상공간으로 우리의 공간을 확장했던 덕분이다. 하지만 안타깝게도 우리는 그 기업들을 국제화하는 데는 실패했다. 네이버의 라인LINE 정도가 일본 인터넷 공간을 장악한 것에 그쳤다. 우리가 얼마나 앞서 나갔었는지 그 위치를 몰랐었기 때문이다. 2024년 현재 인터넷 공간은 구글, 메타(구 페이스북), 아마존, 마이크로소프트 같은 미국의 다국적 기업들이 대부분을 차지한다. 미국은 항공모함 전단을 통해서 전세계 바다 공간을 차지하듯이 자국의 다국적 IT 기업들을 통해 인터넷 공간도 장악하고 있다. 현시대에 미국이 초강대국인 이유다. 중국은 이를 알기에 자국 내 인터넷에서 구글과 페이스북을 금지한 것이다. 반대로 미국은 중국계 틱톡을 금지하려 했다. 이 두 국가는 가상공간상에서 이미 전쟁을 시작했다.

미국과 중국의 공간 전쟁은 여러 분야에서 나타난다. 중국은 이미 미국 국채를 구매하지 않음으로 미국 달러 화폐의 공간을 축소하려 노력하고 있다. 달러가 기축 통화가 된 가장 큰 계기는 전 세계에서 단일 품목으로 거래액이 가장 큰 중동 석유를 달러로 결제하면서부터다. 중국은 현재 중동 석유를 위안화로 결제하려고 시도 중이다. 위안화로 달러화의 공간을 잠식하여 미국 달러의 유통 공간을 축소하려는 의도다. 중국은 저렴한 가격의 5G 인터넷 장비를 전 세계에 공격적으로 팔고 있다. 가상공간 내에서 자국의 영역을 확장하려는 의도다. 영국이 저렴한 화웨이 제품을 도입하려고 했을 때 미국은 인터넷상 보안을 이유로 절대적으로 반대했고, 영국은 이를 수긍했다. 우리나라의 경우 LG유플러스가 중국 화웨이 장비를 사용하고 있다. 미국의 관점에서 우리나라의 인터넷 공간은 중국에 잠식당한 영역으로 볼 것이다. 미국과 중국은 이렇게 제국의 위치를 놓고 공간적으로 대결 중이다.

미국과 중국의 대결을 공간적인 관점에서 본다면, 중국은 미국을 추월하는 데 현재로서는 어려움이 많아 보인다. 팀 마셜은 중국 땅의 모양을 가지고 중국의 역사를 분석했다. 중국 대륙은 흔히 중원이라고 불리는 대륙의 중심으로 원을 그린 것 같은 둥그런 형태의 해안선을 가지고 있다. 따라서 중심부인 중원은 해안선과 일정 거리를 두고 있어서 대륙을 통치하기에 유리한 위치가 된다. 그래서 중원을 차지하려고 그렇게 국가들이 경쟁한 것이다. 그리고 중원을 차지한 자가 그 시대를 평정해 왔다. 이들에게 해안선은 중요한 공간이 아니었다. 그런데 대항해 시대 이후 바다가 중요한 시대가 되었다. 그런 면에서 중국은 서쪽으로는 히말라야 고원이 막고 있어서 바다는 동쪽으로만 있다. 그런데 바닷길은 대만과 일본 열도와 필리핀 섬들로 막혀 있다. 팀 마셜은 이러한 지리적 상황이 미국과의 경쟁에서 중국을 불리하게 한다고 분석한다. 내가 보기에 중국은 바다로의 진출뿐 아니라 인터넷 공간으로의 진출과 확장에도 한계가 많다. 우선 중국이 정치적 이유로 실행하는 인터넷 검열은 인터넷 공간의 무한 확장성을 제약한다. 두번째 문제는 언어다. 현재 인터넷 정보의 상당 부분은 영어로 되어 있다. W3테크W3Techs라는 인터넷 조사 전문 업체가 분석한 결과에 의하면 2021년 전 세계 인터넷에서 영어가 차지하는 비중은 60.4퍼센트에 달한다. 러시아어가 8.5퍼센트, 스페인어 4.0퍼센트, 튀르키예어 3.7퍼센트, 페르시아어 3.0퍼센트, 프랑스어 2.6퍼센트, 독일어 2.4퍼센트, 일본어 2.1퍼센트, 베트남어 1.7퍼센트, 중국어 1.4퍼센트, 포르투갈어 1.3퍼센트다. 참고로 우리나라는 0.6퍼센트로 전 세계 18위다. 중국은 인구는 많지만 중국어로 된 인터넷 자료는 부족하다. 그만큼 가상공간 내 중국의 정보 영토는 좁다. 중국어의 문자 체계도 불리하다. 문자는 크게 표음 문자와 표의 문자로 나누어진다. 한글이나 영어 알파벳은 발음을 기록하는 표음 문자고, 중국의 한자는 표의 문자다. 표의 문자는 타이핑을 하는 데 시간이 오래 걸린다. 소리에 따라 타이핑하고 제시되는 여러 글자 중에서 골라야 하는 번거로운 과정이 있다. 이를 해결하기 위해서 중국도 자신의 문자를 표음화시키려 시도 중이지만 쉽지 않다. 1930년대에 중국의 대표 지성인 루쉰魯迅은 "한자가 사라지지 않으면 중국은 망한다"라는 심한 말을 했을 정도로 표의 문자의 한계를 인지하고 표음 문자의 도입을 주장했다. 표의 문자 체계는 정보 소통의 속도를 떨어뜨린다. 우리가 스마트폰으로 문자나 카톡을 보내기 쉬운 이유도 세종대왕이 만드신 전 세계에서 가장 효율적인 표음 문자인 '한글' 덕분이다. 중국은 바다로 진출하는 것도 쉽지 않고, 인터넷 공간으로의 확장도 쉽지 않자 우주로 향했다. 중국은 '하늘 궁전'이라는 뜻의 '톈궁' 우주정거장을 가지고 있다. 2019년 1월에는 무인 탐사선 '창어 4호'가 인류 최초로 달 뒷면에 착륙했다. 2025년까지 인류 최초로 달기지를 건립하고 유인화하겠다는 목표를 세웠고, 매년 4월 24일을 '우주의 날'로 제정했다. 이 모두가 공간을 확장하기 위한 노력이다. 그렇다면 우주 공간을 이용하면 중국은 공간 문제를 해결할 수 있을까?

바다, 우주, 인터넷

인류는 역사상 네 번의 공간 혁명이 있었다. 첫 번째 공간 혁명은 바퀴와 말이 만들었다. 바퀴와 말 덕분에 육지 공간을 확장하고 이용할 수 있게 되었다. 두 번째 공간 혁명은 삼각돛이 만들었다. 삼각돛이 있는 범선 덕분에 바다의 바람을 이용해 지구의 곳곳을 누빌 수 있게 되었다. 바다는 육지보다 이동할 때 마찰이 적고, 바람이라는 무한한 자연에너지를 공짜로 이용해 이동한다. 바다에서는 육지보다 더 높은 에너지 효율로 공간을 이용할 수 있다. 세 번째 공간 혁명은 엘리베이터와 강철이다. 덕분에 100층 높이까지 공간을 정복할 수 있었다. 네 번째 공간 혁명은 인터넷 발명이다. 인터넷이 공간 혁명이 된 이유는 비교적 적은 에너지로 무한히 넓은 가상공간을 만들 수 있었기 때문이다. 하지만 우주 개발은 다르다. 우주 공간을 이용하려면 엄청난 에너지가 필요하다. 우주에 나가려면 중력을 거슬러 올라가고 내려와야 한다. 우주 공간 확장은 에너지 효율성이 떨어지기 때문에 아무리 무한대의 우주 공간이 있어도 사용하기 어렵다. 낮은 에너지 효율성 때문에 우주 공간은 당장은 중국의 공간 문제를 해결해 주지 못할 것이다. 이는 인류에게 보편적으로 해당하는 이야기다. 현재 우주 공간 분야에서 가장 큰 발전은 일론 머스크의 스페이스 X가 왕복하는 우주선을 개발해 에너지 효율을 수십 배 올린 사건이다. 스페이스 X가 미국 기업이라는 점도 시사하는 바가 크다. 심지어 일론 머스크는 남아공 출신 사람이다. 남아공 사람이 캐나다를 거쳐 미국에 가서 스페이스 X를 만들었다는 것은 미국 사회가 창의적인 인재를 끌어당기고 있으며, 그 한 사람의 가능성을 극대화해 주는 사회라는 것을 의미한다. 새로운 도전에 열려 있고, 그 비전을 금전적으로 지원해 줄 투명한 금융 투자 시스템이 갖추어진 사회이기 때문이다. 이러한 사회 분위기와 시스템은 짧은 시간에 만들어지기 어려운 이 시대의 '풍수지리 조건'이다. 정치적으로 공산당 1당 체제인 중국은 이에 맞서 '정부 보조금'이라는 방식으로 그들에게 유리한 풍수지리 조건을 만들어 맞불을 놓고 있다. 그 결과 자율 주행과 인공지능 분야에서 큰 성과를 얻고 있다.

결국 다음 세대는 가상공간의 신대륙을 누가 완성할 것이냐로 경쟁의 판도가 결정 날 것이다. 가상공간 신대륙에는 사람과 함께 새로운 이민자인 인공지능도 들어간다. 공간을 완성하는 것은 사람이고, 인공지능은 사람과 비슷하게 의식을 가진 또 다른 존재다. 그러니 가상공간에서 인공지능을 먼저 완성하는 자가 다음번 공간 진화의 오르막 계단에 먼저 발을 올려놓는 자가 될 것이다. 그런 새로운 세계관을 구축할 주체는 누가 될 것인가? 인공지능 관련 논문 숫자는 중국이 전 세계 1위다. 그런데 문제는 현재 인공지능을 만드는 데 꼭 필요한 반도체는 미국 엔비디아NVIDIA에서 공급하고 있고, 이런 첨단 반도체가 중국으로 들어가는 것을 미국이 금지하고 있다는 점이다. 반도체는 너무 복잡한 기술이어서 미국, 대만, 대한민국, 네덜란드, 일본 같은 다양한 국가들이 만드는 기계와 원료 간의 협력을 통해서만 생산할 수 있다. 그런데 미국은 자국이 구축한 이 국제 반도체 생태계에서 중국을 배제하고 있다. 이에 중국은 반도체 자체 개발에 심혈을 기울이고 있다. 중국은 자국 부동산 시장의 붕괴를 감내하고서라도 첨단 기술 분야에 국가의 자산을 총 투입하고 있다.

이런 치열한 국제 경쟁 상황에서 대한민국은 어떤 위치에 있을까? 현재로서는 인공지능 분야에서는 걸음마 단계로, 무척 뒤처져 있다. 하지만 대한민국이 가상공간 확장에 유리한 부분도 있다. 우선 오프라인 공간이 부족하므로 온라인 공간으로 들어가려는 인구와 시장이 존재한다. 가상공간은 반도체를 많이 생산해서 서버를 구축하면 만들어지는 공간이다. 전 세계 1위 메모리 반도체 업체인 삼성전자와 SK하이닉스를 가지고 있는 대한민국은 그 점에서 유리하다. 우리나라는 그뿐 아니라 소프트웨어 개발 기술도 가지고 있다. 전 세계에서 반도체를 생산하면서도 소프트웨어를 개발하는 능력을 갖춘 나라는 몇 개 국가밖에 없는데, 그중 하나가 대한민국이다. 두 개의 대양을 가진 미국처럼 반도체 생산과 소프트웨어 개발이라는 두 개의 날개를 가진 우리나라는 인터넷 세상에서 유리한 고지를 점령할 수도 있다. 하지만 현실은 대부분의 돈이 부동산에만 투입되어 신성장 동력이 멈춘 암울한 상태다.

그린란드와 딥시크

이 책은 2024년에 탈고했으나 2025년 3월에 발간된다. 탈고 후 3개월밖에 지나지 않았음에도 그사이 세상이 너무나도 빨리 바뀌고 있다. 지금까지 내 인생에서 가장 큰 변화라면 1991년도 구소련 붕괴와 1990년대 말 인터넷 혁명이었다. 이제는 미·중 패권 전쟁과 AI 로봇의 변화가 일고 있다. 국제적으로 가장 눈에 띄는 뉴스는 트럼프가 덴마크령인 그린란드를 탐낸다는 것이다. 트럼프는 이와 더불어 캐나다 총리에게 미국의 51번째 주로 편입하지 않겠냐고 뼈 있는 농담을 하기도 했다. 이런 이야기의 배경은 지구 온난화다. 인류 문명은 강가에서 시작하였다. 티그리스강, 유프라테스강, 나일강, 인더스강, 황하 주변에서 농사를 지으며 문명이 태동했다. 이후 그 문명은 그리스로 넘어가 섬이 많은 에게해 바다를 끼고 발달하기 시작했다. 더 발전하자 남북 방향으로 폭이 넓지 않은 바다인 지중해를 중심으로 발달했다. 지중해 쪽으로 뻗어나간 이탈리아반도에 위치한 로마 제국이 유리했다. 로마는 지중해 가운데 있는 시칠리아섬을 차지하고 지중해를 장악했다. 이후 인류는 바람을 이용해 대서양을 건널 수 있게 되었다. 증기선이 나오자 태평양도 쉽게 건너게 됐다. 태평양이라는 거대한 바다 공간을 이용하기에는 19세기 말 태평양 한가운데 위치한 하와이섬을 장악한 미국이 가장 유리했다. 제2차 세계 대전 이후 전쟁은 제공권을 장악해야 한다. 그러기 위해서는 활주로가 필요한데, 바다라는 거대한 공간에 활주로를 갖는 방법은 두 가지다. 하나는 섬, 또 다른 하나는 인공의 섬이라 할 수 있는 항공모함이다. 하지만 항공모함도 항구가 없으면 소용이 없다. 제2차 세계 대전 이후 미국은 전 세계 주요 항구를 영국으로부터 양도받았다. 하와이, 괌, 오키나와를 비롯한 섬들과 항공모함, 항구 네트워크는 미국이 전 세계 바다 공간을 장악할 수 있게 해 주었다. 그런데 이런 공간적 상황이 지구 온난화로 바뀌고 있다.

비행기에 타 비행 항로 지도를 보면 복잡하게 휘어진 곡선들을 볼 수 있다. 이런 곡선을 보면서 멀리 가는데 왜 직선으로 가지 않고 곡선으로 날아가는지 의아해한 경험이 있을 것이다. 우리는 주로 2차원 종이 위 지도로 공간을 파악하는데, 그럴 때 공간은 많이 왜곡된다. 이런 왜곡을 피하기 위해 우리는 지구본으로 공간을 볼 필요가 있다. 지구본으로 보면 휘어진 비행기 항로가 실제로는 직선임을 알 수 있다. 그래서 비행기를 타고 미국 뉴욕에 갈 때는 북극해 위를 지나서 간다. 그 길이 가장 짧은 직선 항로이기 때문이다. 그런데 배로 갈 때는 태평양을 건너야 한다. 북극해는 얼어 있어서 배로 다닐 수 없어서다. 그런데 지구 온난화로 북극해가 점차 녹고 있다. 지금은 여름철에만 북극해 주변 해안가가 녹아서 배가 다닐 수 있지만, 만약에 지구 온난화로 그 항로가 일 년 내내 녹아 있게 된다면 전 세계 모든 무역은 태평양·대서양 시대에서 북극해 시대로 바뀌게 될 것이다. 북극해를 통하는 대륙 간 선박 항로가 가장 짧기 때문이다. 태평양·대서양 시대에 가장 유리한 국가는 두 대양에 가장 큰 해안선을 가지고 있는 미국이다. 하지만 북극해 시대가 된다면 가장 유리한 나라는 러시아와 캐나다가 된다. 이 상황을 역전할 수 있는 유일한 방법은 덴마크령으로 되어 있지만, 실질적으로 무주공산인 그린란드를 차지하는 방법이다. 미국 입장에서 캐나다까지 흡수할 수 있다면 금상첨화일 것이다. 19세기 말 하와이 왕국은 일본에 복속되기를 희망했었다. 그러나 당시 일본은 극동아시아만 상대하기도 벅찬 상황이어서 이를 거부했다. 이 틈을 타서 미국이 하와이를 흡수했고, 덕분에 태평양 시대의 주인공이 될 수 있었다. 일본이 하와이를 가졌다면 진주만 공격을 할 필요도 없었을 거고, 제2차 세계 대전의 향방이 바뀌었을 수도 있다. 그린란드는 '북극해 시대'의 하와이다. 우리는 향후 북극해와 그 주변 해안선을 누가 가장 많이 장악하느냐에 관심을 가져야 한다. 대한민국은 북극해로 가는 교두보가 될 수 있는 울릉도를 주요 거점으로 개발할 필요가 있다. 또한 시베리아로의 진출과 중국을 견제할 수 있는 거점이 될 몽골과도 강력한 유대를 만들어 갈 필요가 있다.

2025년 1월 최대 뉴스는 중국이 개발한 인공지능 '딥시크Deep Seek'다. 미국의 대중국 반도체 규제와 실리콘 밸리의 엄청난 투자로 인공지능 분야만큼은 미국이 주도하고 있다고 생각해 왔는데, 착각이었다. 중국의 발표에 따르면 실리콘 밸리 투자금 십 분의 일 수준으로 미국의 인공지능보다 뛰어난 AI를 개발한 것이다. 그 충격으로 발표 당일 미국 나스닥 주식은 폭락했고, 그중 엔비디아 반도체는 하루 만에 17퍼센트 떨어졌다. 정보 유출 공포와 검열 의혹 등의 논란이 불거지긴 했지만, 놀라운 일임이 틀림없다. 전문가들은 인공지능 개발을 하려면 크게 세 가지가 필요하다고 한다. 첫째 데이터, 둘째 알고리즘, 셋째 반도체다.

우선 데이터는 가장 많은 인구를 가지고 있고, 인권 문제도 없이 데이터 수집이 가능한 중국 공산당을 따라갈 수가 없다. 두 번째인 알고리즘 개발은 미국이 앞선다고 보았는데, 실제로 보면 실리콘 밸리의 인공지능 개발자의 상당수가 중국계 엔지니어들이다. 이 분야도 미국이 앞선다고 보기 어렵다. 게다가 후발 주자인 중국은 막대한 돈을 들여서 개발한 실리콘 밸리의 과실果實을 도용할 수 있다는 유리한 점도 있다. 마지막이 반도체 분야인데, 이것 역시 실질적으로 어떻게 규제가 될지 두고 봐야 한다. 『칩워, 누가 반도체 전쟁의 최후 승자가 될 것인가』(크리스 밀러 지음, 노정태 옮김, 부키)라는 책에 의하면 구소련이 반도체 기술을 자체 개발하지 않고 미국 반도체 기술을 훔쳐서 따라 하려고만 했기 때문에 반도체 경쟁에서 패할 수밖에 없었다고 한다. 만약 중국이 미국 반도체 생태계와 완전히 다른 체계로 기술 개발을 한다면 이 역시 미국의 우위를 장담할 수 없다. 소비재 제조업이 없었던 구소련과는 달리 중국은 전 세계 소비재 제조업의 패권 국가다. 이 제품들에 적용될 반도체 기술을 자체 개발하게 된다면 AI와 로봇, 더 나아가 인터넷 공간과 전쟁 무기까지 중국이 압도할 수 있다. 이는 단순히 패권 국가의 자리바꿈 문제가 아니다. 자유 민주주의 체제와 공산당 전체주의 체제의 대결이기 때문이다. 중국은 산업 보조금의 투명성이 없는 등 가입 조건이 안 되는 상황에서 당시 미국 클린턴 대통령의 주장으로 2001년 WTO에 가입했다. 클린턴은 중국이 단순하게 미국 국채를 사 주고 인플레이션 없이 값싼 물건이나 만들어 주는 나라로 존재할 거라고 착각한 것이다. 기존에 미국이 제조업을 밀어 줘서 키운 (구)서독, 일본과 달리 중국은 안 보상 미국이 필요 없다. 미국이 제조업을 포기하고 금융업을 주업으로 삼도록 한 레이건 대통령과 중국을 세계의 공장으로 만들어 준 클린턴 대통령은 지금 미국을 몰락시킨 주범으로 재평가되는 중이다.

과거 구소련은 1957년 미국보다 앞서 인공위성 '스푸트니크'를 쏘아 올렸다. 1945년에 원자폭탄을 만들어 자신들이 세계 최고 기술 강국이라고 믿고 있던 미국인들에게는 충격이었다. 이후 미국은 우주 항공 기술 개발에 국가적인 투자를 해 미항공우주국NASA을 만들었고, 1969년에는 아폴로 11호를 타고 달에 도착해 성조기를 꽂았다. 딥시크 충격이 제2의 스푸트니크 효과를 가져올 것인지는 두고 봐야 할 문제다. 나의 주요 관심사는 향후 구소련과 달리 제조업과 내수 시장을 가진 중국이 미국을 추월할 것이냐 아니면 민생 경제 붕괴와 정치 불안으로 중국이 여러 개 나라로 쪼개질 것이냐다. 이는 두 강대국이 가장 첨예하게 접하고 있는 한반도에 위치한 대한민국이 가장 관심 가져야 할 주제다. 실제로 미국과 중국은 한국 전쟁 당시 한반도에서 전쟁을 하기도 했다. 한반도는 지정학적으로 미·중 패권 전쟁의 최전선이다. 1990년대 많은 미래학자는 중국이 국내 빈부 격차 문제로 인해 여러 국가로 분열될 것이라는 예측을 내놓았다. 전체주의 국가는 정보가 한쪽으로 몰리고, 그 많은 정보를 감당하지 못하고 비효율적으로 되어서 결국에는 붕괴된다는 것이 정설이었다. 하지만 이것은 인공지능이 개발되기 이전의 예측이다. 유발 하라리는 그의 저서 『넥서스』(김명주 옮김, 김영사)에서 전체주의 국가의 독재자는 인공지능을 이용해 정보와 사회를 통제할 수 있게 되었다고 말한다. 더 나아가 그 독재자조차도 나중에는 인공지능의 지배와 통제를 받게 될 거라고 예측했다. 향후 기술과 인간의 줄다리기가 어느 방향의 미래를 만들지 관심을 가지고 지켜봐야 한다.

건축으로 만드는 공통분모

우리는 강대국 간의 온라인, 오프라인 영토 경쟁의 시대에 살고 있다. 그로 인해서 지정학적 위기는 고조되고 있다. 국가 간 갈등뿐 아니라 이 시대는 인간과 인공지능 기계 사이의 갈등까지 고조되는 시대다. 거기에 더해 기후 환경 변화까지 있다. 공간적으로 인류 역사상 가장 복합적인 격동의 시기에 살고 있는 것이다. 하지만 이 책의 「여는 글」에서 말했듯이 인류의 역사는 갈등과 전쟁의 역사만은 아니다. 인간은 경쟁하고, 그 경쟁이 심해지면 전쟁이 되기도 한다. 그렇지만 인류가 지금까지 살아남은 것은 그 경쟁과 갈등을 통해서 다음 단계로 진화했기 때문이다. 그리고 그 진화에는 건축 공간이 중요한 역할을 해 왔다. 아무리 가상공간의 역할이 커졌다 하더라도 인간은 몸을 가졌기에 실제 공간을 벗어날 수는 없다. 인간은 분열이 심해질수록 공통분모를 찾아야 한다. 나는 인간들의 근본적인 공통분모는 생물학적 신체인 '몸'이라고 생각한다. 그리고 몸을 담고 있는 것은 건축 공간이다. 건축 공간은 몸을 가진 인간들이 서로 하나의 공동체라는 것을 느끼게 만들 수 있다. 좋은 건축 공간은 우리 사이에 공통분모를 만들어 주는 장치다. 이 책은 시대별로 진화의 단계에서 필요한 역할을 했던 건축 공간에 관한 이야기다. 아무리 가상공간이 중요해진 시대라 하더라도 인류가 화합하여 다음 단계로 가기 위해서는 IT 기술에만 의존할 수 없다. 이 시대에 맞는 건축에서의 공간 혁명이 필요하다. 그것이 격변의 시기에 살고 있는 우리 세대에 주어진 숙제다. 그런 건축 공간의 혁명은 건축가 혼자서 할 수 있는 일은 아니다. 건축에서의 위대한 혁명은 누군가의 상상 속에서 시작하지만 그것을 현실로 이루기 위해서는 아주 많은 사람이 같은 꿈을 꾸어야 한다. 인류는 그런 힘이 있다고 생각한다. 왜냐하면 지난 수만 년의 세월 동안 그래 왔기 때문이다.

　나는 건축 설계, 방송, 집필 등 다양한 일을 하지만, 이 일들의 목적은 하나다. 나 자신과 사람을 이해하기 위함이다. 그리고 그 이해를 통해서 세상을 화목하게 만드는 데 기여하고 싶기 때문이다. 그것이 짧고 유한한 내 삶의 의미를 찾는 길이라고 생각한다. 그 일 중 내가 쓰는 글은 건축물을 통해서 비춰 보고 추리해 보는 사람에 관한 이야기다. 이 책은 내 몸에 녹아 있지만 제대로 알지 못하는 인간의 건축적 유전자를 분석하려는 게놈 프로젝트이며, 몸속을 들여다보는 엑스선X-rays 사진이다. 모든 엑스선 사진이 그렇듯 내가 묘사하는 사진은 완벽하고 선명하게 보이지 않는다. 하지만 어렴풋이나마 그 형체를 파악할 수는 있다. 그런 의미에서 나의 지난 여섯 권의 책 『도시는 무엇으로 사는가』, 『어디서 살 것인가』, 『당신의 별자리는 무엇인가요』, 『공간이 만든 공간』, 『공간의 미래』, 『유현준의 인문 건축 기행』과 이번 책 『공간 인간』은 인체를 이해하기 위해서 여러 다른 각도에서 찍은 일곱 장의 엑스선 사진, 초음파 사진, 자기 공명 영상MRI 사진 들과도 같다. 나의 엑스선 사진은 내 뼈의 모습을 보여 줄 수는 있지만 나를 보여 주지는 못한다. 사진은 본질과 다르다. 하지만 우리는 여러 각도에서 다양한 종류의 촬영을 함으로써 인체 내부를 진단하고 처방을 위한 자료로 쓴다. 나는 나의 글들이 인간과 사회를 관찰하고 진단하는 힌트가 되기를 기대하면서 책을 쓴다. 과거 물리학 실험실에서 입자가속기를 통해 찍은 희미한 흔적의 사진들이 지금에 와서 우주를 이해하는 양자역학의 초석이 되었듯이, 이번 책도 나와 내 옆의 사람을 이해하려는 시도에 추가되는 하나의 사진이 되기를 소망한다.

도판 출처